U0131990

Visual Basic 程序设计教程

周淑秋　陈　歆　主编

上海交通大學出版社

内 容 提 要

本书以 Visual Basic 6.0 为语言背景，以程序结构为主线，介绍了程序设计的基本知识和编程方法。主要内容包括程序设计基础、数据的输入输出、程序的控制结构、数组与过程、常用的内部控件、菜单界面设计、文件管理、键盘与鼠标事件过程、多重窗体设计及数据库编程等内容。

本书内容丰富，文字叙述简明易懂，实例注重实际应用和可操作性。各章配有精心设计的练习题。本书配有练习题参考答案和课堂教学电子讲稿，读者可按前言提供的方式获得这些教学资源。

本书适合作为高等院校计算机公共课教材，也可作为各类 Visual Basic 培训班及全国计算机等级考试读者的学习参考书。

图书在版编目(CIP)数据

Visual Basic 程序设计教程/周淑秋，陈歆主编. —上海：上海交通大学出版社，2012

ISBN 978-7-313-08130-8

Ⅰ. V... Ⅱ. ①周... ②陈... Ⅲ. BASIC 语言—程序设计—高等学校—教材 Ⅳ. TP312

中国版本图书馆 CIP 数据核字(2012)第 013187 号

Visual Basic 程序设计教程

周淑秋 陈 歆 **主编**

上海交通大学出版社出版发行

(上海市番禺路 951 号 邮政编码 200030)

电话:64071208 出版人:韩建民

常熟市梅李印刷有限公司 印刷 全国新华书店经销

开本:787mm×1092mm 1/16 印张:19.75 字数:483 千字

2012 年 2 月第 1 版 2012 年 2 月第 1 次印刷

印数:1～2 030

ISBN 978-7-313-08130-8/TP 定价:38.00 元

前　言

Visual Basic 6.0 是美国微软公司推出的一种 Windows 应用程序开发工具，它继承了 BASIC 语言简单易学、操作方便的特点，又引入了面向对象的编程机制和可视化的程序设计方法，极大地提高了应用程序的开发效率。因此，VB 在国内外各个专业领域的应用十分广泛，已经成为普通用户首选的程序设计语言。目前，在我国高等院校非计算机各专业中都陆续开设了 VB 程序设计课程。为了适应教学需要，编者结合多年的教学实践编写了这本教材。

本书从 VB 程序设计的基础知识讲起，介绍了程序设计的基本概念和基本方法。因为 VB 程序设计的内容较多，为了突出重点，每一章节都配有相应的实例和课后练习。本书的大量实例和练习题均已经过运行验证，读者可以边学边练，学以致用，迅速提高操作能力。

本书内容基本覆盖了全国计算机等级考试二级《Visual Basic 语言程序设计》考试大纲所规定的考试范围。

为帮助教师使用本教材，编者准备了这本书的练习题参考答案和教学辅助材料，包括各章节的电子讲稿、例题程序文件及相关素材文件。读者可与编者联系，参考答案可直接到出版社的网站上下载。

本书第 1~8 章由周淑秋编写，第 9~11 章由陈歆编写，周淑秋审校了全书。

由于作者水平有限，再加上计算机技术发展日新月异，书中错误之处敬请广大读者指正。

编　者

zhoushuqiu@126.com

目　录

第 1 章　Visual Basic 6.0 概述 1
1.1　Visual Basic 的集成式开发环境 1
1.1.1　Visual Basic 的简单程序设计引例 1
1.1.2　Visual Basic 的特点和版本 3
1.1.3　Visual Basic 的启动与退出 4
1.1.4　Visual Basic 的集成式开发环境 4
1.2　Visual Basic 的对象及其操作 6
1.2.1　Visual Basic 的对象 6
1.2.2　对象的属性、事件和方法 6
1.2.3　两种最基本的预定义对象——窗体和控件 9
1.3　Visual Basic 的简单程序设计 12
1.3.1　Visual Basic 语言程序设计中的语句 12
1.3.2　Visual Basic 语言设计开发应用程序的一般步骤 13
1.3.3　用 Visual Basic 语言设计开发的应用程序的结构和工作方式 14
第 2 章　Visual Basic 程序设计基础 20
2.1　数据类型 20
2.1.1　基本数据类型 20
2.1.2　自定义数据类型 22
2.2　常量 22
2.2.1　文字常量 23
2.2.2　符号常量 24
2.3　变量 24
2.3.1　命名规则 24
2.3.2　变量的类型和定义 25
2.3.3　记录类型变量（自定义数据类型） 26
2.4　内部函数 26
2.4.1　数值函数 27
2.4.2　字符串函数 28
2.4.3　系统函数 30
2.5　运算符与表达式 33
2.5.1　算术表达式 33
2.5.2　关系表达式 35
2.5.3　逻辑表达式 36

2.5.4 三种运算符的综合顺序 37
2.5.5 其他运算符 37
2.5.6 表达式的执行顺序 39
2.6 变量的作用域 40
2.6.1 局部变量与全局变量 40
2.6.2 默认声明 41
第 3 章 Visual Basic 数据的输入与输出 46
3.1 数据输入 46
3.1.1 赋值语句 46
3.1.2 InputBox 函数 49
3.2 数据输出 49
3.2.1 Print 语句 49
3.2.2 MsgBox 函数和 MsgBox 语句 57
3.3 字形 61
3.3.1 字体类型 61
3.3.2 字体大小 61
3.3.3 其他属性 63
3.4 打印机输出 63
3.4.1 直接输出 63
3.4.2 打印机的方法和属性 64
3.4.3 窗体输出 65
第 4 章 程序的控制结构 72
4.1 选择结构 72
4.1.1 If 条件语句 72
4.1.2 If 嵌套条件语句 75
4.1.3 IIf 函数 76
4.2 多分支控制结构 77
4.3 For 循环控制结构 79
4.4 当循环控制结构 82
4.5 DO 循环控制结构 84
4.6 多重循环 86
4.6.1 多重循环 86
4.6.2 出口语句 90
4.7 GoTo 型控制 91
4.7.1 GoTo 语句 91
4.7.2 On-GoTo 语句 92
第 5 章 数组与过程 107
5.1 数组 107
5.1.1 一维数组的定义 107

5.1.2 一维数组的应用 109
5.1.3 排序问题 113
5.1.4 动态数组的定义 116
5.1.5 多维数组的定义 119
5.1.6 数组的基本操作 120
5.1.7 控件数组 123
5.2 过程 129
5.2.1 Sub 过程 129
5.2.2 Function 过程 133
5.3 参数传递 134
5.3.1 按值传递与按地址传递 134
5.3.2 数组参数的传送 136
5.3.3 可选参数与可变参数 137
5.3.4 对象参数 138
5.4 过程作用域 141
5.5 Shell 函数 142
第 6 章 常用的内部控件 159
6.1 文本控件 159
6.1.1 标签（Label） 159
6.1.2 文本框（Text） 161
6.2 图形控件 165
6.2.1 图片框和图像框 165
6.2.2 直线和形状 170
6.3 命令按钮、单选按钮和复选框 171
6.3.1 命令按钮 171
6.3.2 单选按钮和复选框 173
6.4 列表框和组合框 176
6.4.1 列表框 176
6.4.2 组合框 179
6.5 框架、滚动条和计时器 181
6.5.1 框架 181
6.5.2 滚动条 184
6.5.3 计时器 186
6.6 对话框 187
6.6.1 分类和特点 187
6.6.2 自定义对话框 188
6.7 通用对话框控件 190
6.7.1 文件对话框 191
6.7.2 颜色对话框 194

6.7.3 字体对话框 196
6.7.4 打印对话框 197
第 7 章 菜单界面设计 205
7.1 菜单设计 205
7.1.1 下拉式菜单 205
7.1.2 菜单编辑器 206
7.1.3 菜单的 Click 事件 208
7.1.4 弹出式菜单 210
7.2 工具栏 211
7.3 状态栏 213
第 8 章 文件管理 217
8.1 文件概述 217
8.1.1 文件结构 217
8.1.2 文件的分类 218
8.2 文件的打开与关闭 219
8.2.1 文件的打开/建立 219
8.2.2 文件的关闭 221
8.3 文件操作语句和函数 221
8.3.1 文件指针 221
8.3.2 FreeFile 函数 222
8.3.3 Loc 函数 223
8.3.4 LOF 函数 223
8.3.5 EOF 函数 223
8.4 顺序文件 223
8.4.1 写操作 224
8.4.2 读操作 226
8.5 随机文件 229
8.5.1 写操作 229
8.5.2 读操作 230
8.5.3 增加记录 232
8.5.4 删除记录 233
8.6 文件系统控件 233
8.6.1 驱动器列表框 235
8.6.2 目录列表框 235
8.6.3 文件列表框 236
8.6.4 文件系统控件的组合使用 237
8.7 文件的基本操作 238
8.7.1 删除文件 238
8.7.2 复制文件 238

8.7.3 文件重命名 238
第 9 章 键盘与鼠标事件过程 243
9.1 键盘事件 243
9.1.1 KeyPress 事件 243
9.1.2 KeyDown 和 KeyUp 事件 246
9.2 鼠标事件 247
9.2.1 MouseDown 和 MouseUp 248
9.2.2 MouseMove 249
9.2.3 拖放操作 DragDrop 250
9.3 鼠标光标 253
9.3.1 MousePointer 属性 253
9.3.2 设置鼠标光标形状 254
第 10 章 多重窗体程序设计 260
10.1 窗体的各种操作 260
10.1.1 添加窗体 260
10.1.2 删除窗体 261
10.1.3 加载窗体 261
10.1.4 卸载窗体 261
10.1.5 显示窗体 261
10.1.6 隐藏窗体 261
10.2 多重窗体的执行与保存 263
10.2.1 指定启动窗体 264
10.2.2 多窗体程序的存取 264
10.3 Visual Basic 工程结构 265
10.3.1 标准模块 266
10.3.2 窗体模块 266
10.3.3 Sub Main 过程 267
10.4 闲置循环与 DoEvents 语句 267
第 11 章 数据库编程 272
11.1 数据库的基本概念 272
11.2 数据库的建立、维护和查询 273
11.2.1 建立数据库 274
11.2.2 修改数据表结构和数据 279
11.2.3 数据查询 279
11.2.4 数据窗体设计器 282
11.3 使用 Data 控件访问数据库 283
11.3.1 Data 控件的属性、方法和事件 284
11.3.2 数据绑定控件 286
11.4 ADO 数据对象访问技术 288

11.4.1 创建 ADO 控件......289
11.4.2 ADO 控件的属性、方法和事件......289
11.4.3 ADO 数据绑定控件......291
附录 A 字符 ASCII 码表......296
附录 B 颜色代码......297
附录 C 全国计算机等级考试二级《Visual Basic 语言程序设计》考试内容......299
参考文献......303

第1章　Visual Basic 6.0 概述

学习内容

Visual Basic 的特点和版本
Visual Basic 的启动与退出
Visual Basic 的集成开发环境
主窗口
其他窗口
对象
窗体
控件
控件的画法和基本操作
事件驱动

学习目标

掌握 Visual Basic 应用程序的设计步骤、保存和装入方法，了解事件驱动。掌握通过属性窗口设置属性的方法，了解对象、窗体的基本概念，熟练掌握控件的画法和基本操作。

1.1　Visual Basic 的集成式开发环境

Visual Basic 的开发环境是集成式的，利用 Visual Basic 语言进行应用程序的设计和开发，必须熟知这一环境。

1.1.1　Visual Basic 的简单程序设计引例

例 1-1　简单程序设计引例。具体要求为：在屏幕上开辟一个窗口，窗口的上部有一个文本框，下部有三个命令按钮，其中，左边按钮中标有“单击显示”；中间按钮中标有“清除显示”；右边按钮中标有“结束运行”。字体均为粗体、小五。当用鼠标单击左边按钮时，屏幕上部文本框中显示的是“欢迎大家学习 Visual Basic 语言程序设计”，颜色为蓝色，字体为粗斜体，大小 12；如果单击中间按钮，则清除文本框中显示的内容；如果单击右边按钮，则结束程序的运行。窗体标题为“学习 vb 编程”。

程序代码如下：

```
Private Sub Command1_Click（ ）
Text1.FontBold = True
Text1.FontItalic = True
Text1.FontSize = 12
Text1.ForeColor = vbBlue
Text1.Text = "欢迎大家学习 vb 语言程序设计"
End Sub

Private Sub Command2_Click（）
Text1.Text = ""
End Sub

Private Sub Command3_Click（）
End
End Sub
```

程序运行时的界面和显示结果如图 1-1 所示。

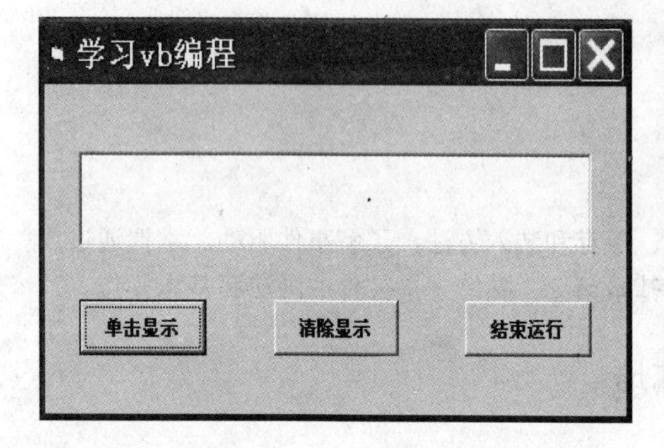

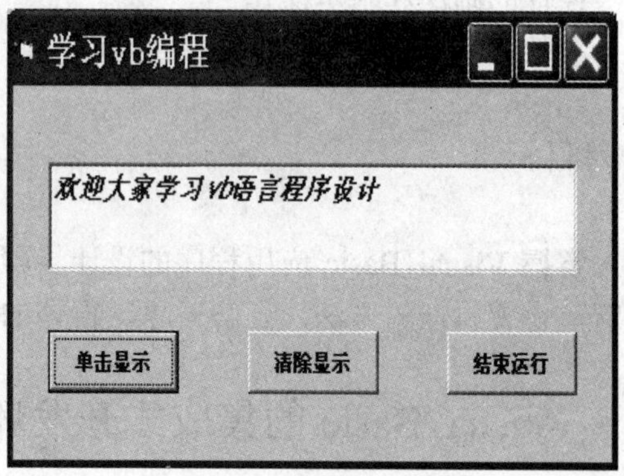

图 1-1　简单程序设计引例

通过上面引例，我们总结出用 Visual Basic 语言设计开发简单应用程序时，一般主要包括三大步骤，详细涉及十个具体步骤。

1．三大步骤

（1）界面设计：建立可视化用户界面。

（2）属性设置：设置可视化用户界面的特性。

（3）代码编写：编写事件驱动代码。

2．十个具体步骤

（1）启动 Visual Basic。

（2）新建（打开）工程（一个工程包含两部分内容：对象和代码）。

（3）用户界面设计。

（4）对象的属性设置。

（5）事件驱动的代码编写。

（6）调试、运行。

（7）保存（窗体文件—*.frm、标准模块文件—*.bas、工程文件—*.vbp 等）。

（8）编译生成可执行文件（.exe）。

（9）退出 Visual Basic。

（10）在 Windows 环境下运行可执行文件（.exe）。

必须指出，设计开发应用程序（包括大型程序）时，并非要完全按上述步骤的顺序进行，而且，上述步骤也并非全面。但上述步骤对于学习和掌握运用 Visual Basic 语言设计开发应用程序的过程是非常有效的。

1.1.2 Visual Basic 的特点和版本

1．特点

Visual Basic 与其他传统的程序设计语言相比，具有如下主要特点：

（1）可视化设计工具和编程，能提高程序设计的效率。

（2）面向对象的程序设计，能把程序和数据封装在一起作为对象，自动生成对象的程序代码（Version 4.0 以上版本）。

（3）结构化程序设计语言，具有解释和编译功能。

（4）事件驱动的编程机制，可通过激发事件，响应事件过程。

（5）集成式的开发环境，易学易用。

（6）支持访问多种数据库系统，如支持访问 Access、 Foxpro、 Paradox、 SQL Server、Oracle 等。

（7）开放式数据连接 ODBC、动态数据交换、对象的链接与嵌入 OLE、动态键接库 DLL 等。

2．Visual Basic 6.0 的版本

Visual Basic 6.0 中文版包括“学习版、专业版和企业版”三个版本，这些版本都是在相同的基础上建立起来的。

学习版：是基础版本，功能相对比较简单；可以开发 Windows 和 Windows NT 的应用程序。该版本包括所有的内部控件以及网格、标签和数据绑定控件。

专业版：为专业编程人员提供了功能完备的工具；包括学习版的全部功能以及 ActiveX 控件、Internet 控件、集成的 Visual Database Tools、DataEnvironment、Active Data Objects 和 Dynamic HTML Page Designer。

企业版：可供专业编程人员开发功能强大的组内分布式应用程序；包括专业版的全部功能以及 Back Office 工具，例如，SQL Server、Microsoft Transaction Server、Internet Information Server、Visual SourceSafe、SNA Server 等工具。

Visual Basic 6.0 专门为 Microsoft 的 32 位操作系统设计，可用来建立 32 位的应用程序。本书是以 Visual Basic 6.0 中文版来介绍可视化程序设计内容的。

1.1.3 Visual Basic 的启动与退出

1．启动

以下是启动 Visual Basic 6.0 中文版的主要方法：

（1）执行【开始】【所有程序】【Microsoft Visual Basic 6.0 中文版】命令。

（2）通过【我的电脑】或【资源管理器】，找到相应了文件夹，双击 Visual Basic 6.0 的启动文件 vb6.exe。

（3）通过在【运行】对话框中键入 Visual Basic 6.0 的启动文件 vb6.exe（包括盘符、路径、文件名）。

（4）通过双击桌面上的 Visual Basic 6.0 快捷方式（当然，首先要在桌面上建好相应的快捷方式）。

2．退出

以下是退出 Visual Basic 6.0 的主要方法：

（1）执行【文件】【退出】命令。

（2）单击主窗口右上角的【关闭】按钮。

（3）按 Alt＋Q 键。

1.1.4 Visual Basic 的集成式开发环境

1．集成式开发环境的界面种类

集成式开发环境有两种类型的界面，即：

（1）多文档界面 MDI（默认的界面种类）。

（2）单文档界面 SDI（可在【工具】|【选项…】|【高级】中进行界面种类转换和其他设置）。

2．集成式开发环境的组成

Visual Basic 集成式开发环境窗口主要由主窗口和其他类型的窗口两大类组成。

（1）主窗口：即 Visual Basic 应用程序窗口（或设计窗口），包括标题栏、菜单栏、工具栏。主窗口有三种状态，即设计状态（模式）、运行状态（模式）和中断状态（模式）。

“标题栏”用来显示 Visual Basic 的当前工作状态，即上述的三种主窗口状态（设计、运行和中断三种工作状态)。与 Windows 中的其他应用程序窗口类似，在标题栏的左端有【(系统）控制菜单】按钮，右端有【最小化】、【最大化】和【关闭】按钮。

“菜单栏”用于显示 Visual Basic 应用程序的十三类菜单，分别为【文件】、【编辑】、【视图】、【工程】、【格式】、【调试】、【运行】、【查询】、【图表】、【工具】、【外接程序】、【窗口】、【帮助】。各“菜单”中有相应的“菜单命令”，Visual Basic 应用程序的编辑、编译、连接、运行、调试及文件的打开、保存等都可以通过相应的“菜单命令”来实现，可以通过鼠标或键盘执行指定的菜单命令。用鼠标单击某个菜单项，即可打开该菜单，然后用鼠标单击菜单中的某一条，就能执行相应的菜单命令。综合使用 F10（或 Alt 键）、回车键、光标移动键（→、←、↑或↓）以及相应菜单命令的访问键（菜单命令后面括号中的字母键），就可以通过键盘方式执行指定的菜单命令。在 Visual Basic 的菜单中，有些菜单命令可以在下拉后直接执行，有些可以通过打开对话框执行，有些可以通过快捷键执行。此外，还有一些菜单命令必须通过子菜单命令执行。这类菜单命令的右端有一个箭头，当把条形光标移到该命令上时，将在其右侧下拉显示下一级菜单命令，即“子菜单命令”，类似地，可通过鼠标或键盘方式执行所需要的“子菜单命令”。

“工具栏”用于放置 Visual Basic 应用程序的各种工具按钮，以方便操作时使用。Visual Basic 6.0 提供了四种主要的工具栏，包括“编辑”、“标准”、“窗体编辑器”和“调试”，同时可根据需要定义用户自己的工具栏。一般情况下，集成式开发环境中只显示“标准”工具栏，其他工具栏可以通过【视图】|【工具栏】命令打开或关闭。每种工具栏都有“固定”和“浮动”两种形式。工具栏以图标的形式提供了部分常用菜单命令的功能。只要用鼠标单击代表某个命令的图标按钮，就能直接执行相应的菜单命令。

（2）其他类型的窗口：包括“工具箱窗口”、“窗体设计器窗口”、“工程资源管理器窗口”、“属性窗口”、“窗体布局窗口”、“代码编辑器窗口”、“立即窗口”、“本地窗口”和“监视窗口”等。

“工具箱（ToolBox）窗口”（简称工具箱）由各种工具图标组成，这些图标是 Visual Basic 应用程序的构件，被称为图形对象或控件（Control），每个控件由工具箱中的一个工具图标来表示。工具箱中的工具分为两大类：一类称为内部控件或标准控件；另一类称为 ActiveX 控件。Visual Basic 启动后，工具箱中只有内部控件。界面的设计完全通过控件来实现，可以任意改变其大小，将其移动到窗体的任何位置。总之，“工具箱（ToolBox）窗口”是用于显示各种控件的制作工具，供用户在窗体上设计用户界面。

“窗体（Form）设计器窗口”（简称窗体）是应用程序最终面向用户的窗口，它对应于应用程序的运行界面和结果。各种图形、图像、数据等最终都是通过窗体或窗体中的控件显示出来的。在设计应用程序时，窗体就好比是一块画布，在这块画布上，我们可以画出组成应用程序的各个构件。总之，“窗体（Form）设计器窗口”主要用于设计 Visual Basic 开发的应用程序的界面。窗体中网格大小的单位为 twip，1 英寸=1440 缇（twip），1 厘米=567 缇，可选择【工具】|【选项…】|【通用】，在其中改变窗体网格的“高度”和“宽度”。

“工程资源管理器（Project Explorer）窗口”中含有建立一个应用程序所需要的所有文件的清单。其中的文件可分为六类，即窗体文件（.frm，每个窗体对应一个窗体文件，窗体及其控件的属性，以及其他信息和代码都存放在窗体文件中，一个应用程序可以有多个窗体，但最多为 255 个）、工程文件（.vbp，每个工程对应一个工程文件）、工程组文件（.vbg，当一个程序包括两个以上的工程时，这些工程构成一个工程组）、标准模块文件（.bas，它是一个纯程序代码性质的文件，不属于任何一个窗体，主要用来声明全局变量和定义一些通用的过程，可以被不同窗体的程序调用，主要在大型应用程序中使用）、类模块文件（.cls，Visual Basic 中大量的预定义的类以及用户通过类模块来定义的自己的类，都可以用一个文件来保存）和资源文件（.res，它是一个纯文本文件，可以同时存放如文本、图片、声音等多种“资源”的文件，资源文件由一系列独立的字符串、位图及声音文件组成，可用简单的文字编辑器如 NotePad 编辑）。此外，该窗口顶部还含有“查看代码”、“查看对象”和“切换文件夹”三个图标，以方便操作和使用。

“属性（Properties）窗口”是用来设置对象属性的（在 Visual Basic 中，窗体和控件被称为对象，每个对象都可以用一组属性来刻画其特征）。除属性窗口的标题外，属性窗口由对象框（用于显示对象的名字）、属性显示方式（包括按字母顺序和按分类顺序两种）、属性列表（用于显示当前活动对象的所有属性）和对当前属性的简单解释（属性解释）四个部

分构成。属性的变化将改变相应对象的特征。每个 Visual Basic 对象都有其特定的属性，可以通过属性窗口来设置，对象的外观和对应的操作由所设置的值来确定。即使“属性窗口”关闭了，我们还可以通过【视图】|【属性窗口】、F4、Ctrl＋PgUp（Ctrl＋PgDn）、工具栏中的属性按钮等方法把它打开，以供操作和使用。

“窗体布局窗口”用于在窗体设计时观察窗体将在屏幕中所处的具体位置，以便了解程序运行时窗口在屏幕上所处的位置。

“代码（Code）编辑器窗口”用于编辑修改对象（窗体和控件）及标准模块中的程序代码。可以通过双击对象、【视图】|【代码窗口】、查看代码、F7 等方法打开“代码（Code）编辑器窗口”，以便对程序代码进行编辑和修改。

“立即窗口”用于立即输入和执行程序语句，达到快速调试或测试语句书写是否正确或观察语句执行的结果等。

1.2　Visual Basic 的对象及其操作

1.2.1　Visual Basic 的对象

对象是 Visual Basic 中的重要概念。在 Visual Basic 中，对象分为两类：一类是由系统已经设计好的，可以直接使用或对其进行操作，称为预定义对象（最基本的两种预定义对象是“窗体”和“控件”，此外，还有“打印机”、“调试”、“剪贴板”、“屏幕”等其他一些预定义对象）；另一类是由用户自己定义的，称为自定义对象（可以像 C++一样建立用户自己的对象）。

1.2.2　对象的属性、事件和方法

对象是具有特殊属性（数据）和行为方式（方法）的实体。建立一个对象后，其操作是通过与该对象有关的属性、事件和方法的描述来完成的。

1．对象的属性及其设置

（1）对象的属性：对象的特性（征）即其属性。一个对象可以有多种属性。不同的对象，其属性也不完全相同。

（2）对象常见的属性：名称 Name、标题 Caption、颜色 Color、字体大小 Fontsize、高 Height、宽 Width、可见与否 Visible 等。

（3）属性设置的方法：可以通过下面两种方法进行属性设置：其一，通过属性窗口（设计阶段设置对象属性）：直接键入（直接键入新属性值）、选择输入（通过下拉列表选择所需要的属性值）、对话框中输入（通过对话框设置属性值）；其二，通过程序语句（运行期间设置对象属性）：对象名.属性名=属性值，例如：

```
Form1.Caption="Visual Basic 程序设计"
Textl.Visible=False
```

（注：只能通过属性窗口设置的属性称为只读属性）。

2．对象的事件及其触发（激发）和响应

Visual Basic 是一种采用事件驱动为编程机制的程序设计语言。

（1）事件：是指 Visual Basic 预先设置好的并能被对象识别的动作。一个对象可以识别一个或多个事件，不同的对象能够识别的事件也不完全相同。

（2）对象常见的事件：单击 Click、双击 Dblclick、装入 Load、移动鼠标 MouseMove、改变 Change 等。触发（激发）对象的某个事件（比如，对命令按钮进行单击），对象就会对该事件做出响应（对象一般是通过执行一段程序代码即事件过程来响应所触发的事件的）。

（3）事件过程：对象的某个事件受到触发（激发）并得到响应后，所执行的操作是通过一段程序代码来完成的，这样的一段程序代码即事件过程。

（4）事件过程的一般格式如下：

```
Private Sub 对象名_事件名（）
……
程序代码（语句）
    ……
End Sub
```

例如：

```
Private Sub Command1_Click（）
Textl.text="欢迎大家学习 Visual Basic 程序设计"
Textl.fontsize=12
Textl.fontbold＝True
End Sub
```

3．对象的方法及其调用

（1）特殊的过程和函数即方法。方法是特定对象的一部分，是一个对象可执行的动作，其操作与过程或函数的操作相同，方法只能在程序代码中使用。

（2）方法可以重名，即多个对象（如窗体 Forml、打印机 Printer 等对象）可以使用同一个方法（如名为 Print 的方法）。同一个方法用于不同的对象时，所执行的操作也不一样。例如 Print 方法，如果用于窗体（Form）时，将在窗体上输出信息；而如果用于打印机（Printer）时，则在打印机上打印信息。

（3）方法的调用格式：对象名.方法名。（注：对象名可以省略，此时的对象默认为当前窗体）

例如：

名为 Forml 的窗体上输出（显示）：Forml.Print "欢迎大家学习 Visual Basic 程序设计";

打印机上打印：Printer.Print "欢迎大家学习 Visual Basic 程序设计"。

例 1-2　事件驱动编程机制（对象、窗体、控件、属性设置、事件、事件过程、方法）。要求：在窗体上画一个文本框和三个命令按钮。文本框中默认内容为“Visual Basic 语言程序设计简单、易学、易用”，字体为粗体、五号；三个命令按钮的标题分别为“隐藏文本框”、“显示文本框”和“还原与输出”，字体均为楷体、五号。当单击第一个按钮时，文本框消失；当单击第二个按钮时，文本框重新出现，其中显示颜色为红色的“Visual Basic 语言程序设计”，字体为粗斜体、大小 16，并且要求此时第一个按钮变为暗淡色（不可用状态）；当单击第三个按钮时，文本框中的内容被清空，第一个按钮还原为深色（可用状态），同时在文本框上方的窗体上输出颜色为蓝色的“大学计算机程序设计”，字体为粗斜体、大小 14。

窗体标题为“事件驱动编程机制”。

程序代码如下：

```
Private Sub Command1_Click（）
Text1.Visible = False
End Sub

Private Sub Command2_Click（）
Text1.Visible = True
Text1.ForeColor = vbRed
Text1.FontBold = True
Text1.FontItalic = True
Text1.FontSize = 16
Text1.Text = "Visual Basic 语言程序设计"
Command1.Enabled = False
End Sub
Private Sub Command3_Click（）
Text1.Text = ""
Command1.Enabled = True
Form1.ForeColor = vbBlue
Text1.FontBold = True
Text1.FontItalic = True
Form1.FontSize = 14
Cls
Print
Form1.Print "大学计算机程序设计"
End Sub
```

程序运行时的界面和显示结果如图 1-2 所示。

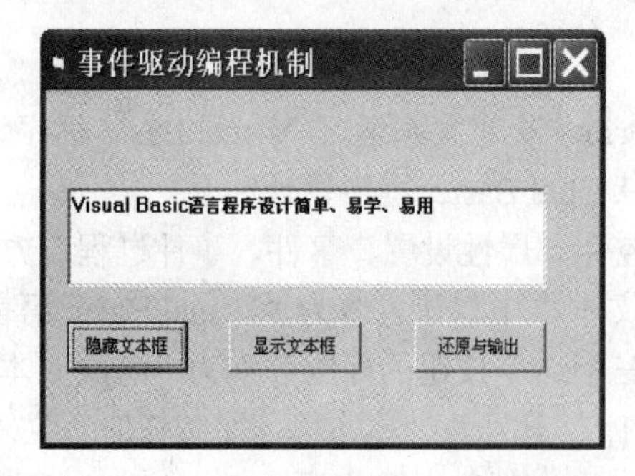

（1）程序运行时初始界面

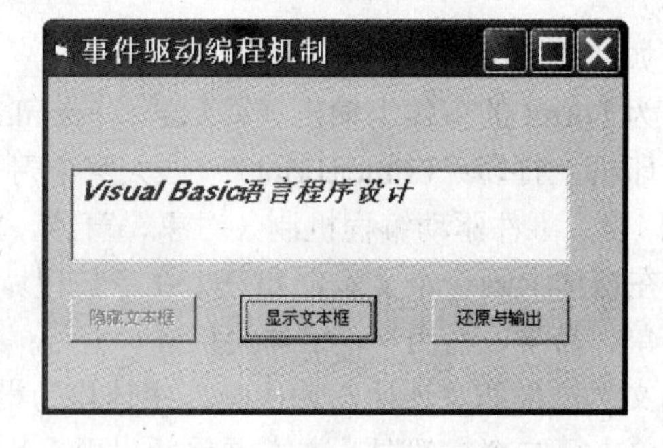

（2）单击“显示文本框”按钮

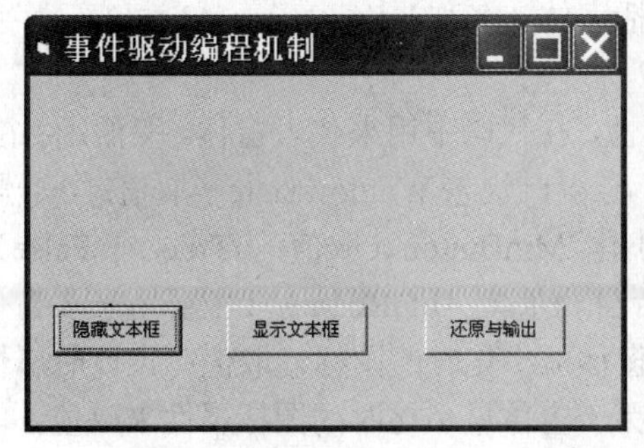

（3）单击“隐藏文本框”按钮

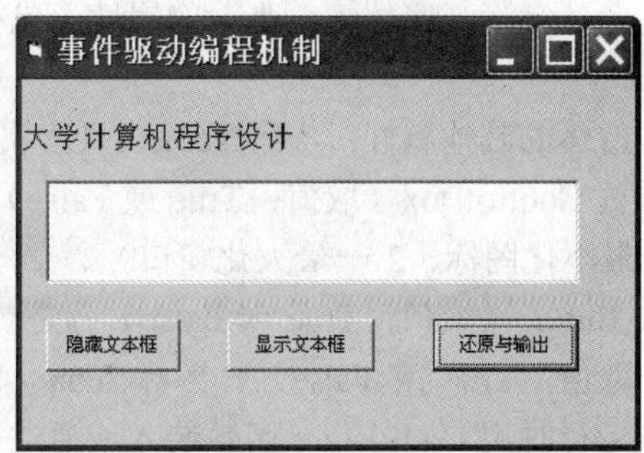

（4）单击“还原与输出”按钮

图 1-2　事件驱动编程机制

1.2.3　两种最基本的预定义对象——窗体和控件

1. 窗体的结构与属性、事件与方法

（1）窗体的结构。Visual Basic 中的窗体，其结构和 Windows 下的窗口完全类似。在设计应用程序时，窗体是程序员的“工作台”；而在应用程序运行时，每个窗体对应于一个窗口。简言之，窗体是设计阶段的说法，而窗口是程序运行阶段的说法。

（2）窗体的属性。窗体是 Visual Basic 中的对象，具有自己的属性（当然也有自己的事件和方法）。窗体有许多属性，这些属性决定了它的外观和操作。窗体的属性可以在设计阶段通过属性窗口设置，也可以在运行期间通过程序语句设置。有些属性只能在设计阶段设置，我们把这类属性称为“只读属性”。窗体的大多数属性既适用于窗体，同时也适用于其他对象（主要是控件）。

如果在运行期间通过程序语句设置窗体属性，其格式为：窗体名.属性名=属性值，例如，Form1.Width＝200。

描述窗体外观的属性：标题 Caption（表示窗体标题栏上的文本内容。取值：字符串）、边框类型 BorderStyle（只读属性，取值：0 一 None，无边框；1 一 FixedSingle，固定单边框且大小只能用最大化和最小化按钮改变；2－Sizable，默认有双线边界的可改变大小的边框；3 一 FixedDialog，按设计时的大小固定边框且没有最大化和最小化按钮；4－Fixed ToolWindow，固定工具窗口、大小不能改变且只显示关闭按钮并用缩小的字体显示标题栏；5 一 Sizable ToolWindow，可改变大小且只显示关闭按钮并用缩小的字体显示标题栏）、背景颜色 BackColor 窗体的背景色，取值：代表颜色的十六进制数或调色板或 vbRed 等）、前景颜色 ForeColor（窗体的正文或图形的前景色，取值：代表颜色的十六进制数或调色板或 vbRed 等）、图形 Picture（窗体上显示的图片，取值：设计时属性窗口中加载或运行时用 LoadPicture（）函数装入）。

描述窗体位置和大小的属性：左边位置（坐标）Left、上边位置（坐标）Top 和高 Height、宽 Width。取值都是数值。

描述窗体行为的属性：是否可移动 Moveable、是否激活（可用状态）Enabled、是否可见 Visible（运行时起作用）。取值都是 True（默认）或 False。

描述窗体字形（字体、大小）的属性：包括字体（名称）FontName（Font）、字体大小Fontsize。

描述窗体的其他属性：名称 Name（只读属性，在代码中用来代表窗体。取值：字符串）、控制菜单框 ControlBox（取值：True 或 False）、窗口状态 WindowState（取值：0 一默认正常、1 一最小化图标、2 一最大化窗口）、最小化 MinButton（取值： True 或 False）、最大化 MaxButton（取值：True 或 False）、是否自动重画 AutoRedraw（主要用于多窗体程序设计中，取值：True 或 False）、图标 Icon（窗体最小化时的图标，取值：设计时属性窗口中加载或运行时用 loadPicture 函数装入或通过另一窗体最小化时的图标属性来赋值）。

注意：不要将窗体名称 Name（只读属性）与窗体标题 Caption 混淆。窗体名称是在代码中用来代表窗体的，而窗体标题是出现在窗体标题栏中的文本内容。

（3）窗体的事件。

装入 Load 事件：当窗体被装入内存时，VB 系统自动触发该事件；

卸载 Unload 事件：当窗体被关闭后，将触发该事件；

单击 Click 事件：在运行时，当用户在窗体的空白区域上单击鼠标时，触发该事件；

双击 DblCliCk 事件：在运行时，当用户在窗体的空白区域上双击鼠标时，触发该事件；

活动 Activate 事件：当本窗体变为活动窗口时，触发该事件

非活动 Deactivate 事件：当另一窗体变为活动窗口前，触发该事件；

绘画 Paint 事件：当本窗体被移动或放大，或窗体移动时覆盖了一个窗体时，触发该事件；

Resize 事件：在运行时，当窗体的大小改变时，触发该事件。

窗体的事件过程：

Private Sub 窗体名__事件名（）

……

程序代码（语句）

……

End Sub

例如：

```
Private Sub Form_Click（）
Fontsize=12
ForeColor=vbRed
Print
Print "Visual Basic 语言程序设计"
End Sub
```

（4）窗体的方法。

Hide 方法：在运行时，用来隐藏窗体；

Show 方法：用于激活窗体，使被激活的窗体成为当前活动窗体；

Cls 方法：用于清除窗体上的所有图形和正文；

Print 方法：用于在窗体上显示信息。

窗体的方法调用格式：窗体名.方法。例如，Forml.Hide、Forml.Show、Forml.Cls、Forml.

Print。

2．控件

（1）控件的类别。控件的类别包括如下三类：

一是标准控件（内部控件）：启动 Visual Basic 后，在工具箱中列出的所有控件（共 21 个），既不能添加，也不能删除。主要有指针（Pointer）、图片框（PictureBox）、标签（Label）、文本框（TextBox）、框架（Frame）、命令按钮（CommandButton）、复选框（CheckBox）、单选按钮（OptionButton）、组合框（ComboBox）、列表框（ListBox）、水平滚动条（HScrollBar）、垂直滚动条（VScrollBar）、计时器（Timer）、驱动器列表框（DriveListBox）、目录列表框（DirListBox）、文件列表框（FileListBox）、形状控件（Shape）、直线控件（Line）、图像控件（Image）、数据控件（Data）、OLE 控件（OLE）。这些控件的具体使用将在第 6 章中详细介绍。

二是 ActiveX 控件：是扩展名为 OCX 的独立文件，是 Visual Basic 内部控件的扩充，其中包括各种版本的 Visual Basic 提供的控件，另外还包括第三方开发商提供的 ActiveX 控件。使用时须添加到工具箱。

三是可插入对象：能添加到工具箱中作为控件使用的对象，主要是由其他应用程序创建的不同格式的数据，通常指 OLE 对象，如 Word、Excel 等。

（2）控件的命名。每个控件都有一个名字，这个名字就是控件的 Name 属性值。一般而言，控件都有默认值，如 Commandl、Textl 等。为了提高程序的可读性，最好用有一定意义的名字作为控件的 Name 属性值。例如，cmdEnd 或 btnExit（命令按钮）、lblOptions（标签）等。控件的 Name 属性，常在程序代码中使用。

（3）控件值。控件值即控件的默认属性，它是一个控件最重要或最常用的属性。如 Textl.Text=“VB”和 Textl=“VB”的意义一样，即名为 Textl 的文本框控件，其控件值（默认属性）是 Text。控件值和下面表述的控件属性的值是两个不同的概念，应加以区别。

（4）控件属性的值。控件属性的值即控件某一属性的取值。例如， Textl. Visible=True（True 是名为 Textl 的文本框控件属性 Visible 的取值），Textl.Text=“VB”（VB 是名为 Textl 的文本框控件属性 Text 的取值）。

（5）控件的画法。在窗体上画控件是建立用户界面的必要步骤，可以用以下三种方法中的任意一种在窗体上画出一个控件。

方法一：双击工具箱中的某个控件图标，可以直接在窗体的中部画出该控件。

方法二：单击工具箱中的某个控件图标，再到窗体中的适当位置拖曳。

方法三：按住 Ctrl 键选择工具箱中的某个控件，则可在窗体上画出多个这种类型的控件。

（6）控件的基本操作——缩放、移动、复制、删除。

控件的缩放：当控件处于活动状态时。通过拖曳控件上的上、下、左、右以及四个角上的任何一个小方块，都可以使控件在相应的方向上放大或缩小。

控件的移动：把鼠标光标移到控件内（边框内的任何位置），通过拖曳操作就可以把控件拖拉到窗体内的任何位置。

控件的复制：选择需复制的控件，然后按 Ctrl＋C 键，再按 Ctrl＋V 键。需要注意的是：复制后形成控件数组，每一个 Name 属性不同，但 Caption 属性相同。如 Commandl（0）、Commandl（1）、Commandl（2）……

控件的删除：按 Del 键可以删除当前（活动）控件。

（7）控件的选取。

方法一：对要选取的控件单击，可以激活它。

方法二：按住 Shift，再单击所要选取的控件，可以选取多个控件。

方法三：通过拖曳一个包围所选控件的虚框，可以选取虚框内的所有控件。其中必有一个控件是当前活动控件。

（8）对象（窗体、控件等）的位置、大小。对象的位置属性：左边位置（坐标）Left，上边位置（坐标）Top。对象的大小属性：宽 Width，高 Height。

注意：（Left，Top）对窗体而言，指窗体相对于屏幕左上角的位移量；对控件而言，指控件相对于窗体左上角的位移量。

1.3 Visual Basic 的简单程序设计

1.3.1 Visual Basic 语言程序设计中的语句

Visual Basic 语言程序设计中的语句是执行具体操作的指令，每个语句以回车键结束。

1．基本规则

（1）输入语句的命令词和函数等不必区分大小写。

（2）输入程序时一般一行一句、一句一行（语句行长度最多不超过 1023 个字符）。

（3）一句也可以多行表示，但应该用续行符（下画线“_”）续行（续行符前至少有一个空格分隔）。

（4）一行也可以表示多句，但要用冒号“：”分隔。

2．基本语句

（1）赋值语句（Let 语句）。把指定的值赋给某个变量或某个带有属性的对象。

格式：［Let］目标操作符 = 源操作符。

例如：

```
nuA=100:          Rem 用数值赋值
helloworld$ = "Good Morning"     ′ 用字符赋值
r = Val（textl.text）  ′ 转换成数值后赋值
Textl.Text = str（100）    ′ 转换成字符后赋值
Textl.Text = text2.text      ′ 用属性值赋值
Startime = now         ′ 取系统时间赋值
Textl.Text = str（nuA）    ′ 转换成字符后赋值
BtycontA = btycontB * 8      ′ 用表达式赋值
```

注意：“=”是赋值号，不同于数学中的等号含义；“=”两边的数据类型必须一致；复合语句行必须用“：”分隔（一行多句）；方括号表示 Let 可以省略。

（2）注释语句（Rem 语句）。

格式：Rem 注释的内容 或 ′ 注释的内容。

注意：注释语句主要用于提高程序的可读性，是非执行语句，程序执行时，不被解释和编译，可以用单独一个语句行表示。注释语句一般位于“过程”、“模块”的开头或语句行的后面（放在语句行的后面时，只能用“′ 注释的内容”这种形式表达），但不能放在续行符的后面。

（3）暂停语句（Stop 语句）。暂停语句将解释程序置为中断（Break）模式，以便检查、调试程序。执行到 Stop 语句时，Visual Basic 将自动打开“立即窗口”。程序调试成功，生成扩展名为 EXE 的可执行文件前，一般应删除 Stop 语句。如果扩展名为 EXE 的可执行文件中含有 Stop 语句，执行时将关闭所有文件。

（4）结束语句（End 语句）。结束语句常用来结束一个程序的执行，重置所有变量，并关闭所有数据文件。它的形式多种多样，例如，End（结束程序）、End Sub（结束一个 Sub 过程）、End If（结束一个 If 语句块）、End Function（结束一个 Function 过程）、End Type（结束记录类型的定义）、End Select（结束情况语句）等。

1.3.2 Visual Basic 语言设计开发应用程序的一般步骤

这部分内容可参看例 1-1 简单程序设计引例所归结出的“三大步骤”和“十个具体步骤”，这里不再赘述，只是进一步阐述程序的保存、装入和运行等内容。

1．程序的保存

Visual Basic 应用程序的每种模块均用一定类型的文件保存，通过扩展名来区分。窗体文件的扩展名为.frm，标准模块文件的扩展名为.bas，类模块文件的扩展名为.cls，这三类文件都属于工程文件，其扩展名为.vbp。除上面四种文件类型外，还有其他一些文件类型，例如，工程组文件（.vbg）、资源文件（.res）等。

一般情况下，先分别保存窗体文件、标准模块文件和类模块文件，然后保存工程文件，这可以通过选择【文件】菜单中相应的菜单命令来实现。但是，也可以不必严格按照“先模块、后工程”的步骤保存文件，而是直接选择【文件】【工程另存为…】命令，此时，如果是第一次保存文件，或者建立了新的窗体或标准模块文件，则显示【工程另存为】对话框，在该对话框中输入窗体文件名或标准模块文件名，输入后单击【保存】按钮。如果还有其他窗体文件或标准模块文件需要保存，则重复上述过程。保存完所有的窗体文件和标准模块文件后，显示【工程另存为】对话框，在该对话框中输入工程文件名，然后单击【保存】按钮或按回车键即可。

在进行保存操作时，要注意各种文件保存的位置（“盘符\路径\文件名”）。

2．程序的装入（加载）

应用程序由窗体文件、标准模块文件、类模块文件和工程文件组成，它们都有自己的文件名，必须分别保存到磁盘文件中（其保存的位置由盘符、路径和文件名三要素确定）。然而，只要装入工程文件，就可以自动地把与该工程有关的其他三类文件（窗体文件、标准模块文件和类模块文件）装入内存。因此，所谓装入程序，实际上就是装入工程文件。通过【文件】【打开工程】命令可以装入指定位置的工程文件。

3．程序的运行

Visual Basic 应用程序可以在下面两种模式下运行：一种是解释运行模式；另一种是编译运行模式。

（1）解释运行模式（在 Visual Basic 开发环境中运行）选择【运行】|【启动】命令即

可进入解释运行模式。当用解释运行模式执行一个 Visual Basic 应用程序时，将关闭用于生成应用程序的窗体设计器窗口和工程管理器窗口，接着显示应用程序中定义的第一个窗体，然后解释程序，逐行运行应用程序，同时打开立即窗口。在解释运行中，解释器每读完一行代码，就将其转换为机器代码，然后执行这些命令。机器代码是微处理器能识别的数字序列。在解释运行模式下，微处理器指令不被保存，执行一行代码后，如果需要再次执行，则必须重新解释一次。解释运行的好处是：在修改程序后，不必编译就可以立即执行，但是，由于每次执行前必须对每条语句进行解释，因而运行速度较慢。

（2）编译运行模式（生成可执行文件.exe）。选择【文件】|【生成.exe 文件】命令，生成.exe 可执行文件。然后，直接找到并执行该可执行文件，即可实现不依赖于 Visual Basic 开发环境的编译运行模式。严格地说，编译运行模式是应用程序的一种运行模式，而不是 Visual Basic 的模式。在编译一个程序时，Visual Basic 读取程序中的每个语句，对这些语句进行解释，并将其转换成微处理器指令，然后把这些指令保存在可执行文件（.exe）中。由于程序中的所有语句都已被解释并转换为微处理器指令，因此在执行程序时就不必解释一句执行一句了，运行速度也相应地提高了。

1.3.3 用 Visual Basic 语言设计开发的应用程序的结构和工作方式

所谓应用程序，是指若干指令的集合，用来指挥计算机完成指定的操作。

1. 应用程序的结构

应用程序的结构指的是组织指令的方法，即指令存放的位置和指令执行的顺序。对于指令执行的顺序等程序控制结构（如顺序结构、分支结构、循环结构）的内容将在第 4 章中详细介绍。

通常，Visual Basic 的应用程序由三类模块组成，即窗体模块、标准模块和类模块。

（1）窗体模块（.frm）。窗体模块由界面窗体和代码组成。一个应用程序包含一个或多个窗体模块（其文件扩展名为.frm）。每个窗体模块均分为两部分：一部分是作为用户界面的窗体；另一部分是执行具体操作的代码。

（2）标准模块（.bas）。标准模块完全由不与具体的窗体或控件相关的代码组成。标准模块中，可以声明全局变量，也可以定义函数过程或子程序过程。

（3）类模块（.cls）。类模块由代码和数据组成。每个类模块都定义了一个类，可以在窗体模块中定义类的对象，调用类模块中的过程。类模块可以视为没有物理表示的控件。

2．应用程序的工作方式

Visual Basic 采用事件驱动的编程机制，因此，Visual Basic 应用程序的工作方式主要通过事件驱动来实现。

（1）事件驱动。所谓事件驱动（编程机制）就是指触发（激发）对象的某个事件，对象将对该事件的触发（激发）作出响应，从而操作执行一段事先编写好的相应程序代码（事件过程）。事件的触发可以通过用户的操作触发，也可以通过操作系统（计时器）或其他应用程序的消息触发，还可以由应用程序本身的消息触发。

（2）事件驱动应用程序的典型操作顺序（序列）。操作顺序为：启动应用程序，加载和显示窗体的用户界面，然后对象（窗体、控件等）接收事件并执行相应的事件代码，执行完再等待下一次事件的触发。

例 1-3　程序语句的基本规则。具体要求为：设计一个应用程序，由用户输入正方形的边长，计算并输出正方形的面积。窗体上含有两个标签、两个文本框和两个命令按钮。两个标签分别用于显示文字“边长”和“面积”，两个文本框用于输入数据和显示计算结果。

程序功能要求：运行时，用户在“边长”文本框中输入某一个数，当单击“计算”按钮时，则在“面积”文本框中显示该数的平方数。单击“结束”按钮，则结束程序的运行。

分析：要创建的应用程序用户界面图 1-3 所示。

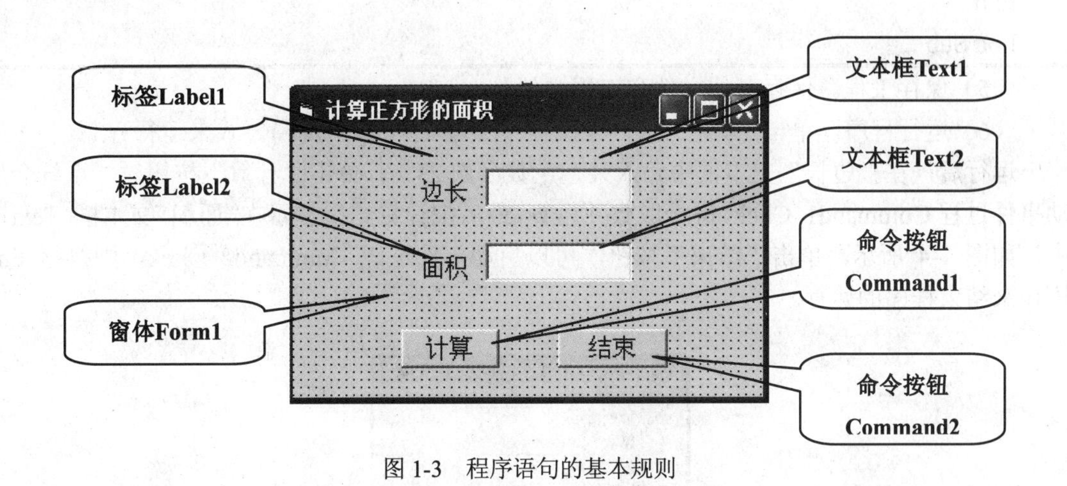

图 1-3　程序语句的基本规则

设计步骤：

（1）创建窗体。在默认窗体 Form1 上添加控件，以构建用户界面。

（2）在窗体上添加界面的控件。

标签 Label1：用于显示文字“边长”。

标签 Label2：用于显示文字“面积”。

文本框 Text1：用于边长数。

文本框 Text2：用于显示计算结果。

命令按钮 Command1：用于计算输入数的平方，并把结果显示在文本框 Text2 中。

命令按钮 Command2：用于结束应用程序的运行。

（3）设置对象属性。窗体上的控件属性设置如表 1-1 所示。

表 1-1　窗体上的控件属性设置

对象名称	属性名称	设置值
Form1	Caption	计算正方形的面积
Label1	Caption	边长
Label2	Caption	面积
Text1	Text	空
Text2	Text	空
Command1	Caption	计算
Command2	Caption	结束

（4）编写程序代码，建立事件过程。程序代码如下：

```
Private Sub Command1_Click（）
Text2.Text = Val（Text1.Text）* Val（Text1.Text）

End Sub

Private Sub Command2_Click（）
End
End Sub
```

（5）保存工程。保存窗体文件和工程文件。

（6）运行程序。单击工具栏上的“启动”按钮，即可采用解释方式来运行程序。

运行后，在“边长”文本框中输入某一个数（如 23），单击“计算”按钮时，系统会启动事件过程 Command1_Click，进行取数并运算，最后把计算结果显示在“面积”文本框（Text2）中，如图 1-4 所示。单击“结束”按钮，可以启动事件过程 Command2_Click，则执行 End 语句来结束程序的运行。

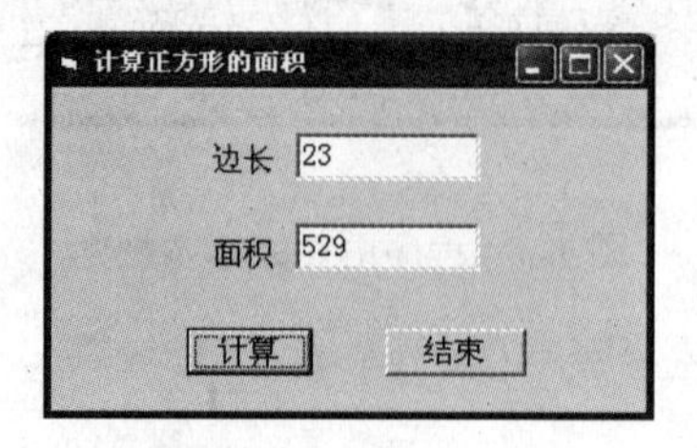

图 1-4　运行结果

练习题

一、选择题

1．和其他的传统程序设计语言相比较，Visual Basic 最突出的特点是（　）。

　A．结构化程序设计　　B．程序开发环境　　C．事件驱动编程机制　　D．程序调试技术

2．下面叙述中错误的是（　）。

　A．一个工程可以包括多种类型的文件

　B．Visual Basic 应用程序既能以编译方式执行，也能以解释方式执行

　C．程序运行后，在内存中只能驻留一个窗体

　D．对于事件驱动型应用程序，每次运行时的执行顺序可以不一样

3．下列不属于主窗口的是（　）。

　A．最大化按钮　　B．状态栏　　C．系统菜单　　D．工具栏

4．设窗体上有一个文本框，名称为 Textl，程序运行后，要求该文本框不能接受键盘输入，但能输出信息，以下属性设置正确的是（　）。

　A．Textl.MaxLength=0　　B．Textl.Enabled=false

　C．Textl.Visible=false　　D．Textl.Width=0

5．以下能在窗体 Form1 的标题栏中显示“VisualBasic 窗体”语句的是（　）。

A．Form1.name="VisualBasic 窗体"　　B．Form1.Title="VisualBasic 窗体"

C．Form1.Caption="VisualBasic 窗体"　　D．Form1.Text="VisualBasic 窗体"

6．下列叙述中正确的是（　）。

A．只有窗体才是 Visual Basic 中的对象　　B．只有控件才是 Visual Basic 中的对象

C．窗体和控件都是 Visual Basic 中的对象　　D．窗体和控件都不是 Visual Basic 中的对象

7．可以激活属性窗口的操作是（　）。

A．用鼠标双击窗体的任何部位　　B．执行“工程”菜单中的“属性窗口”命令

C．按 Ctrl＋F4 键　　D．按 F4 键

8．用来确定控件在窗体上位置的属性是（　）。

A．Width 或 Height　　B．Width 和 Height

C．Top 或 Left　　D．Top 和 Left

9．下列不能打开工具箱窗口的操作是（　）。

A．执行“视图”菜单中的“工具箱”　　B．按 Alt＋F8 键

C．单击工具栏上的“工具箱”按钮　　D．按 Alt+V，然后按 Alt+S

10．为了使命令按钮（名称为 Command1）右移 200，应使用的语句是（　）。

A．Command1.Move-200　　B．Command1.Move 200

C．Command1.Left= Command1.Left+200　　D．Command1.Left= Command1.Left-200

11．假定一个 Visual Basic 应用程序由一个窗体模块和一个标准模块构成。为了保存该应用程序，以下正确的操作是（　）。

A．只保存窗体模块、标准模块　　B．分别保存窗体模块、标准模块和工程文件

C．只保存窗体模块和标准模块　　D．只保存工程文件

12．为了清除窗体上的一个控件，下列正确的操作是（　）。

A．按回车键　　B．按 Esc 键

C．选择（单击）要清除的控件，然后按 Del 键　D．选择（单击）要清除的控件，然后按回车键

13．以下叙述中错误的是（　）。

A．打开一个工程文件时，系统自动装入与该工程有关的窗体、标准模块等文件

B．当程序运行时，双击一个窗体，则触发该窗体的 DblClick 事件

C．Visual Basic 应用程序只能以解释方式执行

D．事件可以由用户引发，也可以由系统引发

14．为了对多个控件执行操作，必须选择这些控件。下列不能选择多个控件的操作是（　）。

A．按住 Alt 键，不要松开，然后单击每个要选择的控件

B．按住 Shift 键，不要松开，然后单击每个要选择的控件

C．按住 Ctrl 键，不要松开，然后单击每个要选择的控件

D．拖动鼠标画出一个虚线矩形，使所选择的控件位于这个矩形内

15．在设计阶段，当双击窗体上的某个控件时，所打开的窗口是（　）。

A．工程资源管理器窗口　　B．代码窗口

C．工具箱窗口　　D．属性窗口

16．下列打开“代码窗口”的操作中不正确的是（　）。

A．按 F4 键

B．单击“工程资源管理器”窗口中的“查看代码”按钮

C．双击已建立好的控件

D．执行“视图”菜单中的“代码窗口”命令

17．下列正确的 Visual Basic 注释语句是（ ）。

A．Dim a（10）As Integer Rem 这是一个 VB 程序

B．′ 这是一个 VB 程序

C．a=1：b=2：Rem 这是一个 VB 程序：c=3

D．If Shift=6 And Button=2 Then

Print "VISUAL BASIC" Rem 这是一个 VB 程序

End If

18．Visual Basic 程序中分隔各语句的字符是（ ）。

A．′ B．： C．\ D．_

19．为了装入一个 Visual Basic 应用程序，应当（ ）。

A．只装入窗体模块文件（.frm）

B．只装入工程文件（.Vbp）

C．分别装入工程文件和标准模块文件（.bas）

D．分别装入工程文件、窗体文件和标准模块文件

20．为了使窗体的大小可以改变，必须把它的 Borderstyle 属性设置为（ ）。

A．1 B．2 C．3 D．4

二、填空题

1．在属性窗口中，属性列表可以按两种顺序排列，这两种顺序是________和________。

2．Visual Basic 6.0 的集成开发环境有两种方式，第一种方式是________、第二种方式是________。

3．退出 Visual Basic 的快捷键是________。

4．Visual Basic 6.0 的菜单栏共有________个主菜单项。

5．工程文件的扩展名是________，窗体文件的扩展名是________，标准模块文件的扩展名是________。

6．属性窗口大体上可分为四个部分，这四个部分分别是________、________、________和________。

7．Visual Basic 中的工具栏有两种形式，分别为________形式和________形式。

8．Visual Basic 中的控件可以分为三类，分别是________、________和________。

9．为了选择多个控件，可以按住________键，然后单击每个控件。

10．若某文本框的 Name 属性为 T1，为了在该文本框中显示“How are you！”，所使用的语句为________。

11．为了建立窗体的 Click 事件过程，即 Form.Click，应先在代码窗口的________栏中选择 Form，然后在________栏中选择 Click。

12．若窗体的名称为 Forml，对该窗体编写如下代码：

```
Private Sub Form _Load（）
Form1.Caption="Hello! "
Me.Caption="How are you? "
Caption="What is your name? "
End Sub
```

程序运行后，窗体的标题是________。

13．在窗体上画两个文本框（名称分别为 T1 和 T2）和一个命令按钮（名称为 C1），然后在代码窗口中编写如下事件过程：

```
Private Sub C1_CliCk（）
T1.Text="Visual Basic"
T2.Text= T1.Text
T1.Text="Hello"
End Sub
```

程序运行后，单击命令按钮，名称为 T1 和 T2 的两个文本框中显示的内容分别为_____和____。

14．用 Visual Basic 开发应用程序时，一般需要________、________和________三步。

15．控件和窗体的 Name 属性是只读属性，只能通过________设置，不能在________期间设置。

三、编程题

1．设计一个显示信息的窗口（如图 1-5 所示），要求在文本框中输入文本信息，单击按钮，文本信息显示在窗体上。

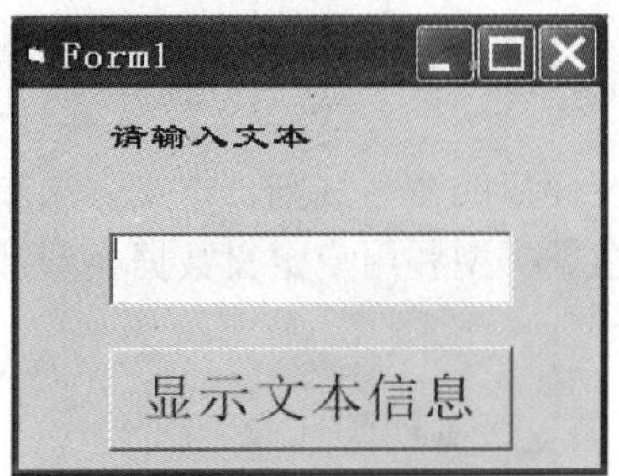

（1）程序运行初始界面

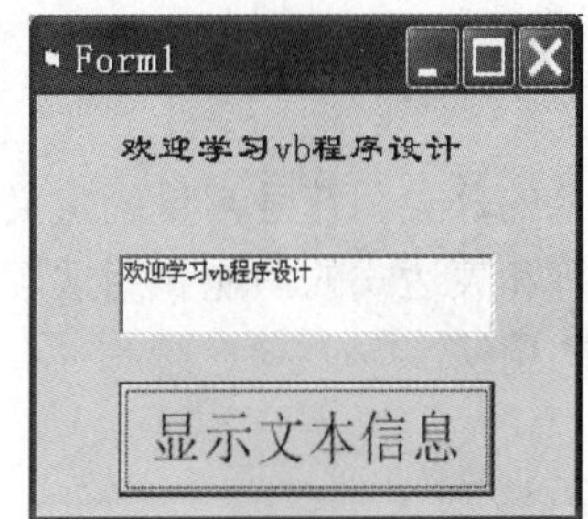

（2）单击“显示文本信息”按钮后程序运行结果

图 1-5　界面和运行结果

2．设计一个应用程序窗口（如图 1-6 所示），要求在文本框中输入文本信息，如“张三”，单击按钮，窗体上显示“张三：欢迎来到我的 vb 世界!”。

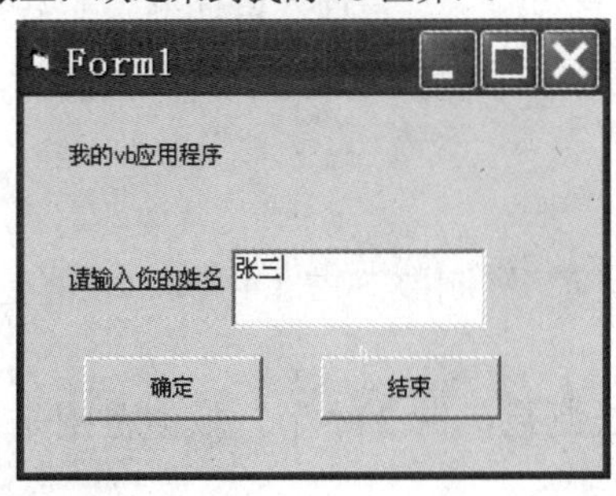

（1）程序运行初始界面

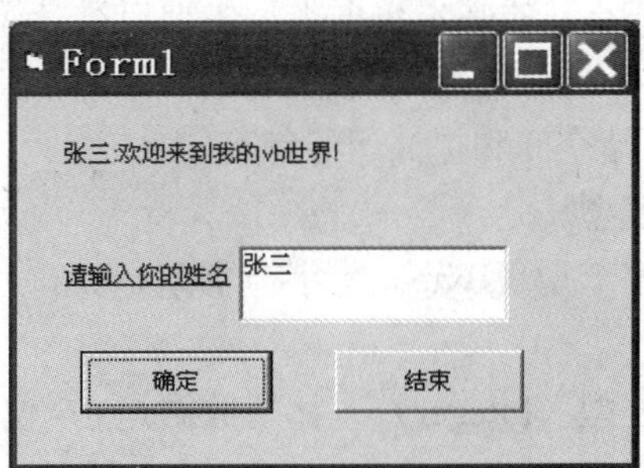

（2）单击“确定”按钮后程序运行结果

图 1-6　界面和运行结果

第2章 Visual Basic 程序设计基础

学习内容

数据类型
常量和变量
常用内部函数
运算符和表达式

学习目标

掌握常量的分类和符号常量的定义方法，以及变量的命名规则、定义方法和作用域，重点掌握运算符和表达式的功能和用法。了解基本数据类型和用户定义数据类型，掌握部分常用内部函数的用法。

2.1 数据类型

在进行程序设计时，会用到各种不同的数据类型。例如一学生的姓名是由字符串组成的，年龄、出生日期和成绩都是数值组成的。为此，Visual Basic 提供了系统定义的数据类型供用户使用，并允许用户根据需要定义自己的数据类型。

2.1.1 基本数据类型

Visual Basic 的基本数据类型主要有数值型、字符型、布尔型、日期型、变体型和对象型等，如表 2-1 所示。不同类型的数据所占的存储空间不一样，因此，选择合适的数据类型，可以节省存储空间和提高运行速度。

1．数值型

（1）字节型（Byte）。字节类型是无符号 8 位二进制数，占 1 字节，取值范围是：0～255。

（2）整型（Integer）。整型数据是 16 位二进制数，占 2 字节，取值范围是：-32768～32767。

（3）长整型（Long）。长整型数据是 32 位二进制数，占 4 字节，取值范围是：-2 147 483 648～2 147 483 647。

（4）单精度型（Single）。单精度型数据是指带小数部分的数，即浮点数，又称实数。浮点数由三部分组成：符号、指数及尾数。单精度浮点数用于表示浮点数，其指数用 E 表示。

例如，123．45E3=123．45×10^3。单精度浮点数用 32 位二进制浮点表示，占 4 字节，取值范围的绝对值约在 10^{-45}～10^{38}，能精确到 7 位有效数字。

表 2-1　Visual Basic 的基本数据类型

数据类型	关键字	类型符	前缀	占字节数	范围
字节型	Byte		byt	1	0~255
整型	Integer	%	int	2	-32768~32767
长整型	Long	&	lng	4	-2147483648~2147483647
单精度型	single	!	sng	4	负数：-3.402823E38~-1.401298E-45 正数：1.401298E-45~3．402823E38
双精度型	Double	#	dbl	8	负数：-1.79693134862316E308~-4.94065645841247 E-324 正数：4.94065645841247E-324~1.79769313486231E+308
货币型	Currency	@	cur	8	-922337203685477.5808~922337203685477.5807
字符型	String	$	str		0~65535
日期型	Date		dtm	8	01，01，100~12，31，9999（00：00：00~23：59：59）
逻辑型	Boolean		bln	2	True 与 False
对象型	Object		obj	4	任何对象引用
变体型	Variant		vnt		上述任何有效范围

（5）双精度浮点数（Double）。双精度浮点数也用来表示浮点数，只是比单精度浮点数的精度更高、有效位更多而已，其指数用 E 表示。双精度浮点数用 64 位二进制浮点表示，占 8 字节，取值范围的绝对值约在 10^{-324}～10^{308}，能精确到 15 位有效数字。另外，Visual Basic 还将双精度浮点类型数用于特殊的日期和时间表示。

（6）货币（Currency）。货币类型数据是为表示钱款设计的，货币类型数据的精度为小数点后四位，小数点后五位按四舍五入方式操作。例如，对 34.4532，取其准确值；而对于 123．45678，则取其四舍五入值为 123．4568。货币类型数据用 64 位二进制数表示，占 8 字节，取值范围是-922 337 203 685 477.5808～922 337 203 685 477.5807。浮点数中的小数点是“浮动”的，即小数点可以出现在数的任何位置，而货币类型数据中的小数点是固定的，因此称为定点数据类型。

2．字符型（String）

字符型数据（或称字符串）是由一个个字符组成的序列，其中的每一个字符均由 ASCII 编码表示，每一个字符占一个字节。不包含任何字符的字符串称为空串。字符串通常放在引号中，例如，" hello "、" "（空串）等。

3．日期型（Date）

日期类型数是浮点数，占 8 字节。表示的日期范围从公元 100 年 1 月 1 日~9999 年 12 月 31 日；表示的时间范围是 00：00：00～23：59：59。任何可辨认的文本日期都可以赋值给日期型变量。表示日期型的字符必须用“#”号括起来，例如，#January 1，2009#，#9/30/2009#。

4．布尔型（Boolean）

布尔型数据是一种逻辑型数据，占 2 字节，取值为 True（真）或 False（假）。

5．对象型（Object）

对象型数据用来表示应用程序中的对象，占 4 字节，使用时可用 Set 语句给对象赋值。

6．变体型（Variant）

变体型数据是一种可变的数据类型，可以存任何类型的数据。变体型数据实际上包含两部分信息。一部分表示任何数据类型的值。另一部分表示该值类型（比如货币类型或字符类型）的代码。但是，在每一个具体时刻，变体类型的数据类型都是确定的（或为整型，或为长整型、字符型、单精度型……），即在任何时刻，它都只表示某一种数据。也就是说，变体类型在同一时刻不可能既是整数类型，又是字符串类型，或是其他类型的数据。

变体类型是 Visual Basic 中默认的数据类型。

2.1.2 自定义数据类型

自定义数据类型是一种由多种类型数据组合而成的一种组合数据，又称记录类型。用户可以利用 Type 语句定义自己的数据类型，其格式如下：

```
Type 数据类型名

数据类型元素名 AS 类型名
数据类型元素名 AS 类型名

End Type
```

说明：

（1）自定义类型必须由 Type 开始，End Type 结束。

（2）类型名是一个标识符。

（3）记录类型的定义必须放在模块（包括标准模块和窗体模块）的声明部分。一般情况下，记录类型在标准模块中定义，其变量可以出现在工程的任何地方。当在标准模块中定义时，关键字 Type 前可以有 Private 或 Public（默认）；而如果在窗体模块中定义，则必须在前面加上 Private。

（4）每一个变量都是标识符，称为成员或域名。

（5）成员的类型可以为整型、浮点型、布尔型、货币型、字符串等，字符串可以是变长字符串，也可以是定长字符串。但在随机文件中使用时，必须使用定长字符串，其长度用类型名称加上一个星号和常数指明，一般格式为：

String * 常数

这里的“常数”是字符个数，它指定定长字符串的长度，例如：

StudentName As String *4

2.2 常量

常量(Constant)是在整个程序中数值不变的量。例如，2，3.14 等都是常量。在 Visual Basic 中，常量的类型与数据类型相对应，常量的形式有文字常量和符号常量两种。

2.2.1　文字常量

文字常量（又称字面常量）是直接书写出来的常量，通常用来表示字符串、数值等。文字常量可以表示整数、长整数、单精度浮点数、双精度浮点数、货币型、布尔数和字符串。

1．整型常量

整型常量占 2 字节，范围是-32768～32767，整型常量可以用十进制、八进制和十六进制三种形式表示，类型后缀为“％”。

2．长整型常量

长整型常量占 4 字节，范围是-2147483648～2147483647。长整型常量也可以用十进制、八进制和十六进制三种形式表示，类型后缀为“＆”。

3．单精度常量

单精度常量占 4 字节，数的绝对值范围是 10^{-45}～10^{38}，有效位为 7 位，类型后缀为“！”，可以表示为一般形式（小数点形式）和科学记数法形式（指数形式）。例如，小数点形式有 12.345、-876534、12！；指数形式有　1.23456E＋2、5.4321E-3 等，它们都是合法的单精度常数，其中，底数 10 用字母 E 来表示，因此，上述两个指数形式的单精度常数的数学含义是：1.23456E＋2 表示 1.23456×10^{2}；5.4321E-3 表示 5.4321×10^{-3}。

4．双精度常量

双精度常量占 8 字节，数的绝对值范围是 10^{-324}～10^{-38}，有效位数为 16 位，类型后缀为“#”，也有小数和指数两种形式，但通常写成指数形式，其中，底数用字母 D 表示。例如，3.1415926#、1.23456D＋12 等都是合法的双精度常数。

5．字符常量

字符常量是用双引号（英文状态输入）括起来的一串字符，又称字符串。字符串中可以是除双引号和回车符以外的任何 ASCII 字符。例如，“Made in China”、“欢迎来到 vb 编程世界学习！”等都是合法的字符常量。不含任何字符的字符串称为空串，其长度为 O，用“”表示，空白字符串也是字符常量。

6．布尔常量

布尔常量只有两个：一个为真，用 True 表示；一个为假，用 False 表示。

7．货币常量

货币常量后缀为“@”，例如，1234.5678@、-54321.1234@等都是合法的货币常量。

Visual Basic 在判断常量类型时有时存在多义性。例如，值 3.01 可能是单精度类型，也可能是双精度类型或货币类型。在默认情况下，Visual Basic 会选择需要内存容量最小的表示，因此，值 3.01 通常被作为单精度数处理。为了显式地指明常数的类型，可以在常数后面加上类型说明符，这些类型说明符分别为：

％整型

＆长整型

！单精度浮点数

#双精度浮点数

@货币型

$字符串型

字节型、布尔型、日期型、对象型及变体型数据没有类型说明符。

2.2.2　符号常量

符号常量是用标识符来表示的常量。符号常量必须先定义，后使用。

定义的格式为：

[Public|Private] Const＜常量名＞［类型后缀］=＜表达式＞［，＜常量名＞［类型后缀］=＜表达式＞］

说明：

（1）带有＜＞表示必选项，带有|表示多项选一项，带有［］的项表示可选项（本书后面内容的语法格式均用此符号表示）。

（2）＜常量名＞后面可加类型后缀，如%、&、#、！、$、@等，但引用时可不带后缀，也可以加 AS（类型），例如：

Const＜常量名＞［As ＜类型＞］=＜表达式＞

例如，定义 N 和 PI 两个符号常量：

Const N%=100，PI AS Double=3.1415926

符号常量一经定义就不能再修改，如果试图修改一个已经定义过的符号常量，Visual Basic 系统会产生一条错误信息，并提出警告。定义符号常量的优点是：能增加程序的通用性和可读性。

2.3　变量

变量是在程序中数值可以变化的量。Visual Basic 要求变量在使用前都要进行定义，即创建变量的名字，并指明变量的类型，以便在内存中分配相应的存储单元。Visual Basic 变量的定义有两种形式，下面分别加以介绍。

2.3.1　命名规则

变量是一个标识符，给变量命名时应遵循以下规则：

（1）名字只能由字母、汉字、数字和下画线组成。

（2）名字的第一个字符必须是英文字母或汉字，最后一个字符可以是类型说明符。

（3）名字的有效长度不超过 255 个字符。其中，窗体、控件和模块的标识符长度不能超过 40 个字符。

（4）不能用 Visual Basic 的关键字作变量名，但可以把关键字嵌入变量名中；同时变量名也不能是末尾带有类型说明符的关键字。例如，变量名 Print 和 Print$是非法的，而变量名 Print_Number 则是合法的。

在 Visual Basic 中，变量名及过程名、对象名、符号常量名、记录类型名、元素名等都称为标识符，它们的命名必须遵循上述规则。

而且，Visual Basic 不区分变量名和其他名字中字母的大小写，如 Hello、HELLO、hello 指的是同一个名字。但是，为了便于阅读，每个单词的首字母一般用大写，即大小写字母混合使用，组成变量名（和其他名字），如 Hello。此外，符号常量一般用大写字母定义。

2.3.2　变量的类型和定义

1．带后缀的定义

Visual Basic 可以直接引用变量。

引用格式为：

＜变量名＞［类型后缀］

即把类型说明符放在变量名的后面，如 i%、ABC#、CH$等。

说明：

（1）变量名是一个标识符，类型符有%、&、!、#、$、@等，分别表示整型、长整型、单精度型、双精度型、变长字符串型和货币类型。在第一次引用时，即为对变量的定义。

（2）所定义的变量即使类型不同，名字也不得相同。例如，AB%=12，AB#=123．45 是错误的。

（3）对于一个变量，第一次引用（即定义）后，若以后再引用，则可省略后缀。例如：

AB%=23

CD!=456.5

Print AB，CD

（4）对于第一次定义时省略后缀的变量，默认为变体类型。

2．用 Dim 定义

Dim 用于在标准模块（Module）、窗体模块（Form）或过程（Procedure）中定义变量或数组。

用 Dim 语句定义变量格式如下：

Dim ＜变量＞［As ＜类型＞］［，＜变量＞［As ＜类型＞］］……

其中，类型包括：Byte（字节型）、Integer（整型）、Long（长整型）、Single（单精度型）、Double（双精度型）、String * n（定长字符串，其中 n 为无符号整数）、String（变长字符串）、Currency（货币类型）、Boolean（布尔型）、Variant（变体类型）、Date（日期类型）、Object（对象类型）。例如：

```
Dim A as Integer
Dim B as Single，C As string
Dim D3 as Double
Dim str1 As String *10
```

其中有以下几点需要注意：

（1）省略 As＜类型＞，变量类型默认为变体类型。

（2）用 Dim 定义变量是 Visual Basic 所提倡的。

（3）当变量没有被赋过值时，均有一个系统的默认值，若它为数值型，则默认值为 0；若它为变长字符串，则默认值为空串；若它为定长字符串，则默认值为定长的空格字符串。

（4）若对一个变量多次赋值，则保留的是最后一次的值。

3．用 Static 定义

Static 用于在过程中定义静态变量及数组变量。与 Dim 不同，如果用 Static 定义了一个变量，则每次引用该变量时，其值会继续保留；而当引用 Dim 定义变量时，变量值会被重新设置（数值变量重新设置为 0，字符串变量重新设置为空串）。通常把由 Dim 定义的变量称为自动变量，而把由 Static 定义的变量称为静态变量。例如：

设有如下过程：

```
Private Sub Form_Click（）
Static Varl As Integer
Var1=Var1+1
Print Var1
End Sub
```

则每调用一次 Form_Click（）过程，静态变量 Var1 就累加 1。而如果将过程改为：

```
Private Sub Form_Click（）
Dim Varl As Integer
Var1=Var1+1
Print Var1
End Sub
```

则每调用一次 Form_Click（）过程，自动变量就被重新设置为 0。

4．用 Public 定义

Public 用来在标准模块中定义全局变量或数组。例如：

```
Public Total As Integer
```

2.3.3 记录类型变量（自定义数据类型）

记录类型变量的定义与基本数据类型变量的定义几乎没有区别，但在引用时有所不同。当定义了记录类型后，就可用记录类型定义记录变量，例如：

```
Dim Stu1 As Student，Stu2 As Student
Dim Stu（30）As Student
```

其中，Stu1、Stu2 是两个具有 Student 类型的记录变量，Stu（30）是一个具有 Student 类型的记录数组。

记录变量的成员可用下面的格式引用：

＜记录变量名＞.＜成员名＞

如上述记录变量 Stu1 中成员的引用如下：

```
Stu1.nn=20090601012
Stul.Name=＂王宏伟＂
Stul.Math=93
Stul.English=88
Stu1.VB=90
```

2.4 内部函数

函数是一段完成某个特定功能的独立程序段。一般来说，函数提供某一种特定的服务。Visual Basic 中的函数分为内部函数和自定义函数，本章只介绍内部函数（自定义函数将在数组与过程中介绍）。Visual Basic 提供了一定数量的内部函数，但由于篇幅所限，本书只介绍其中的一部分，即常用内部函数。内部函数按功能大体可分为数值函数、字符串函数和系统函数。

2.4.1 数值函数

表 2-2 列出了常用数值函数使用的例子。

表 2-2　常用数值函数

函数格式	数学含义	函数格式	数学含义
Sin（x）	返回 x 的正弦值	Cos（x）	返回 x 的余弦值
Tan（x）	返回 x 的正切值	Atn（x）	返回 x 的反正切值
Exp（x）	以 e 为底的指数函数	Abs（x）	返回 x 的绝对值
Log（x）	以 e 为底的自然对数	Sqr（x）	返回 x 的平方根
Cint（x）	求 x 的四舍五入取整值	Int（x）	返回不大于 x 的最大整数
Fix（x）	返回 x 的整数部分	Sgn（x）	返回 x 的符号
CLng（x）	把 x 转换为长整型	CSng（x）	把 x 转换为单精度型
CDbl（x）	把 x 转换为双精度型	Rnd（x）	产生随机数

说明：

（1）表中的自变量 x 可以为常量、变量和数值表达式，但必须写在圆括号中。

（2）Sin（x）、Cos（x）、Tan（x）的自变量 x 必须采用弧度，例如，求 Sin26°，必须写为：Sin（26*3．1416/180）

（3）Atn（x）的返回值为弧度，要用程序才能将其转化为度、分、秒。例如：

Print Atn（1）的结果为 0.785398163397448。

另外，要求 arcsinx 可化为 Atn 来求，则 Arcsinx 可写为：

Atn（x/Sqr（1-x*x））。

（4）Exp（x）是求以 e 为底的指数函数。

（5）Log（x）是求以 e 为底的自然对数 Lnx（x＞0），可用换底公式求其他对数，例如，求 x 的常用对数：

Lgx=Log（x）/Log（10）

（6）Sqr（x）是求 X 的平方根，其中 x ＞0。

（7）Sgn（x）是符号函数，取 x 的符号，其值如下：

当 x＜0 时，Sgn（x）=-1；当 x＞0 时，Sgn（x）=1；当 x=0 时，Sgn（x）=0。

（8）Cint（x）是求 x 的四舍五入取整值。例如：

Cint（45.5）、Cint（45.4）、Cint（-2.582）、Cint（-2.48）的值分别是 46、45、-3、-2。

（9）Int（x）是求不超过 x 的最大整数，例如：

Int（3．14）、Int（3．74）、Int（-3．5）其结果分别为：3、3、-4。

Int（x*1000＋0.5）/1000 是将 x 的第四位小数四舍五入到第三位。例如：

Int（3．1415926*1000＋0.5）*/1000 其结果为 3.142。

（10）Fix（x）是截取 x 的整数值函数，不论 x 是正数还是负数，均截去小数，仅保留整数。例如：

Fix（6.7）、Fix（6.3）、Fix（-12.3）其结果分别为：6、6、-12。

（11）CDbl（x）、CLng（x）、Csng（x）是三个转换函数，要注意的是，CLng（x）函数中的 x 是四舍五入的。

（12）Rnd（x）是随机函数（产生一个大于 0 且小于 1 的随机单精度数）：

当 x>0 时，Rnd（x）产生下一个随机数；x=0 时，Rnd（x）重复产生上一个随机数；x<0 时，对每一个负数产生一个固定的数。

关于随机函数 Rnd（x）需要注意的几点是：

（1）随机函数实际上是利用一个公式来模拟计算，这个公式是通过将上一次的随机数作为自变量来计算下一个随机数。但是，第一次必须有一个数作为自变量，称其为随机数种子。每个 Visual Basic 系统都有一个固定的种子。因此，对同一个系统，每次产生的随机数序列都是相同的。例如，在 Visual Basic 6.0 系统下运行以下程序：

```
Private Sub Form_Click（）
Print Rnd，Rnd（0），Rnd（-2）
End Sub
```

每次重复开始运行的结果都是：0.7055475 0.7055475 0.7133257。

（2）为实现随机函数的随机性，必须改变随机数种子。Visual Basic 提供了 Randomize 语句或 Randomize Timer 语句。其中，Timer 也是一个内部函数，返回从午夜 0 点至当时的秒数，即用该数作为种子产生随机数序列。例如，若在上例的 Print 之前添加语句 Randomize，则每次重复开始运行后，所得结果都不相同。

（3）当 x>0 时，Rnd（x）可简写为 Rnd。

（4）产生 A 到 B 之间的随机整数 Int（（B-A＋1）*Rnd）＋A。例如：Int（101* Rnd）＋100 产生 100～200 之间的随机整数。

2.4.2 字符串函数

字符串函数是指自变量或函数值为字符串的一类函数。表 2-3 列出了 Visual Basic 系统常用的字符串函数。

说明：

（1）表中的 n 和 s 分别表示数值表达式和字符表达式。

（2）函数名和参数后可带后缀“$”，表明函数值为字符串，引用时，可省略后缀。

（3）Asc（s）是求 s 的第一个字符的 ASCII 码。例如：Asc（“ABCDE”）的值为 65。

（4）Chr（x）是以求 x 作为 ASCII 码对应的字符（0<=x<=255），该函数是 Asc 的反函数。例如：Chr（97），Chr（Asc（“A”））的结果分别为 a 和 A。

（5）Str（s）是把 s 的值转换为一个字符串。若 s 为正数，则第一个字符为空格。例如：Str（12.34），Len（Str（12.34））的结果分别是 12.34 和 6。

（6）Val（s）从 s 的第一个字符开始，将字符串中的数值字符转换成对应的数值。从第一个字符开始，字符转换直至遇到非数值字符为止。若字符串 s 的第一个字符为非数值字符，则返回 0。例如：Val（"12.5+23．6"）、Val（a12345），其结果分别是：12.5 和 0。

（7）Oct（x）和 Hex（x）是把十进制数 x 分别转换为对应的八进制和十六进制字符串。例如：

Oct（126），Hex（427）的结果分别为为：176 和 1AB。

表 2-3 常用字符串函数

函数	返回值
Asc（s）	返回字符串首字符的 ASCII 码值
Chr（s）	返回参数值对应的 ASCII 码字符
Val（s）	返回字符串内的数值
Str（n）	将数值型转换成字符型
Hex（n）	返回十六进制数
Oct（n）	返回八进制数
Lcase（s）	将大写字母转换为小写
Ucase（s）	将小写字母转换为大写
Mid（s，n1，n2）	s 中从第 n1 个字符开始的 n2 个字符
Left（s，n）	截取字符串 s 左边的 n 个字符
Right（s，n）	截取字符串 s 右边的 n 个字符
Instr（n1，s1，s2）	返回 s2 在 s1 中首次出现的位置（从 n1 开始）
Space（n）	产生 n 个空格的字符串
String（n，s）	返回由 s 中首字母组成的包涵 n 个字符的字符串
Strcomp（s1，s2，n）	返回字符串 s1 与 s2 比较结果的值
Len（s）	返回字符串的长度
Rtrim（s）	去掉字符串右边的空格
Ltrim（s）	去掉字符串左边的空格

（8）Lcase（s）是将字符串 s 中的所有大写字母变为小写字母。例如：

Lcase（" ABCD "）的结果为：abcd。

（9）Ucase（s）是将字符串 s 中的所有小写字母变为大写字母。例如：

Ucase（" abcd "）的结果为：ABCD。

（10）Instr（n，s1，s2）是从 s1 的第 n 个字符开始查找 s2 在 s1 中第一次出现的位置。若 s2 不在 s1 中出现，则返回 0。例如：如果 s1=" abcdbcdfbcgh "，s2=" bc "，那么 Instr（1，s1，s2）、Instr（8，s1，s2）、Instr（11，s1，s2）的结果分别为：2、9、0。

（11）Left（s，n）是取 s 左边连续 n 个字符。若 n=0，则为空串；若 n>=Len（s），则为整个字符串。例如：Left（" abcdef "，3），Left（" abcdef "，6），其结果分别是 abc 和 abcdef。

（12）Right（s，n）是取 x 右边连续 n 个字符。若 n=0，则为空串；若 n>=Len（s），则为整个字符串。例如：.Right（" abcdef "，3），Right （" abcdef "，6），其结果分别是 def 和 abcdef。

（13）Mid（s，n1，n2）是从 s 的第 n1 个字符开始连续取 n2 个字符。

若 n1=0 或 n2>Len（s），则为空串；若省略 n2，则从 s 的第 n1 个字符开始取自字符串的末尾。该函数还可以用来改变 s 中的部分内容。

用 Mid 函数改变字符串的部分内容格式如下：

Mid（s，n1，n2）=A$

其功能是用字符串 A 中的前 n2 个字符替换字符串 s 中从第 n1 个字符开始的 n2 个字符，例如：

Mid（" abcdef "，2，3），Mid（" abcdef "，2）

其结果分别是：bcd 和 bcdef。

对于下面的程序段：

```
Private Sub Form_Click（）
s= " abcdef "
Mid（s，3，2）=  " 1234 "
Print s
End Sub
```

单击窗体，其结果为：ab12ef。

（14）String（n，s）函数有两种格式：

① String（n1，n2）：产生含 n1 个以 n2 为对应 ASCII 码字符串。

② String（n，s）：产生含 n 个以 s 的首字符为字符的字符串。例如：

String（5，65），String（5，" abc "）的结果分别为为： AAAAA 和 aaaaa。

（15）Len（s）是测字符串的长，即测量字符串中字符的个数。另外，该函数还可以测量变量在内存中的字节数。例如：Len（" ABCDE "），Len（" 1234 "），Len（A%）其结果分别为：5、4、2。

（16）Strcomp（s1，s2，m）：返回字符串 s1 与 s2 比较结果的值。如果 s1＞s2，返回值为 1；如果 s1＜s2 返回值为-1；如果 s1=s2，返回值为 0。

2.4.3 系统函数

表 2-4 列出了 Visual Basic 常用的系统函数。

表 2-4 常用系统函数

函数	返回值	函数	返回值
Now	系统当前的日期和时间	Month（日期）	日期中的“月”
Date	系统当前的日期	Year（日期）	日期中的“年”
Time	系统当前的时间	Hour（日期）	日期中的“小时”
Timer	从午夜到现在的秒数	Minute（日期）	日期中的“分钟”
Day（日期）	日期中的“日”	Second（日期）	日期中的“秒”
Weekday（日期，第一天参数）	一周中的第几天；当“第一天参数”设置为星期一时，即返回日期中的“星期”	Format（x，y）	指定输出格式

说明：

（1）Format（x，y）。x 是表达式，y 是一对用双引号括起来的格式字符串。该函数的功能是：按指定的格式输出表达式的内容。其具体用法如下：

① 输出数值。Format（x，y）输出数值的格式说明符如表 2-5 所示。

表 2-5　函数 Format（x，y）输出数值格式说明符

格式说明符	输出数值格式
#	一个数字（#的个数多于实际位数时，按实际位数输出）
0	一个数字（0 的个数多于实际位数时，左端补 0）
.	小数点
,	千位分割符（用于整数部分，但不能出现在两端）
E+/E-	指数符（E+表示指数是正数也显示符号）
%	显示百分号，并自动乘以 100

注意：格式符 E+/E-和％要与其他格式符一起使用，并放在其他格式符之后。例如：

```
Private Sub Form_Click（）
Print Format（123.56，  " ####.### " ）
Print Format（123.56，  " ##.# " ）
Print Format（123.56，  " 0000.000"）
Print Format（123.56，  " 00.0 " ）
Print Format（123456.789，  " #.#### ##E+ " ）
Print Format（0.056，  " ###.##% " ）
End Sub
```

单击窗体，输出的结果如图 2-1 所示。

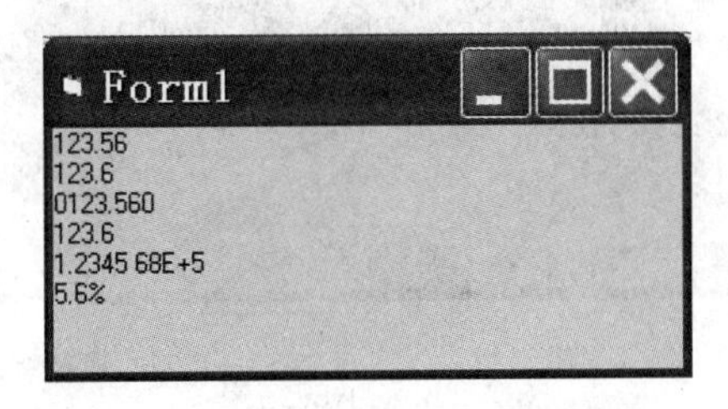

图 2-1　输出的结果

②输出日期与时间。Format（x，y）输出日期与时间格式说明符如表 2-6 所示。

（2）Now

它的函数值是计算机系统当前的日期和时间。例如：

```
Private Sub Form_Click（）
    Print Format（Now，  " yyyy-mm-dd hh：mm：ss " ）
    Print Format（Now，  " ddddd ttttt " ）
End Sub
```

表 2-6 函数 Format（x，y）输出日期与时间格式说明符

格式说明符	输出数值格式
d	显示数字式日期（1～31）
dd	显示数字式日期（01～31）
ddd	显示星期缩写（Sun，Mon，…，Sat）
dddd	显示星期全名（Sunday，Monday，…，Saturday）
ddddd	显示完全的日期（年月日）
m	显示数字式月份（1～12）
mm	显示数字式月份（01～12）
mmm	显示月份缩写（Jan～Dec）
mmmm	显示月份全名（January～December）
yy	显示年份（不包括世纪）
yyyy	显示年份（包括世纪）
h	显示小时（0～23）
hh	显示小时（00～23）
m	显示分钟（0～59）
mm	显示分钟（00～59）
s	显示秒（0～59）
ss	显示秒（00～59）
ttttt	显示完整时间（时分秒）

单击窗体，其结果显示系统当前的日期和时间，如图 2-2 所示。

图 2-2 显示的结果

（3）Timer。它的函数值是从午夜到现在的秒数。

（4）Day（日期）、Month（日期）、Year（日期）、WeekDay（日期）。这四个函数的函数值分别等于对应日期中的日、月、年和数值形式的星期几。例如：

```
Private Sub Form_Click（）
    Dim now1 As Date
    now1 = " 2010-02-26 "
    Print Day（now1），Month（now1），Year（now1）， Weekday（now1，vbMonday）
End Sub
```

以上程序段定义了一个日期变量 now1，并赋予其日期为“2010-2-26”，单击窗体，运

行结果如图 2-3 所示，即该日期是 2010 年 2 月 26 日星期五。

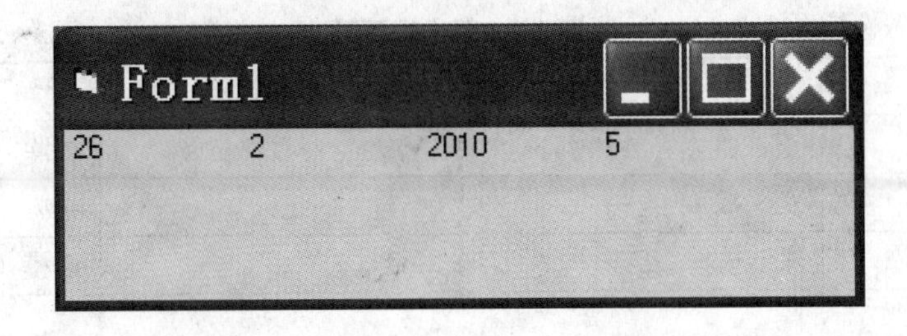

图 2-3　显示的结果

（5）Hour（日期）、Minute（日期）、Second（日期）。这三个函数的函数值分别等于对应日期中的小时、分钟和秒数。其用法与上述 Day（）等 4 个函数相同。

（6）Date。Date 函数的函数值等于系统日期。

注意，可以使用 Date 语句修改系统日期。

Date 语句格式：Date=日期。

（7）Time。Time 函数的函数值等于系统时间。

注意，Time 语句可以修改系统时间。

Time 语句格式：Time=时间。

注意：为了检验每个函数的操作，可以编写事件过程，如 Commandl__Click 或 Form_Click。但是，这样做比较麻烦，因为必须执行事件过程才能看到结果。为此，Visual Basic 提供了命令行解释程序（Command Line Interpreter，即 CLI），可以通过命令行直接显示函数的执行结果，这种方式称为直接方式。

直接方式在立即窗口中执行，可以通过“视图”菜单中的“立即窗口”命令（或按 Ctrl+G）来实现。在立即窗口中可以输入命令，命令行解释程序是边解释边执行，并立即响应，每个命令均以回车键作为结束，其执行情况和 DOS 命令行类似。

2.5　运算符与表达式

表达式是由常量、变量、函数和各种运算符及圆括号组成的串。最简单的表达式是由一个常量或一个变量组成。例如，3．1416、（A＋B）*C/25、x＋y＞5 等都是合法的表达式。表达式并不是 Visual Basic 的合法语句，因为它们并不完整。如果在 Visual Basic 程序中简单地输入 4＋5，则产生一个错误。

在 Visual Basic 中，和数据类型一样，表达式也有不同的类型。表达式的类型是根据表达式中的操作数和运算符来区别的。表达式大体可分为四类：算术表达式、关系表达式、逻辑表达式和字符表达式。其中，算术表达式又可根据其结果类型，分为整型表达式和浮点型表达式。

2.5.1　算术表达式

1．算术运算符

Visual Basic 的算术运算符共有 7 个，如表 2-7 所示。

表 2-7 算术运算符

算术运算符	意 义	算术运算符	意 义
+	正、加	\	整除
-	负、减	^	乘方
*	乘	Mod	取模（求余数）
/	除		

说明：

（1）在加、减、乘运算中，如果参加运算的操作数类型一致，则结果类型和操作数类型相同；如果参加运算的操作数类型不一致，则结果类型和操作数中类型精度高的相同。即如果操作数都是整数，则结果为整数；如果操作数还包含单精度数，则结果为单精度数；如果操作数还包含双精度数，则结果为双精度数。例如，5＋6*4、5＋6*4.2、5＋6*4.2333333#的结果分别为整型、单精度型和双精度型。

（2）“/”称为实除运算符。参加运算的两个操作数可为整型、单精度型或双精度型。不论两个操作数为何种类型，其结果均为双精度型。例如：

Print 4/3， 4#/3

其结果如图 2-4 所示。

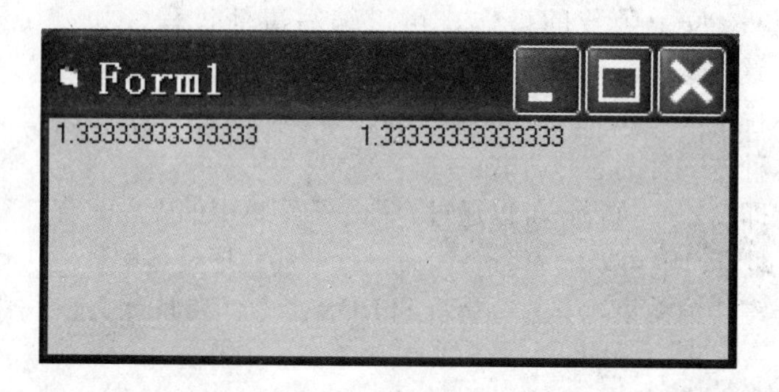

图 2-4 运算结果

（3）“\”称为整除运算符。参加运算的两个操作数为整型量，如为实型，则先四舍五入取整，其结果为整商。例如：12\5 的结果为 2，27.8\4.65 结果 5。

（4）“Mod”称为取模运算符（求余数）。参加运算的两个操作数为整型量，如为实型则先四舍五入取整，运算结果为一整型值，这个值是整除除法的余数。例如：7 Mod 3 结果为 1，26.35 Mod 3.56 结果为 2。

（5）“ ^ ”称为乘方运算符。可求任意数的任意次方。如 A ^ B 表示 A 的 B 次方。例如：2 ^ 3 的结果为 8，27 ^ （1/3）结果为 3。

2．算术表达式

算术表达式是用算术运算符和圆括号将算术常量、算术变量及函数连接起来的有意义的式子。常量和变量是表达式的特例。

3．算术运算符的顺序

算术运算符的顺序如表 2-8 所示。

表 2-8 算术运算符的顺序

优先级	算术运算符	意 义
1	-	取负运算（单目运算）
2	^	乘方
3	*、/	乘、除
4	\	整除
5	Mod	取模（求余）
6	+、-	加、减

说明：

（1）括号可以优先，多层括号由内向外展开。

（2）“-”有两种含义：其一，作为负号，它是单目运算，优先于其他运算符；其二，作为减号，它是双目运算，比其他运算符的级别低。

（3）同级运算从左至右。

（4）函数调用优先于各运算符。在实际使用中应注意几点：

① 乘号“*”不能省略。

② Mod 运算符前后都要留空格。

③ 允许两个运算符相连。例如：2^-2，5*-2。但为了增加程序的可读性，建议写成：2^（-2），5*（-2）。

④ 只能用圆括号，不能用方括号。

表 2-9 给出了一些 Visual Basic 算术表达式的例子。

表 2-9 几个 Visual Basic 算术表达式的例子

代数式	VB 算术表达式
$\frac{2.5}{x+y}$	2.5/（x+y）
x1+3ab-y2	x1+3*a*b-y2
e^xcosy+lnxcosx	Exp（x）*Cos（y）+Log（x）*Cos（x）
xy^z	x*y^z
$\frac{-b+\sqrt{b^2-4ac}}{2a}$	（-b+sqr（b*b-4*a*c））/（2*a）

2.5.2 关系表达式

1．关系运算符

Visual Basic 的关系运算符也称比较运算符，共有 6 个，如表 2-10 所示。

表 2-10 比较运算符

比较运算符	含义	比较运算符	含义
<	小于	>=	大于或等于
<=	小于或等于	=	等于
>	大于	<>	不等于

2．关系表达式

关系表达式是用比较运算符连接两个算术表达式。即：

＜算术表达式＞＜比较运算符＞＜算术表达式＞

3．关系表达式的结果

关系表达式的结果为真（True）或假（False）。例如下面程序：

```
Private Sub Form_Click（）
x=3；y=4
Print x=y，x＜＞y
End sub
```

单击窗体，程序运行后在窗体的显示结果为：False True。

2.5.3 逻辑表达式

逻辑表达式是用逻辑运算符连接逻辑常量、逻辑变量、逻辑函数和关系表达式的式子。

1．逻辑运算符

Visual Basic 的逻辑运算符共有 6 个，如表 2-11 所示。

表 2-11 逻辑运算符

逻辑运算符	含义	逻辑运算符	含义
Not	逻辑非	Xor	逻辑异或
And	逻辑与	Eqv	逻辑等价
Or	逻辑或	Imp	逻辑蕴涵

2．逻辑运算的结果

逻辑运算的结果仍然是 True 或 False。表 2-12 给出了各种逻辑运算的真值。

表 2-12 逻辑运算的真值（设 T 为真，F 为假）

x	y	Not x	x And y	x or y	x Xor y	x Eqv y	x Imp y
T	T	F	T	T	F	T	T
T	F	F	F	T	T	F	F
F	T	T	F	T	T	F	T
F	F	T	F	F	F	T	T

结论：

（1）非真（True）必假（False），非假（False）必真（True）。

（2）当且仅当 x、y 同为真时，x And y 才为真，否则为假。

（3）当 x 与 y 中至少有一个为真时，x Or y 就为真。

（4）当 x 与 y 的值相同时，x Xor y 为假，相异时为真。

（5）当 x 与 y 的值相同时，x Eqv y 为真，相异时为假。

（6）当 x 为真，y 为假时，x Imp y 为假，否则均为真。

例如，x＞=0 And x=1，x＞5 Or x＜-5，A＞0 And B＞0 And C＞0，x MOd 3＜＞0 And x Mod 7＜＞0 等都是合法的逻辑表达式。

（7）Visual Basic 中的数值量也可作为逻辑量使用。系统规定：非 0 为真，0 为假。

2.5.4　三种运算符的综合顺序

表 2-13 给出了三种运算符的执行顺序。

表 2-13　运算符的执行顺序

优先级	运算符	含　义
1	^	乘方
2	*、/	乘、实除
3	\	整除
4	Mod	取模
5	+、-	加、减
6	＜、＜=、＞、＞=、=、＜＞	小于、小于或等于、大于、大于或等于、等于、不等于
7	Not	逻辑非
8	And	逻辑与
9	Or	逻辑或
10	Xor	逻辑异或
11	Eqr	逻辑等价
12	Imp	逻辑蕴涵

2.5.5　其他运算符

1．位运算

Visual Basic 的位运算是一种对操作数按二进制位进行操作的运算。位运算不允许只操作其中的某一位，而是对整个数据按二进制位进行运算。例如，对一个整型数据进行位运算时，同时对其中的十六个二进制位进行运算。

位运算的操作对象只能是整型数据（包括字节型、整型和长整型），运算结果仍是对应的整型数据。Visual Basic 的位运算有位非、位与、位或、位异或、位等价和相位蕴涵六种，其运算符与逻辑运算符一致。运算规则如表 2-14 所示。

表 2-14　位运算规则（x、y 为对应的二进制位）

x	y	Not x	x And y	x or y	x Xor y	x Eqv y	x Imp y
1	1	0	1	1	0	1	1
1	0	0	0	1	1	0	0
0	1	1	0	1	1	0	1
0	0	1	0	0	0	1	1

总结上表，结论如下：

（1）非 1 为 0，非 0 为 1。

（2）当且仅当对应位 x、y 同为 1 时，x And y 才为 1，否则为 0。

（3）当对应位 x 与 y 中至少有一个为 1 时，x Ory 就为 1。

（4）当对应位 x 与 y 的值相同时，x Xor y 为 0，相异时为 1。

（5）当对应位 x 与 y 的值相同时，x Eqv y 为 1，相异时为 0。

（6）当 x 为 1、y 为 0 时，x Imp y 为 0，否则均为 1。

例如，设 A、B 是两个字节型变量，并设 A=5，B=3，它们的二进制表示为：A=00000101，B=00000011，则 Not B＝11111100＝252，A And B=00000001=1。

例如 有以下程序段，当单击窗体时，程序运行的结果如图 2-5 所示。

```
Private Sub Form_Click（）
Dim a As Byte，  b As Byte
a = 5
b = 3
Print a And b，  a Or b
Print Not b，  a Xor b
Print a Eqv b，  a Imp b
End Sub
```

图 2-5　运算结果

这是因为：

a or b=（00000101）Or （00000011）=00000111=7

a Xor b=（00000101）Xor （00000011）=00000110=6

a Eqv b=（00000101）Eqv（00000011）=11111001=249

a Imp b=（00000101）Imp （00000011）=11111011=251

2. 字符串运算

（1）字符的连接。Visual Basic 的字符表达式也称为字符串的连接，即用字符串连接符“＋”或“&”将多个字符串连接在一起。例如：

```
a$= " ADCDE "
b$= " 1234 "
Print a＋b
```

其结果为：ABCDE1234。

字符串连接符“&”与“+”的功能基本相同，但“&”可以将计算表达式的值直接转换成字符串，然后进行连接。例如：

```
a$= " ADCDE "
b$= " 1234 "
c=20
Print a+b  &  c
Print c+100 & a$
```

其结果为：AECDE123420

120AECDE。

（2）字符串的比较。字符串是一种非数值性数据，它本身没有大小的概念。Visual Basic 中的字符是采用国际上通用的 ASCII 字符集。在计算机内部，每一个字符都是由一个字节的二进制代码表示。从 ASCII 字符表中可以看出：空格字符的代码最小；数字字符的代码小于字母字符的代码；在数字字符中，字符“0”的代码最小，字符“9”的代码最大，与数值的规律一致；在字母字符中，大写字母的代码小于小写字母的代码，字母代码的大小按字母顺序递增。所以，Visual Basic 系统规定：用字符对应的 ASCII 码值来表示字符的大小。例如，“0”字符的代码是 48，“1”字符的代码是 49，所以，“1”字符大于“0”字符；“A”字符的代码是 65，“a”字符的代码是 97，所以，“a”字符大于“A”字符。因此，对字符的比较，在计算机内部就是对它们的 ASCII 码值的比较。字符串的比较运算符借助六个关系运算符。

在 Visual Basic 中，不仅字符可以比较大小，而且字符串也可以比较大小，比较两个字符串的大小有四种情况：

第一种：从左至右，对两个字符串中相对应的字符逐个比较，如果两个字符串中的字符一一对应，完全相同，则称两个字符串相等；否则，如果遇到第一个不同的字符时，则比较这两个字符的大小，并作为整个字符串比较的结果，后面的字符不再比较。例如，“END”=“END”的结果为真（True）；“ABCDE”>“ABDE”的结果为假（False）。

第二种：对两个字符串进行比较时，如果短字符串的每一个字符都与长字符串前面的相同，则字符串长的为大。例如，“BOOK”<“BOOKS”的结果为真（True）。

第三种：对字符串中的空格进行比较，其代码值最小。例如，“ABC”>“A BC”的结果为真（True）。

第四种：对字符串进行比较，还可以使用逻辑运算符。例如，A$ > B$ AND A$ >C$。

2.5.6　表达式的执行顺序

一个表达式可能含有多种运算，计算机按一定顺序对表达式进行求值。一般顺序如下：

首先，进行函数运算。

其次，进行算术运算，其次序为：幂（^）→取负（-）→乘和浮点除（*、/）→整除（\）→取模（Mod）→加减（+、-）→连接（&）。

然后，进行关系运算（=、>、<、<>、<=、>=）。

最后，进行逻辑运算，其次序为：Not→And→Or→Xor→Eqv→imp。

说明：

（1）当除法和乘法同时出现在表达式中时，按照它们从左到右出现的顺序进行计算。用括号可以改变表达式的优先顺序。括号内的运算总是优先于括号外的运算。

（2）字符串连接运算符（&）不是算术运算符，就其优先级而言，它在所有算术运算符之后，但在所有比较运算符之前。

（3）上述计算顺序中有一个例外，就是当幂和负号相邻时，负号优先。例如，4^-2 的结果是 0.0625（4 的负 2 次方），而不是-16（-4^2）。

2.6 变量的作用域

变量的作用域指的是变量的有效范围，即变量的“可见性”。定义了一个变量后，为了能正确地使用变量的值，应当指明可以在程序的什么地方访问该变量。

2.6.1 局部变量与全局变量

Visual Basic 应用程序由三种模块组成，即窗体模块（Form）、标准模块（Module）和类模块（Class）。

根据变量的定义位置和所使用的变量定义语句的不同，Visual Basic 中的变量可以分为三类，即局部（Local）变量、模块（Module）变量及全局（Public）变量。其中，模块变量包括窗体模块变量和标准模块变量。

1．局部变量（过程变量）

在过程（事件过程或通用过程）内定义的变量叫做局部变量，其作用域是它所在的过程。局部变量通常用来存放中间结果或用作临时变量。某一过程的执行只对该过程内的变量产生作用，而对其他过程中相同名字的局部变量没有任何影响。

局部变量通过 Dim 或 Private 关键字来定义，例如：

```
Sub Command_Click（）
Dim Tempnum As Integer
Static Total As Double
……
End Sub
```

在这个程序中，定义了两个局部变量，即整型变量 Tempnum 和双精度静态变量 Total。

2．模块级变量

在某一模块（窗体变量和标准模块变量）内，使用 Private 语句或 Dim 语句声明的变量都是模块级的变量。

模块变量可用于该模块内的所有过程。当同一模块内的不同过程使用相同的变量，且必须使用相同的变量时，必须定义模块变量。与局部变量不同，在使用模块变量前，必须先声明，也就是说，模块变量不能默认声明。

窗体变量可用于该窗体内的所有过程。当同一窗体内的不同过程使用相同的变量时，必须定义窗体层变量。方法是：在程序代码窗口的“对象”框中选择“通用”，并在“过程”框中选择“声明”，然后就可以在程序代码窗口中声明窗体变量。

模块变量在模块的声明部分用Dim或Private关键字来声明，例如，Private Temp As Integer或 Dim Temp As Integer。

标准模块是只含有程序代码的应用程序文件，其扩展名为.bas。为了建立一个新的标准模块，应执行“工程”菜单中的“添加模块”命令，在“添加模块”对话框中选择“新建”选项卡，单击“模块”图标，然后点击“打开”按钮，即可打开标准模块代码窗口。在这个窗口中可以输入标准模块代码。

要在标准模块中定义一个模块级变量，其方法是在该模块的通用声明处用 Private 语句或Dim 语句进行声明，具体操作过程是：选择一个标准模块，进入该模块的代码窗口，在“通用”“声明”中，用 Private 语句或 Dim 语句进行声明，所声明的变量只能被标准模块中的所有过程访问。

3．全局变量

全局变量也称全局级变量，其作用域最大，可以在工程的所有模块的所有过程中调用，定义时要在变量名前冠以 Public。全局变量一般在标准模块的声明部分定义，也可以在窗体模块的通用声明段定义。

要在标准模块中定义全局变量，其方法与在标准模块中定义一个模块级变量相同，只是在定义时必须冠以 Public，不能使用 Dim 和 Private。

要在窗体模块中定义全局变量，其方法与在窗体模块中定义一个模块级变量相同，只是在定义时必须冠以 Public，不能使用 Dim 和 Private。在窗体模块中定义一个全局变量时，关键词 Public 不能缺省。

过程中不能定义全局变量。

在标准模块中定义的全局变量和在窗体模块定义的全局变量在引用时不同。标准模块定义的全局变量对应用程序的所有模块所有过程都是可见的，在应用程序的任何过程中都可以直接对其访问，而在窗体模块定义的全局变量在引用时必须在变量名前加上定义该变量的窗体模块名。例如，在窗体 Form1 中定义的全局变量 a，在窗体 Form2 中引用时应使用 Form1.a，而不能直接使用 a。

2.6.2　默认声明

对于局部变量来说，可以不用 Dim 或 Static 定义，而是在需要时直接给出变量名。变量的类型可以用类型说明符（%、&、!、#、$、@）来标识。如果没有类型说明符，Visual Basic会把该变量指定为变体数据类型。

默认声明的变量不需要使用 Dim 语句，而且默认声明一般只适用于局部变量，模块级变量和全局变量必须在代码窗口中用 Dim 或 Public 语句显式声明。

练习题

一、选择题

1．在 Visual Basic 中，下列优先级最高的运算符是（ ）。

A．*　　B．\　　C．<　　D．Not

2．设有如下声明：

Dim x As Integer

如果 Sgn（x）的值为-1，则表示 x 的值是（ ）。

A．整数　　B．大于 0 的整数　　C．等于 0 的整数　　D．小于 0 的数

3．以下关系表达式中，其值为 False 的是（ ）。

A．" XYZ " ＜ " XYz "　　B．" VisualBasic " = " visualbasic "

C．" the " ＜＞ " there "　　D．" Ihteger " ＞ " Int "

4．下列表达式中值为-6 的是（）。

A．Fix（-5.684）　　B．Int（-5.684）　　C．Fix（-5684＋0.5）　　D．Int（-5.684-0.5）

5．Print 3＋4\5*6/7 Mod 8 的输出结果是（）。

A．3　　B．4　　C．5　　D．6

6．下列可作为 Visual Basic 的变量名的是（）。

A．Filename　　B．A（A＋B）　　C．A%D　　D．Print

7．设 a=2，b=3，c=4，d=5，表达式 a＞b AND c＜=d OR 2 * a＞c 的值是（）。

A．1　　B．True　　C．False　　D．-1

8．在 Visual Basic 中，默认的数据类型为（）。

A．Double　　B．Boolean　　C．Integer　　D．Variant

9．DateTime 是一个 Date 类型的变量，以下赋值语句中正确的是（）。

A．DateTime=“5/12/2010”　　B．DateTime=Septemberl，2010

C．DateTime=#12：15：30 AM#　　D．DateTime＝（“8/8/10”）

10．变量定义语句 Dim Index#与下面的（ ）等价。

A．Dim Index As Long　　B．Dim Index As Integer

C．Dim Index As Single　　D．Dim Index As Double

11．定义符号常量所使用的命令为（ ）。

A．Dim　　B．Public　　C．Static　　D．Const

12．用于获取字符串长度的函数是（ ）。

A．Len（）　　B．Length（）　　C．StrLen（）　　D．StrLength（）

13．用于获得字符串 S 最左边 4 个字符的函数是（ ）。

A．Left（S，4）　　B．Left（1，4）　　C．Leftstr（S）　　D．Leftstr（S，4）

14．把 1.21576654590569D＋019 写成普通的十进制数是（ ）。

A．12157665459056900　　B．121576654590569000

C．1215766545905690000　　D．12157665459056900000

15．实现字符的 Unicode 编码方式与 ANSI 编码方式相互转换的函数是（ ）。

A．Str　　B．StrConv　　C．Trim　　D．Mid

16．设 a=“Visual Basic”，下面使 b=“Basic”的语句是（ ）。

A．b=Left（a，8，12）　　B．b=Mid（a，8，5）

C．b=Right（a，5，5）　　D．b=Left（a，8，5）

17．如果在立即窗口中执行以下操作：

a=8 ＜CR＞（＜CR＞是回车键，下同）

b=9 ＜CR＞

Print a>b <CR>则输出结果是（ ）。

A. -1　　B. O　　C. False　　D. True

18. 以下语句的输出结果为（ ）。

Print Format$（" 32548.5 "，000，000.00）

A. 32548.5　　B. 32，5485　　C. 032，548.50　　D. 32，548.50

19. 设 A$=" Beijing "，b$=" Shanghai "，则语句

Print Left（A，7）+String（3，“-”）+Left（B，8）

运行时的输出结果为（ ）。

A. Beijing-Shanghai　B. Beijing—Shanghai　C. Beijing---Shanghai　D. Beijingshanghai-

20. 下面逻辑表达式的值为真的是（ ）。

A. " A " > " a "　B. " 9 " > " a "　C. " That " > " Thank "　D. 12>12.1

21. 为了给 x、y、z 三个变量赋初值 1，下面正确的赋值语句是（ ）。

A. x=1：y=1：z=1　B. x=1，y=1，z=1　C. x=y=z=1　D. 1=x：1=y：1=z

22. 下面变量名错误的是（ ）。

A. 面积　　B. frm_bc　　C. a123　　D. print

23. 强制进行变量的显式声明的语句是（ ）。

A. Option Base　B. Option Explicit　C. Public　D. const

24. 下列数据中，（ ）数据是变量。

A. VClass　B. " 10/12/10 "　C. True　D. #Febuary 4，2010#

25. 可以同时删除字符串前导和尾部空白的函数是（ ）。

A. Trim　B. Mid　C. Ltrim　D. Len

二、填空题

1. 有变量定义语句“Dim Strl，Str2　As String”，其中 Strl 变量的类型应为________________，其中，Str2 变量的类型应为________________。

2. Visual Basic 中的变量依据其作用域的不同可以分为局部变量、模块变量和全局变量三类。局部变量就是在事件过程或通用过程内定义的变量，它的作用域就是________。模块变量包括窗体模块变量和标准模块变量。窗体模块变量的作用域是_______。标准模块变量作用域是_______。全局变量的作用域是______。

3. 设有如下程序段：

a= " Visual Basic Programming "

b = " .NET "

c=Left（a，12）& b & Right（a，12）

执行该程序段后，变量 c 的值为________________。

4. 设有如下程序段：

a= " BeijingShanghai "

b=Mid（a，Instr（a，" g "）+1）

执行上面的程序段后，变量 b 的值为________________。

5. 与数学式子 5+（a+b）2 对应的 Visual Basic 表达式是________________。

6. 与数学式子 cos2（a+b）+e3+21n2 对应的 Visual Basic 表达式是________________。

7. 当前日期为 2010 年 10 月 9 日，星期五，则执行以下语句后，输出结果是________________。

Print day（now）<CR>（<CR>为回车，下同＝

Print month（now）<CR>

Print year（now）　<CR>

8．执行下列语句后，输出的结果是________________。

a%＝3．14159　<CR>

Print a%　　<CR>

9．执行下列语句后，输出的结果是________________。

S=“ABCDEFGHIJK”

Print　Instr（S，" efg "）

Print　Lcase$（S）

10．在 VB 程序设计时，为了在一行中写下多条语句，可以使用________符号作为分隔符号。

11．定义变量 x 和 y 是整型数据的语句为________________。

12．表达式 Fix（-3．8）+Int（-21.9）的值为________________。

13．日期表达式#10/15/2010# - #10/25/2010#的值是________________。

14．Visual Basic 允许用户在编写应用程序时，不声明变量而直接使用，系统临时为新变量分配存储空间并使用，这就是隐式声明。所有隐式声明的变量都是__________数据类型。

15．写出产生一个两位随机正整数的 VB 表达式________________。

三、编程题

1．设计一个收款计算程序（界面见图 2-6），用户输入“数量”、“单价”、“折扣”后，单击“计算”按钮，则将显示“应付款”；单击“累计”按钮，可将上次款累计显示到“累计”中，单击“清除”按钮，清除除“累计”以外的所有数据。

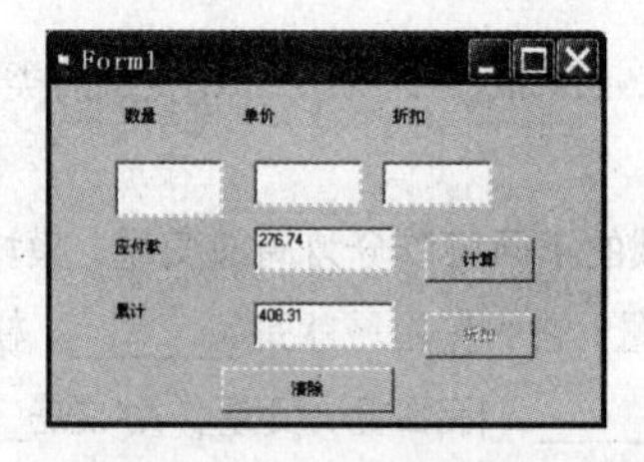

图 2-6　运行参考结果

2．在窗体上放 1 个标签 Label1，1 个命令按钮 Command1，当窗体启动时使标签居于窗体的中间，并显示系统的当前时间，命令按钮显示为“放大”，当单击命令按钮时，将标签中显示放大 1.3 倍，并重新显示系统当前时间（见图 2-7）。

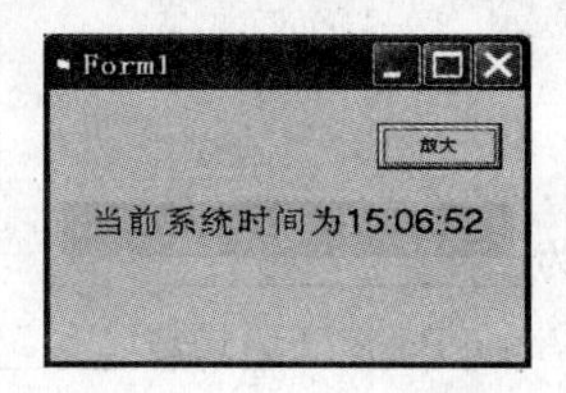

图 2-7　参考运行结果

3．编一模拟简易计算器的程序，运行界面如图 2-8 所示。

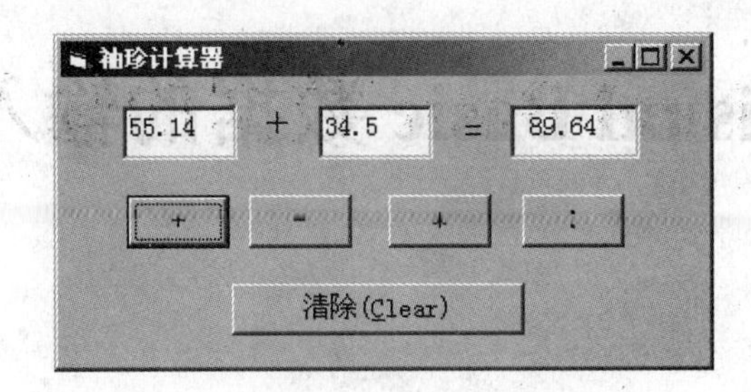

图 2-8　简易计算器的运行参考结果

4．设计一个乘法器，在当前窗体定义模块变量 a 和 b，分别作为两个乘数。定义过程局部变量 c，作为乘积。如果乘积 c 超出数据类型范围，结果如图 2-9 所示。

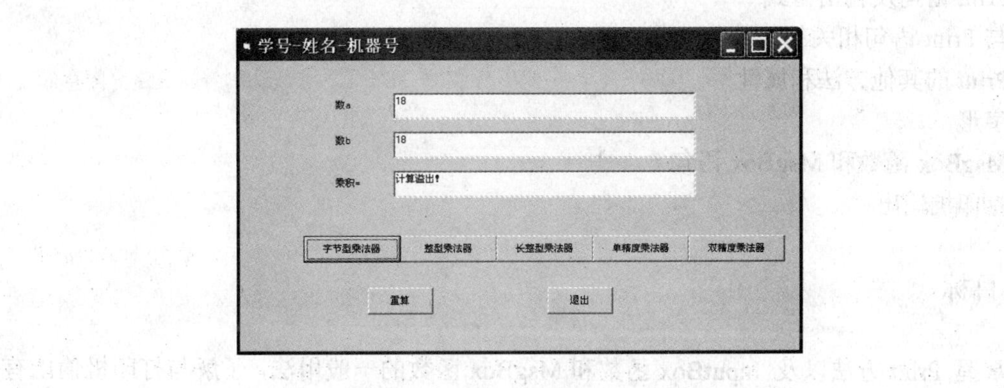

图 2-9　乘法器程序运行参考结果

5．给定一个两位正整数（如 36），要求交换个位数和十位数的位置，把处理后的数显示在窗体上。结果如图 2-10 所示。

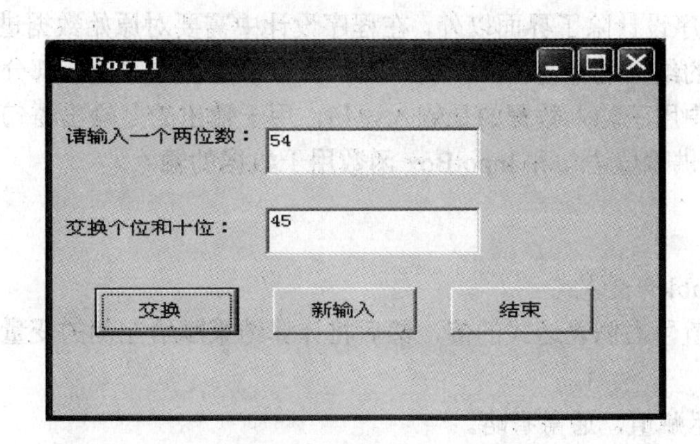

图 2-10　交换两位数的程序运行参考结果

第3章 Visual Basic 数据的输入与输出

学习内容

输入输出的概念
赋值语句
InputBox 函数
Print 语句及输出格式
与 Print 语句相关的函数
Print 的其他方法和属性
字形
MsgBox 函数和 MsgBox 语句
打印机输出

学习目标

掌握 Print 方法以及 InputBox 函数和 MsgBox 函数的一般用法，了解与打印机输出有关的属性和方法。

3.1 数据输入

Visual Basic 程序设计除了界面以外，在程序设计中需要对原始数据进行输入，待数据处理完毕后须将处理的结果进行输出。一般来说，一个计算机程序由三部分组成，即输入、处理和输出。在程序中用于输入数据的是输入语句，用于输出的是输出语句。

Visual Basic 提供赋值语句和 InputBox 函数用于数据的输入。

3.1.1 赋值语句

格式：[let]variable=表达式

功能：计算赋值号右侧表达式的值，然后将计算结果赋给左侧的变量。

说明：

（1）Let：表示赋值，通常省略。

（2）表达式：可以是任何类型的表达式，一般其类型应与变量的类型一致。例如：

X=0：Y=100：Z=X＋Y： X=Y＋Z

R=34：S=3．14159*r*r：Z=2*3．14159*r

（3）一个赋值语句只能对一个变量赋值。

（4）赋值号两边的数据类型要匹配，不能把字符串的值赋给数值型变量，但可使用类型转换函数先将数据转换成与左边变量名相同的类型，然后再赋值。

（5）要在一行中给多个变量赋值，可以用冒号将语句与语句之间隔开。

下列赋值语句是不合法的：

x＋y=a（等号左边是表达式）

g%= " Visual Basic " （数据类型不匹配）

x=y=z=1（不能同时对多个变量赋值）

在 Visual Basic 中，除了给变量赋值外，还可以给对象的属性赋值，即对象名.属性名=属性值。例如：Forml.Caption= " 程序设计 " 。

例 3-1　编写程序，先随机产生 3 个两位正整数，再统计并输出平均值。要求：在 3 个文本框中显示随机数，单击“计算”按钮，在图片框中显示计算结果；单击“下一个”按钮，产生下一组随机数；单击“退出”按钮，结束程序运行。程序运行后的界面如图 3-1 所示。

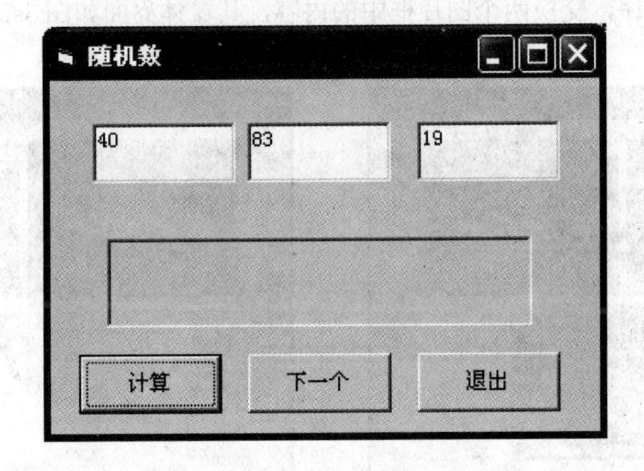

图 3-1　程序运行界面

程序代码如下：

```
Private Sub Command1_Click（）
Dim average As Single
average = （Val（Text1）+ Val（Text2）+ Val（Text3））/ 3
Picture1.Cls
Picture1.Print
Picture1.Print " 平均值= " ; average
End Sub

Private Sub Command2_Click（）
Picture1.Cls
Form_Load
```

```
End Sub

Private Sub Command3_Click（）
End
End Sub

Private Sub Form_Load（）
Randomize
Text1.Text = Int（Rnd * 90）+ 10
Text2.Text = Int（Rnd * 90）+ 10
Text3.Text = Int（Rnd * 90）+ 10
End Sub
```

例 3-2 编写程序，交换两个图片框中的内容，其窗体界面如图 3-2 所示。

（1）程序运行界面

（2）单击“交换图片”按钮后运行结果

图 3-2 运行界面

程序代码如下：

```
Private Sub Command1_Click（）
Picture3.Picture = Picture1.Picture
Picture1.Picture = Picture2.Picture
Picture2.Picture = Picture3.Picture
Picture3.Picture = LoadPicture（）
End Sub
```

其中，Picture3.Picture=LoadPicture()语句的作用是在 Picture3 图片框中使用 LoadPicture 函数装入一个空图片。

3.1.2　InputBox函数

InputBox函数是提供从键盘输入数据的函数。该函数在执行过程中会产生一个对话框，等待用户在该对话框中输入数据，并返回所输入的内容。

格式：InputBox（提示信息[，对话框标题][，默认内容][，x坐标位置][，y坐标位置]）。

功能：提供一个简单的对话框，供用户输入信息。

说明：

（1）提示信息：必选项，为字符串表达式，在对话框中作为提示用户操作的信息。

（2）对话框标题：可选项，为字符串表达式，用于对话框标题的显示。如果省略，则把应用程序名作为对话框的标题。

（3）默认内容：可选项，为字符串表达式，在没有输入前作为缺省内容显示在输入文本框中，如果省略，则文本框为空。

（4）x坐标位置与y坐标位置：可选项，为数值表达式，该坐标值确定了对话框左上角在屏幕上的位置，以屏幕左上角为坐标原点，单位为twip。

（5）InputBox 函数返回值的默认类型为字符串。如果需要输入的数值参加运算时，必须在运算前使用Val函数把它转换为相应类型的数值，或事先声明变量类型。

（6）每执行一次InputBox函数，只能输入一个值，如果需要输入多个值，则必须多次调用InputBox函数，通常与循环语句、数组结合使用。

（7）对话框显示的信息，若要分多行显示，必须加回车换行符，即Chr（13）＋Chr（10）或Visual Basic常数 vbCrLf。

InputBox函数的用法：变量=InputBox（提示信息[，对话框标题][，默认内容][，x坐标位置][，y坐标位置）。

例如，从键盘上输入A、B两个变量的数值，则为：

A=InputBox（"请输入第一个数：　"）

B=InputBox（"请输入第二个数：　"）

3.2　数据输出

程序运行后，应将执行的结果显示给用户，这就需要进行数据的输出操作。在Visual Basic中，一般使用Print语句、MsgBox函数和MsgBox语句以及其他方法和属性，例如，使用文本框、标签等实现输出操作。

3.2.1　Print语句

在程序中使用Print语句可将文本字符串、变量值或表达式值在窗体、图形对象或打印机上输出。

1．Print语句的格式和用法

格式：[对象名.]Print[[表达式表]，|；]

Print语句的格式和功能与BASIC语言中的Print语句类似，都可用来输出操作。

说明：

（1）对象名：可以是窗体（Form）、图片框（PictureBox）或打印机（Printer），也可以是立即窗口（Debug）。如果省略了“对象名”，则系统默认在当前窗体上输出。

例如：

Print " 学习 Visual Basic "	’在当前窗体上显示“学习 Visual Basic 字符串”。
Picturel.Print " 学习 visual Basic6.0 "	’在当前窗体的 Picturel 图片框内显示“学习 Visual Basic6. 0”字符串。
Printer.Print " 学习 visual Basic6.0 "	’在 Printer（打印机）上打印输出“学习 Visual Basic6.0”。
Debug.Print " 学习 Visual Basic6.0 "	’在立即窗口中输出“学习 Visual Basic6.0”。

（2）表达式表：可以是一个变量名或多个变量名，也可以是一个表达式或多个表达式。表达式可以是数值表达式或字符串表达式。当输出对象为数值表达式时，打印输出该表达式的值，当输出对象为字符串表达式时，打印输出该字符串的原样。如果省略“表达式表”，则输出一个空行。

例如：

```
a=23.56：b=127：C=189
Print a                          ’在当前窗口输出变量 a 的值
Print                            ’输出一个空行
Print  " 欢迎来到 vb 世界！ "       ’输出引号内“欢迎来到 vb 世界！”字符串
```

（3）当输出多个表达式或变量时，各表达式或变量之间需要使用分隔符（“，”、“；”或空格，英文状态输入）间隔。其中，逗号（“，”）分隔：按标准格式（分区格式）输出，即各数据项占 12 位字符；分号（“；”）或空格分隔：按紧凑格式输出，当输出数值型数据时，在该数值前留一个符号位，数值后留一个空格，当输出字符串时，前后都不留空格。例如：

```
A=23.56：b=127：C=189
Print a，b，c，  " Print 的标准格式 "
Print
Print a； b； c； " Print 的紧凑格式 "
```

输出结果为：

```
23.56         127          189                   Print 的标准格式
23.56 127 189 Print 的紧凑格式
```

（4）Print 语句具有计算和输出的双重功能，对于表达式，先计算，后输出，但不具备赋值功能。

例如：

```
a=186：b=345
Print（a+b）/2
```

执行 Print（a+b）/2 语句时，先计算（a+b）/2 的值，然后显示该值。

（5）Print 语句最后标点的用法：在 Print 语句的最后加上“，”时，下一个 Print 语句的内容在同一行上按标准格式输出；在 Print 语句的最后加上"；"时，下一个 Print 语句的内容在同一行上按紧凑格式输出；在 Print 语句的最后不加标点时，输出该 Print 语句的内容后换行。

例如：

```
a=23.56，b=127；c=189
Print "a，b，c= ";a;b;c;
Print
Print "a= "；a，  "b= "；b，  "c= "；c，
Print "a+b+c= "；a+b+c
```

输出结果为：

a，b，c=　23.56　127　189

a=23.56　b=127　c=189　a+b+c=339.56

例 3-3　在窗体上添加一个命令按钮控件，单击命令按钮，通过键盘输入 a、b 两数的值，并计算两数的三种除法，运算的结果如图 3-3 所示显示在窗口上。

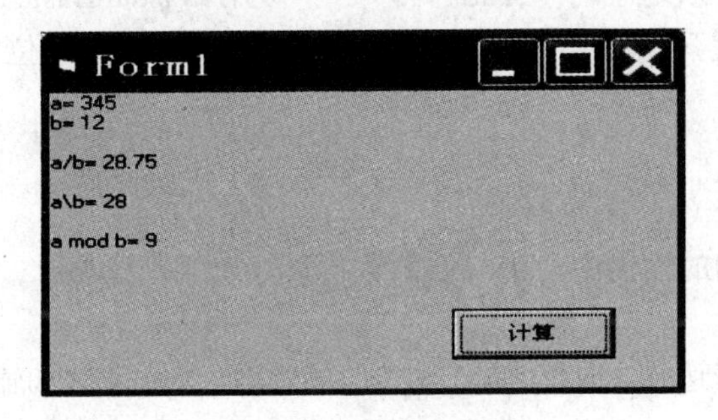

图 3-3　三种除法运算

程序代码如下：

```
Private Sub Command1_Click（）
Dim a!，  b!
a = InputBox（"请输入第一个数：  "）
b = InputBox（"请输入第二个数：  "）
Print  "a= "; a
Print  "b= "; b
Print
Print  "a/b= "; a/b
Print
Print  "a\b= ";.a/b
Print
Print  "a mod b= "; a Mod b
End Sub
```

2．与 Print 语句相关的函数

在使用 Print 语句时可以按照标准格式、紧凑格式输出，同时还可以在 Print 语句中使用一些函数来指定它的输出格式。主要包括：Tab、Spc、Space 和 Format 函数。

（1）Tab 函数。

Tab 格式：Tab（n）。

功能：在 Print 语句中使用 Tab 函数时，先将光标移动到由参数 n 指定的位置，然后从该位置起输出显示该语句中所指对象的内容。

说明：

① 参数 n 为数值表达式，取正整数，它指定下一个输出对象的列号位置，表示在输出前把光标或打印头移到该列。如果当前显示位置已经超过 n，则下移一行。

② 在 Visual Basic 中对参数 n 没有具体限制。当 n 大于行宽时，显示列号为 n Mod 行宽；如果　n＜1，则把输出列号位置移到第一列。

③ 当在一个 Print 语句中使用多个 Tab 函数时，每一个 Tab 函数对应一个输出项，各输出项之间用分号间隔。例如：

Print Tab（10）；＂欢迎学习＂;Tab（45）；＂应用 Visual Basic 6.0＂

则在第 10 列号位置开始输出字符串“欢迎学习”，在 45 列号位置开始输出字符串“应用 Visual Basic 6.0”。

（2）Spc 函数。

Spc 函数格式：Spc（n）。

功能：在 Print 语句的输出中，用 Spc 函数可以输出 n 个空格。

说明：

① 参数 n 是数值表达式，取值为 0～32767 的整数。Spc 函数和输出项之间用分号间隔。例如：

Print“学习 Visual Basic 6.0”；Spc（8）；“要有耐心和细心！”

窗口上首先输出字符串“学习 Visual Basic 6.0”，然后跳过 8 个空格后输出字符串“要有耐心和细心！”。

② Spc 函数和 Tab 函数类似，在应用中可以相互代替。所不同的是：Tab 函数应在输出对象前指定列号位置，而 Spc 函数则表示在两个输出对象之间使用间隔。

例 3-4　在当前窗体上按图 3-4 所示的格式输出相应内容。

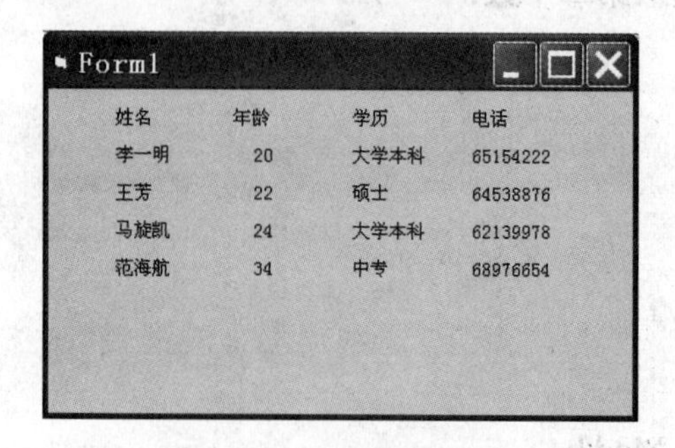

图 3-4　Spc 函数输出

程序代码如下：

```
Private Sub Form_Click（）
Cls
FontName＝ "宋体"
FontSize＝10
Print
Print Tab（8）；"姓名"；Spc（8）；"年龄"；Spc（8）；"学历"；Spc（8）；"电话"
Print
Print Tab（8）；"李一明"；Spc（8）；"20"；Spc（8）；"大学本科"；Spc（4）；"
65154222"
Print
Print Tab（8）；"王芳"；Spc（10）；"22"；Spc（8）；"硕士"；Spc（8）；"64538876"
Print
Print Tab（8）；"马旋凯"；Spc（8）；"24"；Spc（8）；"大学本科"；Spc（4）；"
62139978"
Print
Print Tab（8）；"范海航"；Spc（8）；"34"；Spc（8）；"中专"；Spc（8）；"68976654"
Print
End Sub
```

（3）空格函数 Space。

格式：Space$（n）或 Space（n）。

功能：Space $ 函数返回 n 个空格。

例如：

```
x="a"＋Space（10）＋"b"
Print x
```

输出结果为：a　　　　　　b。

（4）格式输出函数 Format。

使用格式输出函数 Format（），可以使数值或日期按指定的格式输出。

格式：Format $（数值表达式，格式字符串）。

功能：该函数可按“格式字符串”指定的格式输出“数值表达式”的值。

如果省略“格式字符串”，则与 Str 函数（字符串转换函数）的功能基本相同。差别仅在于，当把正整数转换为字符串时，Str 函数在字符串前留一个空格，而 Format 函数则不留空格。

输出格式主要包括在输出的字符串前加 $，字符串前或后补充 0，加千位分隔符等。“格式字符串”是字符串常量或变量，由专门的格式说明字符组成，这些专用字符决定了数据项的显示格式，并指定显示区段的长度。当格式字符为常量时，该格式字符常量必须放在双引号中。格式字符见表 3-1。

表 3-1 格式字符

字 符	作 用
#	用于数字，不在前面或后面补 0
0	用于数字，在前面或后面补 0
.	小数点
,	千分位分隔符
%	百分比分隔符
$	美元符号
-、+	负号、正号
E+、E-	指数符号

说明：

① “#”：表示一个数字位。它的个数决定了显示区段的长度。如果所显示数值的位数小于格式字符“#”指定的区段长度，则该数值靠区段的左边显示，多余的位数不补 0；如果所显示数值的位数大于格式字符“#”指定的区段长度，则数值按原样显示。

② “0”：其功能与“#”格式字符相同，但当所显示数值的位数小于格式字符“0”指定的区段长度，则该数值靠区段的左边显示“0”字符。例如：

```
x=1234567
Print Format（x， " ######## "）
Print Format（x， " 00000000 "）
Print Format（x， " #### "）
```

其运行结果为：

1234567
01234567
1234567

③“.”：显示小数点。一般与“#”和“0”结合使用，小数点可以放在显示区段的任何位置。根据格式字符串小数点的位置，小数部分多余的数字按四舍五入处理。例如：

```
x=123456.3456
Print Format（x， " ######## "）
print Format（x， " ####.### "）
print Format（x， " 00000000.00 "）
```

其运行结果为：

123456
123456.346
00123456.35

④“，”：逗号。在格式字符串中插入逗号后，起到了“分位”的作用，即在显示数据时，自小数点起向左每三位插入一个“，”，逗号可以放在小数点左边的任何位置上，但一

般与“#”或“0”格式字符一起使用，并加在适当的千分位上。例如：

```
x = 123456.3456
Print Format（x，  " #####，### " ）
Print Format（x，  " #，###.### " ）
Print Format（x，  " 00，000，000.00 " ）
```

其运行结果为：

123，456

123，456.346

00，123，456.35

⑤“%”：百分号。通常放在格式字符串的尾部，用来输出百分数。例如：

```
A=220
B=200
Print Format（A/B，  " ###.##% " ）
```

其运行结果为：

110.0%

⑥“$”：美元符号。通常放在格式字符串的起始位置，在所显示的数值前加上一个“$”符号。例如：

```
Print Format（3456.7，  " $###.00 " ）
```

其运行结果为：

$3456.70

⑦“＋”：正号。用来显示正数，通常放在格式字符串的起始位置，在所显示的数值前加上一个“＋”符号。

⑧“－”：负号。用来显示负数，通常放在格式字符串的起始位置，在所显示的数值前加上一个“－”符号。例如：

```
A=12345.67
B=5678.89
Print Format（a，  " -###.00 " ）
Print Format（B．  " ＋000000.00 " ）
```

其运行结果为：

-12345.67

+005678.89

⑨“E-（E+）”：使用指数形式显示数值。例如：

```
A=123456789
Print Format（A，  " 0.00E+000 " ）
B=0.0012345678
Print Format（B，  " 0.00E-00 " ）
```

其运行结果为：

1.23E+008

1.23E-03

3．其他方法和属性

在使用 Print 语句时，经常会使用 Cls 方法、Move 方法。使用这些方法能增强 Print 语句的功能。

（1）Cls 方法。

Cls 格式：[对象.]Cls。

功能： Cls 方法能清除由 Print 方法显示的文本或图片框中显示的图形，并将光标移到对象（指窗体或图片框）的左上角（0，0）点。如果省略“对象”，则清除当前窗体内的显示内容。

例如：

Cls ′ 清除当前窗体内的显示内容，并将光标移到窗体的左上角

Picture1.Cls ′ 清除 Picturel 图片框内的显示内容，并将光标移到图片框的左上角

注意：如果使用 LoadPicture（）函数装入图片，则不能使用 Cls 方法清除，只能通过再次使用 LoadPicture（）函数装入一个空图片来清除。

（2）Move 方法。

Move 格式：[对象.] Move 左边距离[，上边距离[，宽度[，高]]]。

功能：用来移动窗体和控件，并改变窗体和控件的大小。

说明：

① 格式中的对象可以是窗体及除计时器（Timer）、菜单（Menu）之外的所有控件。如果省略该项，则对当前窗体移动。

② 左边距离、上边距离、宽度和高均以 twip 为单位。如果对象是窗体，左边距离和上边距离均以屏幕的左边界和上边界为准；如果对象是控件，则以窗体的左边界和上边界为准。

例 3-5 在窗体上建立一个文本框控件和一个图片框控件（名称分别为 Textl 和 Picturel），如图 3-5 所示。程序运行后窗体界面如图 3-6 所示。

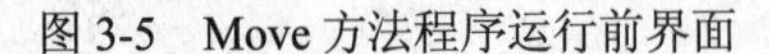

图 3-5 Move 方法程序运行前界面　　图 3-6 Move 方法程序运行后界面

程序代码如下：

```
Private Sub Form_Click（）
Move 800，  800，  4000，  2700            ' 将窗体移到屏幕的（800，800）点，窗体的大小为 4000 × 2700。
Text1.Move 200，  200，1800，1100          ' 将 7bcCI 文本框移到窗体的（200，200）点，文本框的大小为 1800×1l00。
Picture1.Move 800，   200，   1800，1100   ' 将图片框移到（800，200）点，图片框的大小为 1800 ×1100。
Picture1.Picture =                        ' 在 Picturel 图片框中装入 shandi.jpg 图片。
 LoadPicture（"h：\shandi.jpg"）
Text1.Text =  " 热带鱼 "
End Sub
```

（3）TextHeight 和 TextWidth。

格式：

[对象.]TextHeight（字符串）

[对象.]TextWidth（字符串）

说明：

① 这两个方法都是用来辅助设置坐标，其单位为 twip。

② TextHeight 方法返回一个文本字符串的高度值，TextWidth 方法返回一个文本字符串的宽度值。当字符串的字形和大小不同时，返回的值也不一样。

③ 对象包括窗体和图片框。如果省略“对象”，则用来测试当前窗体中的字符串。

（4）Height、Width、Left 和 Top 属性。Height、Width 描述对象的高度和宽度，而 Left 和 Top 属性是描述对象在屏幕或窗体上的精确位置，Visual Basic 对象的这些属性既可以在属性窗口中设置，也可以使用语句来描述。

格式：

[窗体.][控件.][|Printer.][Screen.]Height[=高度值]

[窗体.][控件.][|Printer.][Screen.]Width ［=宽度值］

[窗体.][控件.].Left[=距左边距离]

[窗体.][控件.] Top=[距上边距离]

3.2.2　MsgBox 函数和 MsgBox 语句

1．MsgBox 函数

MsgBox 函数用于输出数据，它会在屏幕上显示一个对话框，向用户传递信息，并通过用户在对话框上的选择接收用户所作的响应，作为程序继续执行的依据。

MsgBox 函数的一般形式为：MsgBox（提示信息[，按钮][，标题]）。

说明：

（1）提示信息：为必选项。使用字符串表达式，在对话框中作为信息显示。

（2）按钮：为可选项。使用整型表达式，决定信息框按钮的数目及出现在信息框上的图标类型，其设置如表 3-2 所示。

表 3-2　按钮值的取值类型

符号常量	值	作　用
vbOkOnly	0	显示“确定”按钮
vbOkCancel	1	显示“确定”和“取消”按钮
vbAbortRetryIgnore	2	显示“终止”、“重试”和“忽略”按钮
vbYesNoCancel	3	显示“是”、“否”和“取消”按钮
vbYesNo	4	显示“是”和“否”按钮
vbRetryCancel	5	显示“重试”和“取消”按钮
vbCritical	16	显示 Critical Message 图标
vbQuestion	32	显示 Warning Query 图标
vbExclamation	48	显示 Warning Message 图标
vbInformation	64	显示 Information Message 图标
vbDefaultBotton1	0	一个按钮是默认按钮
vbDefaultBotton2	256	二个按钮是默认按钮
vbDefaultBotton3	512	三个按钮是默认按钮
vbDefaultBotton4	768	四个按钮是默认按钮
vbApplicationModal	0	用程序强制返回；并一直被挂起，直到用户对消息框作出响应才继续开始工作
vbSystemModal	4096	统强制返回；全部应用程序都被挂起，直到用户对消息框作出响应才继续开始工作
vbMasgBoxHelpButton	16384	Help 按钮添加到对话框
vbMasgBoxSetForeground	65536	定对话框为前景窗口
vbMasgBoxRight	524288	本为右对齐
vbMasgBoxRtlReading	1048576	定文本应为从右到左显示

上述表中的数值分为五类，其作用分别如下：

① 数值 0～5：按钮共有 7 种，即确定、取消、终止、重试、忽略、是和否。每个数值可表示一种组合方式。

② 数值 16、32、48、64：指定对话框所显示的图标，共有 4 种，其中，n 指定暂停（X）；32 表示疑问（？）；48 用于警告（！）；64 用于忽略（I）。

③ 数值 0、256、512、768：指定默认活动按钮（按钮上文字的周围有虚线）。按回车键后可执行该操作。

④ 数值 0 和 4096：分别用于应用程序和系统的强制返回。

⑤ 数值 16384、65536、524288 和 1048576：为不常用的参数。

按钮参数可由四类数值组成，组成的原则是：从每一类中选择一个值，并用加号（＋）连接，不同的组合得到不同的结果。

（3）标题：为可选项。使用字符串表达式，显示对话框标题。

例如，写出如图 3-7 所示的输出框的表达式。输出框的标题为“操作提示”，提示信息为“请按回车键继续”，一个“暂停”图标，“重试”与“取消”两个命令按钮。根据输出函数 Type 参数取值表，“按钮”参数应取 5+16+0。其表达式为：

X=MsgBox（“请按回车键继续”， 5+16+0， “操作提示”）

Print x

其运行结果如图 3-7 所示。

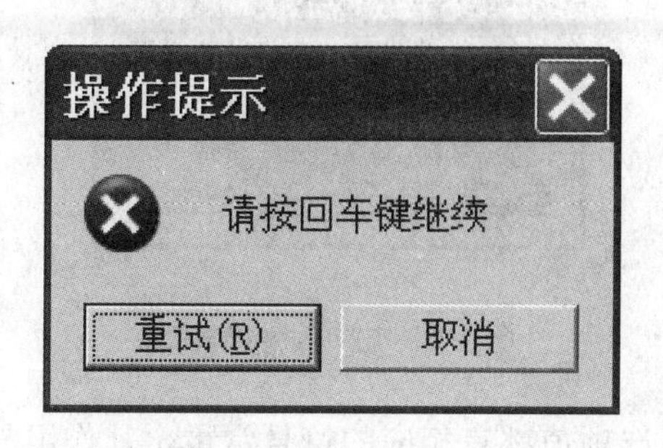

图 3-7　按钮值为“5+16+0”的对话框

MsgBox 函数返回的是一个整型值，这个整数与所选择的按钮有关。其数值的意义如表 3-3 所示。

表 3-3　MsgBox 函数的返回值

返回值	操　作	符号常量
1	返回“确定”按钮	vbOk
2	返回“取消”按钮	vbCancel
3	返回“终止”按钮	vbAbort
4	返回“重试”按钮	vbRetry
5	返回“忽略”按钮	vbIngnore
6	返回“是”按钮	vbYes
7	返回“否”按钮	VbNo

注意：在应用程序中，MsgBox 函数的返回值通常用来作为继续执行程序的依据，根据该返回值决定其后的操作。

例 3-6　编写一段程序，由 MsgBox 函数的返回值判断程序的执行去向。

程序代码如下：

```
Private Sub Form_Click（）
tsxx = " 显示的结果是否需要打印? "
x = MsgBox（tsxx， 4， " 用户选择对话框! " ）
If x = 6 Then
Print " 请准备好打印机! "
End If
End Sub
```

执行这段过程程序后，首先弹出如图 3-8 所示的对话框，对话框中有两个命令按钮，如果选择“是”按钮，返回值为 6，则在窗体上显示“请准备好打印机！”，提示用户准备好打印机，如果选择“否”，则返回值为 7，结束程序的执行。

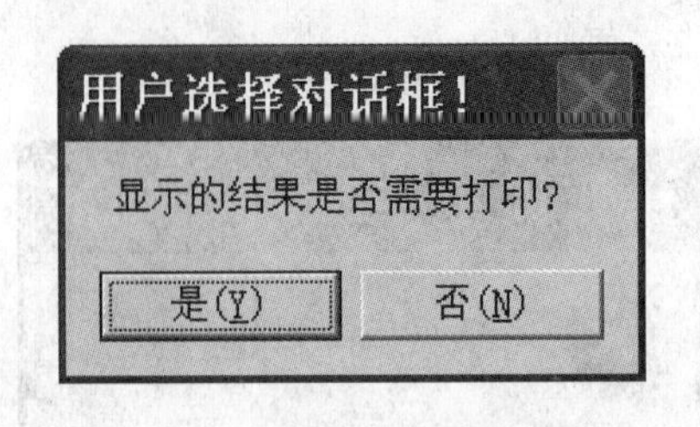

图 3-8　用户选择对话框

MsgBox 函数中的按钮选项值都有相应的符号常量，其作用与它的数值相同。使用符号常量可增加程序的可读性。

2．MsgBox 语句

MsgBox 语句的一船形式为：MsgBox 提示信息[，按钮][，标题]。

其参数的意义与 MsgBox 函数相同。

MsgBox 语句的作用：打开一个对话框，在对话框中显示消息，等待用户选择一个按钮，但没有返回值。MsgBox 语句作为过程调用，一般用于简单信息显示。

说明：

（1）模态窗口（Modal Window）：当屏幕上出现一个窗口（或对话框）时，如果需要在提示窗口中选择选项（按钮）后才能继续执行程序，则该窗口称为模态窗口。在程序运行时，模态窗口挂起应用程序中其他窗口的操作。

（2）非模态窗口（Modaless Window）：当屏幕上出现一个窗口时，允许对屏幕上的其他窗口进行操作，该窗口称为非模态窗口。

（3）MSgBOX 函数和 MsgBox 语句强制所显示的信息框为模态窗口。在多窗体程序中，可以将某个窗体设置为模态窗口。

例 3-7　将例 3-3 程序运行的结果由 MsgBox 语句输出。输出窗口如图 3-9 所示。

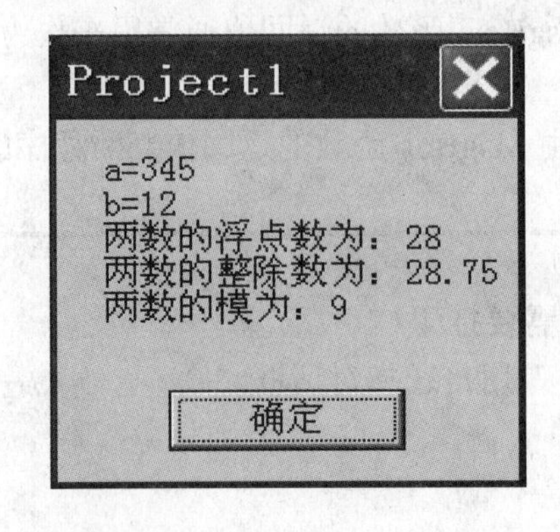

图 3-9　MsgBox 语句输出窗口

```
Private Sub Command1_Click（）
Dim a!，  b!
c=chr（13）+chr（10）
a = InputBox（"请输入第一个数："）
b = InputBox（"请输入第二个数："）
e=a/b
d=a\b
f=a mod b
Msgbox  "a="  & a & c &  "b="  & b & c &  "两数的浮点数为："  & d & c &  "两数的整除数为："  & e & c &  "两数的模为："  & f
End Sub
```

3.3　字形

在输出过程中，Visual Basic 可以对输出文字或数值的字体类型、字体大小进行设置。

3.3.1　字体类型

字体类型通过 FontName 属性设置。

FontName 属性格式：[窗体.][控件.][|Printer.]FontName[="字体类型"]

FontName 可以作为窗体、控件或打印机的属性，用来设置在这些对象上输出的字体类型。这些字体类型有 Visual Basic 中的英文字体和中文字体，中文字体的数量主要取决于 Windows 的汉字环境。

例如：

```
FontName="System"
FontName="宋体"
FontName = "魏碑"
FontName = "华文楷体"
```

在用 FontName=["字体类型"]格式设置字体时，如果省略了“字体类型”项，则返回当前正在使用的字体类型。

3.3.2　字体大小

字体大小通过 Fontsize 属性设置，其格式如下：

FontSize=[点数]

其中，“点数”用来设定字体的大小。在默认情况下，系统使用的是点数为 9 的最小字体。如果省略“=点数”，则返回当前字体的大小。

例 3-8　根据图 3-10 窗体的显示效果设计和编写程序。

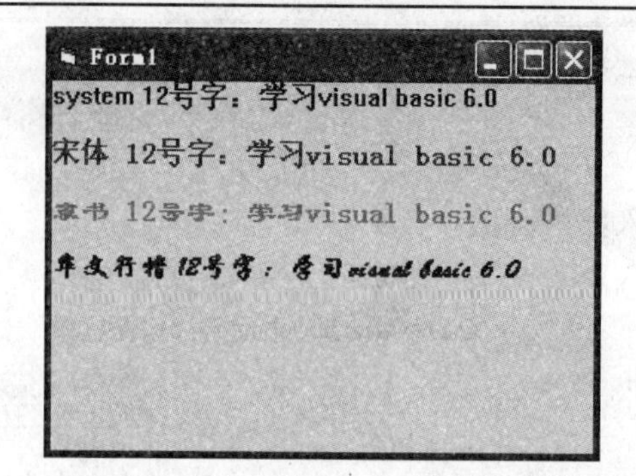

图 3-10　字体和字号

程序代码如下：

```
Private Sub Form_Click（）
Cls
FontName = " system "
FontSize = " 12 "
ForeColor = vbBlue

Print " system 12 号字： "； " 学习 visual basic 6.0 "
Print
FontName = " 宋体 "
FontSize = " 12 "
ForeColor = vbRed
Print " 宋体 12 号字： "； " 学习 visual basic 6.0 "
Print
FontName = " 隶书 "
FontSize = " 12 "
ForeColor = vbGreen
Print " 隶书 12 号字： "； " 学习 visual basic 6.0 "
Print
FontName = " 华文行楷 "
FontSize = " 12 "
ForeColor = vbBlack
Print " 华文行楷 12 号字： "； " 学习 visual basic 6.0 "
Print
FontName = " 华文彩云 "
FontSize = " 12 "
ForeColor = vbYellow
Print " 华文彩云： "； " 学习 visual basic 6.0 "
Print
End Sub
```

3.3.3　其他属性

除了对字体类型和字体大小的设置之外，Visual Basic 提供了诸如文字的粗体(FontBold)、文字的倾斜（FontItalic）、删除（FontStrikethru）、文字的下画线（FontUnderline）、重叠显示（FontTransparent）文字等效果。

1．粗体字（FontBold）

设置粗体字的格式：FontBold[=Boolean]

该属性可取 True 或 False，当 FontBold 取值为 True 时，文本以粗体方式输出；否则按默认方式输出，系统默认方式为 False。

2．斜体字（FontItalic）

设置斜体字的格式：FontItalic [=Boolean]

该属性可取 True 或 False，当 FontItalic 取值为 True 时，文本以斜体方式输出；否则按默认方式输出，系统默认方式为 False。

3．加删除线（FontStrikethru）

设置删除线的格式：FontStrikethru [=Boolean]

该属性可取 True 或 False，当 FontStrikethru 取值为 True 时，在输出的文本中部有一条直线，直线的长度与文本的宽度相同；否则按默认方式输出，系统默认方式为 False。

4．加下画线（FontUnderline）

设置下画线的格式：FontUnderline [=Boolean]

该属性可取 True 或 False，当 FontUnderline 取值为 True 时，在输出的文本下部有一条直线，直线的长度与文本的宽度相同；否则按默认方式输出，系统默认方式为 False。

5．重叠显示（FontTransparent）

设置重叠显示的格式：FontTransparent [=Boolean]

该属性可取 True 或 False，当 FontTransparent 取值为 True 时，前景的图形与文本可以与背景重叠显示；否则按默认方式输出，系统默认方式为 False。

注意：

（1）除 FontTransparent 属性只适用于窗体和图片控件外，其他属性都适用于窗体、各种控件及打印机。如果加上对象名，其属性适于该对象，否则只适应于当前窗体。

（2）设置一种属性后，该属性即开始起作用，该属性不会自动撤销，只有重新设置属性后，才能撤销以前的属性。

（3）以上这些属性还可以在设计阶段通过字体对话框设置。

3.4　打印机输出

前面介绍的 Visual Basic 输出操作基本都是在屏幕（窗体）上输出信息。即它们以窗体为输出对象。如果要在打印机上输出，则只要将输出对象改为打印机（Printer）即可。在打印机上输出时，需要在 Windows 下安装打印机，并设置打印机的分辨率、字体等属性。

3.4.1　直接输出

直接输出指的是通过 Print 语句直接在打印机上输出，其一般格式为：Printer.Print［表达式表］。

例 3-9 在打印纸上输出如下信息：

姓名	年龄	学历	电话
李一明	20	大学本科	65154222
王芳	22	硕士	64538876
马旋凯	24	大学本科	62139978
范海航	34	中专	68976654

程序代码如下：

```
Private Sub Form_Click（）
Cls
FontName = "宋体"
FontSize = 10
Printer.Print Tab（8）； "姓名"; Spc（8）； "年龄"; Spc（8）； "学历"; Spc（8）； "电话"
Printer.Print Tab(8)； "李一明"; Spc(8)； "20"; Spc(8)； "大学本科"; Spc(4)； "65154222"
Printer.Print Tab（8）； "王芳"; Spc（10）； "22"; Spc（8）； "硕士"; Spc（8）； "64538876"
Printer.Print Tab(8)； "马旋凯"; Spc(8)； "24"; Spc(8)； "大学本科"; Spc(4)； "62139978"
Printer.Print Tab（8）； "范海航"; Spc（8）； "34"; Spc（8）； "中专"; Spc（8）； "68976654"
Printer.EndDoc
End Sub
```

在上述程序中，“Printer.EndDoc”语句表示打印输出结束，其中，“EndDoc”称为打印机对象的方法。

3.4.2 打印机的方法和属性

在打印机对象中，常见的方法或属性有：Page 属性、NewPage 方法和 EndDoc 方法。

1．Page 属性

Page 属性用来设置页码，一般格式为：Printer.Page。

Printer.Page 在打印时被设置成当前页号，并由 Visual Basic 的解释程序保存。应用程序开始执行时，Page 的属性值被设置为 1，打印完 1 页后，Page 的属性值自动加 1。

2．NewPage 方法

在打印过程中，可使用 NewPage 方法实现换页功能。在一般情况下，打印机打印完 1 页后自动换页，而使用 NewPage 方法可强制打印机换页。在执行 NewPage 方法时，打印机退出当前正在打印的页，将退出信号保存到打印管理程序（打印管理器）中，并在适当的时候发送到打印机。执行 NewPage 方法后，Page 的属性值自动加 1。

3．EndDoc 方法

EndDoc方法是用来结束文件的打印，一般格式为：Printer.EndDoc。

EndDoc方法表明应用程序内部文件的结束，并向打印管理器（Printer Manager）发送最后一页的退出信号，将Page的属性值设置为1。

3.4.3　窗体输出

使用PrintForm方法可通过窗体来打印信息。

PrintForm 一般格式为：[窗体.]PrintForm。

直接输出是将每行信息通过打印机设备直接打印出来，窗体输出则需要先把输出的信息送到窗体上，然后再使用 PrintForm 方法把窗体上的内容打印出来。格式中的“窗体”是指要打印的窗体名，如果是打印当前窗体上的信息或只对一个窗体操作，则窗体名可以省略。

说明：

（1）在使用窗体输出时，首先将“AutoRedraw”属性设置为 True，该属性可用来保存窗体上的信息。“AutoRedraw”属性的默认值是False。

（2）使用PrintForm方法不仅可以输出窗体上的文字，而且可以打印窗体上所有可见的任何控件及图形。

练习题

一、选择题

1．一个计算机程序由三部分组成，即输入、处理和（　）。

A．计算　　B．转移　　C．输出　　D．循环

2．下列赋值语句不合法的是（　）。

A．X=129*3．14　　B．y=y+1　　C．y=Val（d＋23）　　D．Val（y）=56＋x

3．有如下程序段：

```
Private Sub Form_Click（）
Picture3.Picture=Picturel.Picture
Picture1.Picture=Picture2.Picture
Picture2.Picture=Picture3.Picture
End Sub
```

程序运行后，单击窗体，输出结果是（　）。

A．交换 Picture3.Picture 与 Picture1.Picture　B．交换 Picture2.Picture 与 Picture1.Picture

C．交换 Picture3.Picture 与 Picture2.Picture　D．以上都正确。

4．InputBox函数返回值的默认类型为字符串。如果需要输入的数值参加运算时，必须在进行运算前使用（　）函数把它转换为相应类型的数值。

A．Val　　B．Str　　C．Int　　D．Len

5．每执行一次InputBox函数只能输入（　）个值。

A．2　　B．3　　C．1　　D．任意多

6．在Print语句中，当输出对象为数值表达式时，打印输出该表达式的值；当输出对象为字符串表达式时，打印输出该字符串的原样。如果省略“表达式表”，则输出（　）。

A．当前窗体　　B．所有表达式的值　　C．一个空行　　D．A 与 B 正确

7．在 Print 语句中，各变量或表达式之间用逗号（“，”）分隔，按标准格式（分区格式）输出，即各数据项占（　）位字符。

A．12　　B．3　　C．1　　D．14

8．在 Print 语句中，各变量或表达式之间用分号（“；”）或空格，按紧凑格式输出，当输出为数值型对象时，在该数值前留一个符号位，后留一个空格，当对象为字符串时前后（　）。

A．各留 3 个空格　　B．都不留空格　　C．各留 1 个空格　　D．各留多空格

9．执行 a=23.56；Print " a=′ "；a 语句后，输出结果为（　）。

A．a= 23.56　　B．23.56=23.56　　C．a=23.56　　D．23.56

10．执行 x=563421.3456；Print Format $（x，" 00，000，000.00 "）语句后，输出结果为（）。

A．563，421　　B．00，563，421.35　　C．563，421.346　　D．00563，421

11．使用 MsgBox 函数显示的提示信息最多不超过（　）个字符，显示信息会自动换行，并能自动调整信息框的大小。

A．1024　　B．512　　C．256　　D．768

12. MsgBox 函数的作用是打开一个信息框，在对话框中显示消息，等待用户选择一个按钮，并返回一个（　）。

A．字符　　B．ASCII 码　　C．整型值　　D．NULL

13．设 x=2，y=5，下列语句中能在窗体上显示“A=7”的语句是（　）。

A．Print A=x+y　　B．Print " A=x+y "　　C．Print " A= " ;x+y　　D．Print " A= " +x+y

14．语句 Print Format$（1234.56，" 000，000.000 "）的输出结果是（　）。

A．1234.56　　B．1，234.56　　C．1，234.560　　D．001，234.560

15．在窗体上画一个文本框（其中 Name 属性为 Text1），然后编写如下事件过程

```
Private Sub Form_Click（）
x = InputBox（" Enter an Integer "）
y = InputBox（" Enter an Integer "）
Text1.text = x+y
End Sub
```

程序运行后，在输入对话框中分别输入 5 和 6，则文本框中显示的内容是（　）。

A．11　　B．56　　C．65　　D．出错信息

二、填空题

1．在窗体上画一个文本框（其中 Name 属性为 Text1）和一个标签（其中 Name 属性为 Label1），然后编写如下事件过程：

```
Private Sub Form_Click（）
x$ = InputBox（" Enter a String "）
Text1.text = x$
End Sub
Private Sub Text1_Change（）
Label1.Caption = Lcase（Right（Text1.text，8））
End Sub
```

程序运行后，在对话框中输入字符串 " The Day After Tomorrow "，则在标签中显示的内容________。

2．在立即窗口中执行如下操作

x = 10

y = 5

print x＞y

则输出结果是____________。

3．语句 Print " 67.9＋876.2= " ; 67.9＋876.2 的输出结果是_______。

4．当屏幕上出现一个窗口（或对话框）时，如果需要在提示窗口中选择选项（按钮）后才能继续执行程序，该窗口称为模态窗口。在程序运行时，模态窗口________应用程序中其他窗口的操作。

5．执行如下语句：

Fontname= " System "

Fontname= " 宋体 "

FontName= " 魏碑 "

FontName= " 华文楷体 "

如果接着使用 Print 语句输出，那么应该使用________字体。

6．在窗体上画一个名称为“Command1”且标题为“计算”的命令按钮、各个文本框（其名称分别为 Textl、Text2、 Text3、 Text4，其 Text 属性的初始值均为空）、1 个图片框（名称为 Picture1）用于显示结果。运行程序时要求用户输入 4 个数，分别显示在 4 个文本框中，如图 3-11 所示。单击“计算”按钮，则将标签的数组各元素的值相加，然后计算结果显示在图片框中，请填空：

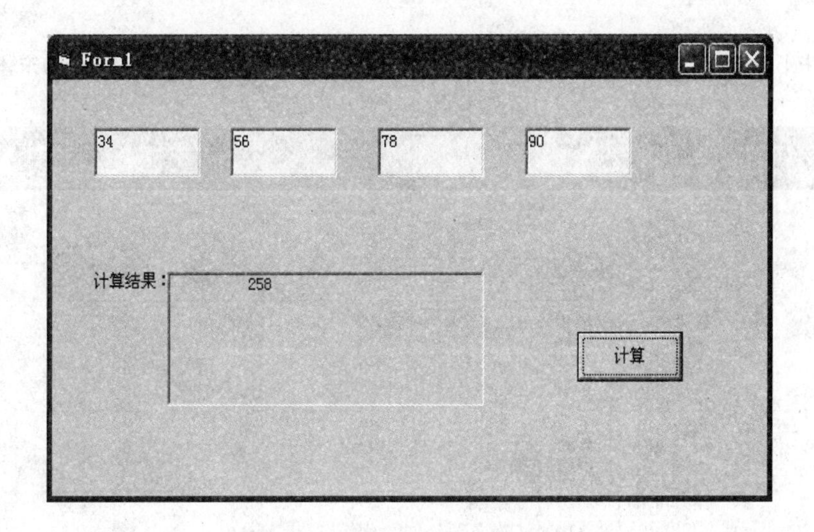

图 3-11　运行界面

Private Sub Command1_Click（）

Sum = 0

Sum = ________________

____

Picture1.Print Tab（10）;____________

End Sub

7．执行下列语句后，文档在__________上输出。

Printer.Print "刘力"；SPC（8）；"24"；SPC（8）；"大学本科"；SPC（4）；"62139978"

8．使用 PrintForm 方法，可以输出窗体上的文字、窗体上所有可见的任何控件及图形。因此，PrintForm 方法主要用于输出______________。

9．执行了 Fontstrikethru=True； Print "学习 Visual Basic 6.0" 语句后，在文字上______________。

10．要在运行过程中出现如图 3-12 的对话框，MsgBox 函数的“按钮”参数应选择__________。

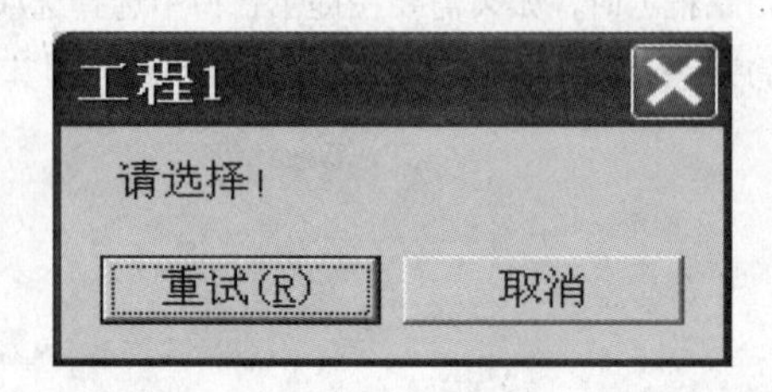

图 3-12 对话框

三、编程题

1．设计一个窗体，使得单击窗体上的“交换”按钮时能交换两个文本框中的内容，单击“下一个”按钮后产生两个正整数的随机数。

2．编写程序，使用 InputBox 函数从键盘上输入 5 个数，计算 5 个数的和，并在窗体上显示这些数和它们的和。

3．编写程序，按图 3-13 格式在窗体上显示输出相关内容，表头为隶书 10 号，表内记录为宋体 10 号。

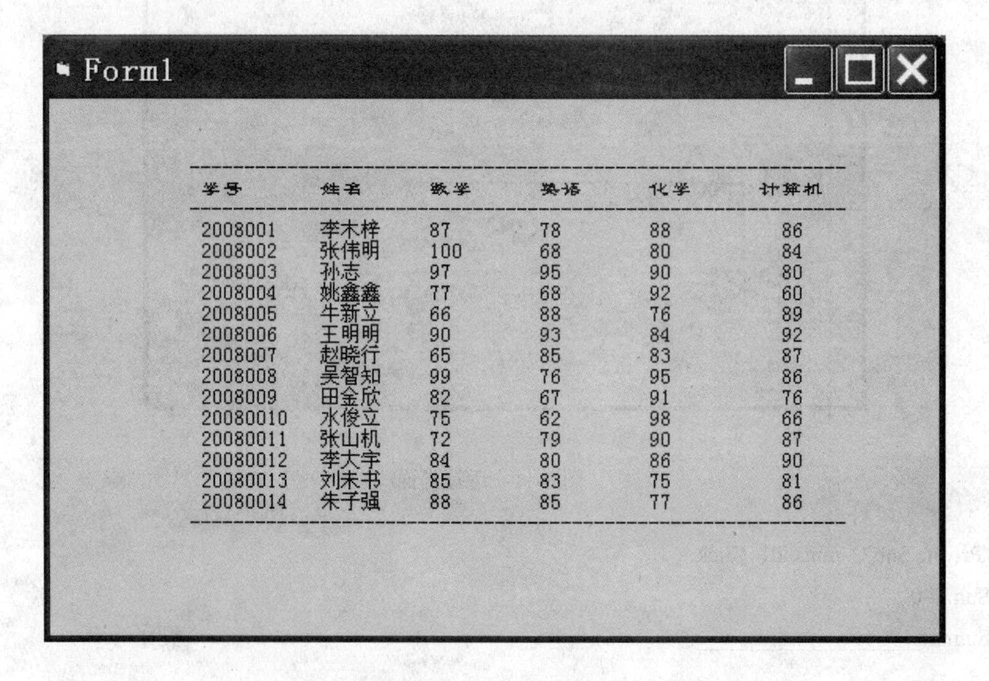

学号	姓名	数学	英语	化学	计算机
2008001	李木梓	87	78	88	86
2008002	张伟明	100	68	80	84
2008003	孙志	97	95	90	80
2008004	姚鑫鑫	77	68	92	60
2008005	牛新立	66	88	76	89
2008006	王明明	90	93	84	92
2008007	赵晓行	65	85	83	87
2008008	吴智知	99	76	95	86
2008009	田金欣	82	67	91	76
20080010	水俊立	75	62	98	66
20080011	张山机	72	79	90	87
20080012	李大宇	84	80	86	90
20080013	刘未书	85	83	75	81
20080014	朱子强	88	85	77	86

图 3-13 格式化输出

4．编写程序，程序运行的界面如图3-14（1）所示。为窗体添加背景图，文字的内容自定或参照图3-14（2），字体为隶书、20磅、粗体、蓝色。窗体上添加两个命令按钮，程序运行时窗口上只有“显示”按钮，单击“显示”按钮，显示文本内容，同时隐藏“显示”按钮。单击窗口，显示“清除”按钮。单击“清除”按钮，清除文本内容，同时隐藏“清除”按钮，显示“显示”按钮。周而复始显示和隐藏文本内容。

（1）程序运行的界面

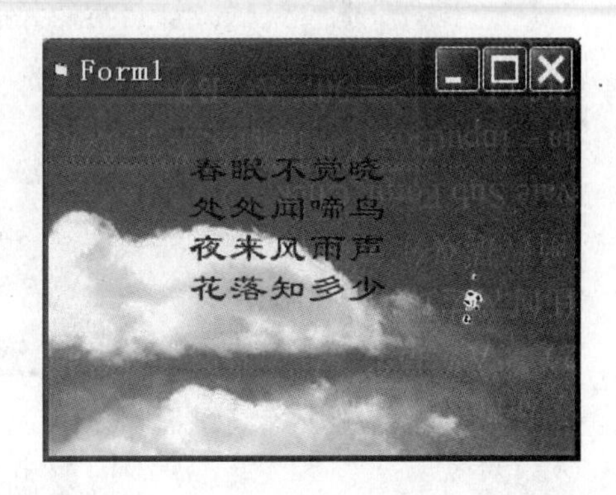

（2）单击“显示”按钮的窗口界面

图3-14　程序运行的界面

5．编写一个程序。通过键盘输入两个数，在图片控件区域中数据按“#，###.00”格式显示，如图3-15所示。

（1）输入第一个数界面

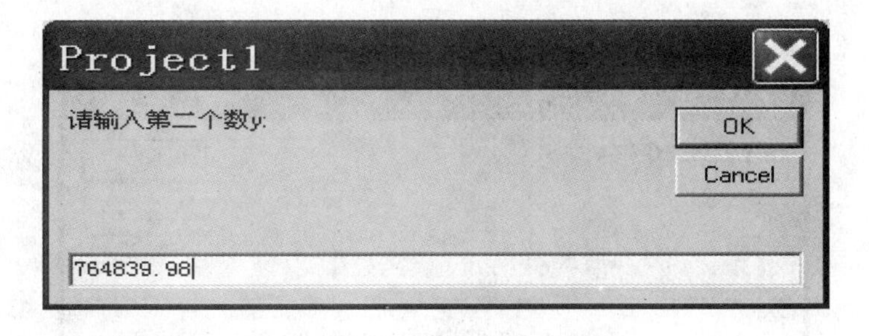

（2）输入第二个数界面

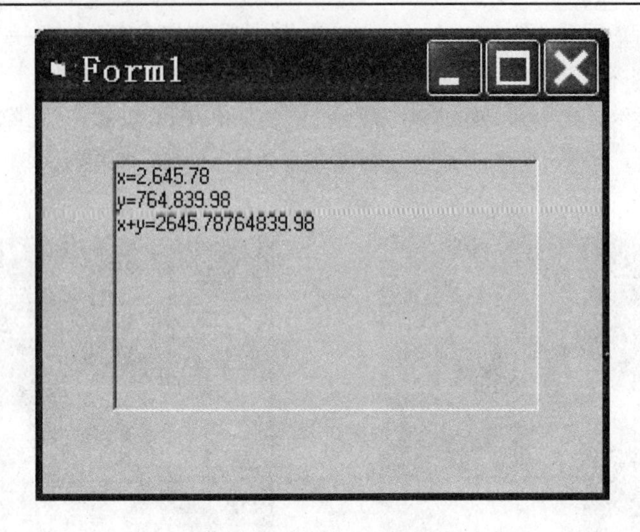

（3）输出结果界面

图 3-15　图片框输出数据

6. 设计一个窗体，窗体上有一个标签控件，和六个按钮，单击输入按钮，通过键盘输入数据（使用 InputBox），通过标签显示数据，如图 3-16 所示。单击加减乘除四个命令按钮，执行两位数的运算，运算结果由 MsgBox 输出。

（1）程序运行后输入第一个数界面

（2）输入第二个数界面

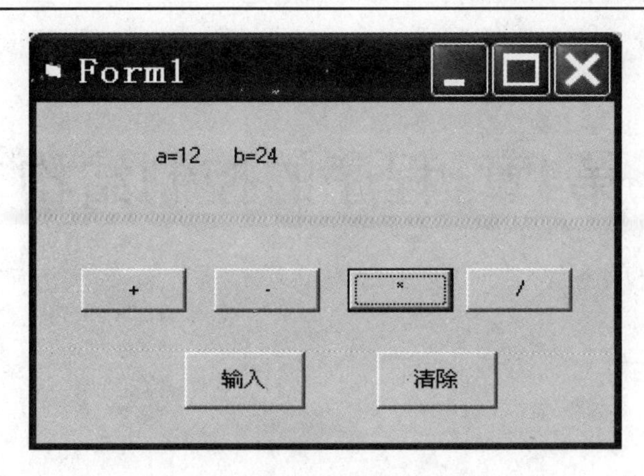

（3）两个操作数输入后程序界面

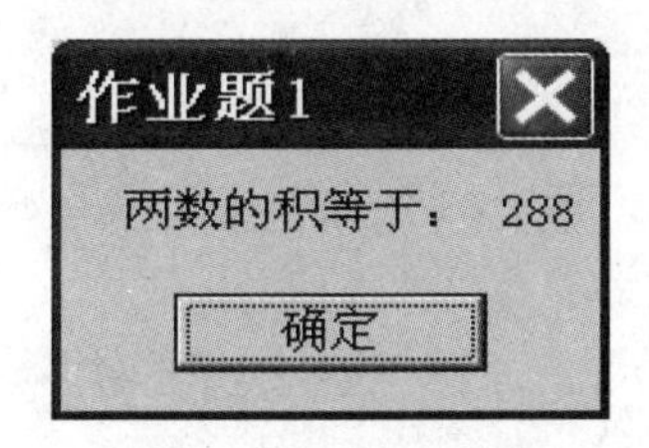

（4）程序运行结果窗口

图 3-16　程序运行参考界面

7．编一个华氏温度与摄氏温度之间的转换程序，转换公式如下：

$F=\frac{9}{5}C+32$　　摄氏温度转换为华氏温度，F 为华氏度

$C=\frac{5}{9}(F-32)$　　华氏温度转换为摄氏温度，C 为摄氏度

应用程序的界面自己设计。要求按两种方法进行转换：

（1）用命令按钮实现转换。即单击“转换华氏”按钮，则将摄氏温度转换为华氏温度；同样，单击“转换摄氏”按钮，则将华氏温度转换为摄氏温度。

（2）不用命令按钮，当文本输入时直接完成转换。当用户在“摄氏温度”文本输入框内输入值后按回车键，自动将摄氏温度转换为华氏温度；同样，华氏转换为摄氏的方法也是如此。

8．编一程序，输入以秒为单位表示的时间，将其转换成几时几分几秒。

要求：

（1）输入使用文本框，输出使用 Print 方法在窗体上按 "***小时***分***秒" 形式输出。例如输入 3670 秒，输出为"1 小时 1 分 10 秒"。

（2）输入使用 InputBox（）函数，输入的缺省值为 50000 秒，输出使用 MsgBox 函数或过程，输出形式为"***小时***分***秒"。

第4章 程序的控制结构

学习内容

选择结构
多分支结构
For 循环控制结构
当循环控制结构
Do 循环控制结构
多重循环
GoTo 型控制

学习目标

掌握 If 语句、IIf 函数及 Select Case 语句，了解 GoTo 语句的使用。掌握 For Next、While Wend、Do Loop 三种循环结构以及循环的嵌套。

4.1 选择结构

结构化程序设计的基本控制结构有三种，即顺序结构、选择结构和循环结构。其中，顺序结构是一种最简单、最基本的过程控制结构。

选择结构的特点是：对给定的条件进行分析、比较和判断，并根据判断结果决定程序的走向。选择结构语句有 If 条件语句和 Select Case 语句两种。

4.1.1 If 条件语句

If 条件语句首先对条件进行测试，然后根据测试结果选择执行的流程线。If 条件语句适用于对两种或多种情况作出判断选择的程序结构。If 条件语句有单分支结构语句和双分支结构两种。

1．单分支结构条件语句

格式 1：If ＜条件＞ Then
语句块
End If

格式 2：If＜条件＞ Then ＜语句＞

功能：如果条件为 True，则执行语句块中的程序语句；如果条件为 False，则执行 End If

后面的语句。

说明：

（1）<条件>可以是关系表达式、逻辑表达式和算术表达式。算术表达式的值非零为 True，零为 False。

（2）语句执行过程如图 4-1 所示。

例 4-1 通过键盘输入一个数作为学生成绩，如果合格（成绩≥60 分），则在窗体上显示“成绩合格！”，然后显示“计算完毕。”，如果不合格（成绩<60 分），只显示“计算完毕。”。

```
Private Sub Form_Click（）
Data = InputBox（"请输入学生成绩："，"学生成绩输入"）
If Data >= 60 Then
Print "成绩合格!"
End If
Print "计算完毕。"
End Sub
```

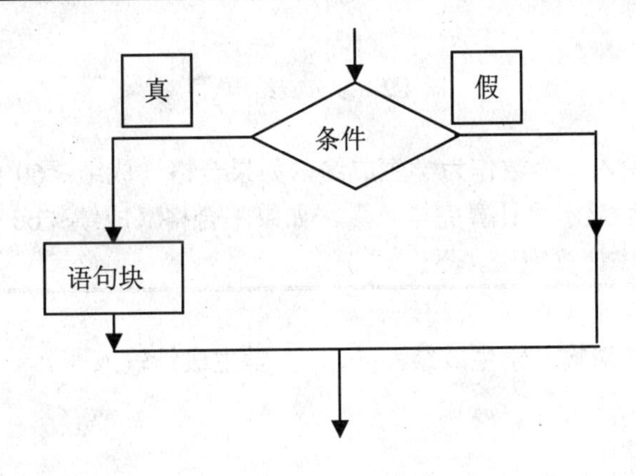

图 4-1 单分支结构

此程序等价表达为：

```
Private Sub Form_Click（）
Data = InputBox（"请输入学生成绩："，"学生成绩输入"）
If Data >= 60 Then Print Print "成绩合格!"
Print "计算完毕。"
End Sub
```

2．双分支条件语句

格式 1： If<条件> Then

<语句块 1>

Else

<语句块 2>

End If

格式 2：If<条件> Then <语句 1> Else <语句块 2>

语句执行的过程如图 4-2 所示。当条件为 True，执行语句块 1 中的程序语句，否则执行语句块 2 中的程序语句。

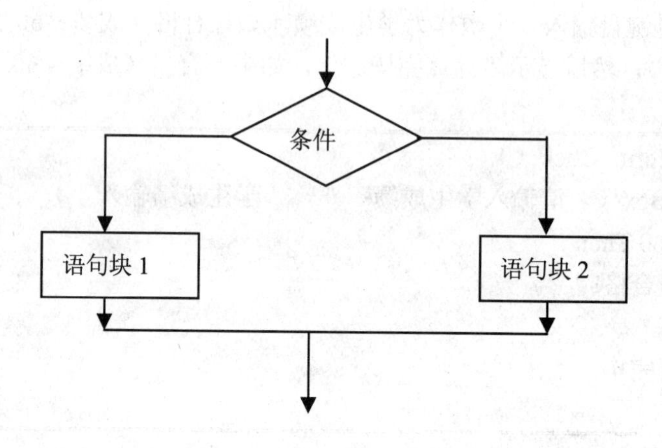

图 4-2 双分支结构

例 4-2 通过键盘输入一个数作为学生成绩，如果合格（成绩≥60 分），则在窗体上显示“成绩合格！”，然后显示“计算完毕。”，如果不合格（成绩<60 分），则显示“成绩不合格！”，然后显示“计算完毕。”。

```
Private Sub Form_Click（）
Data = InputBox（"请输入学生成绩：",  "学生成绩输入"）
If Data  >= 60 Then
Print  "成绩合格!"
Else
Print  "成绩不合格!"
End If
Print  "计算完毕。"
End Sub
```

本例也可写成单行结构条件语句，程序代码为：

```
Private Sub Form_Click（）
Data = InputBox（"请输入学生成绩：",  "学生成绩输入"）
If Data  >= 60 Then Print  "成绩合格!"  Else Print  "成绩不合格!"
Print  "计算完毕。"
End Sub
```

4.1.2 If 嵌套条件语句

格式： If＜条件 1＞ Then

＜语句块 1＞

ElseIf ＜条件 2＞ Then

＜语句块 2＞

……

ElseIf ＜条件 n＞ Then

＜语句块 n＞

Else

＜语句块 n 十 1＞

End If

功能：判断条件，执行第一个满足条件的语句块。

说明：

（1）此结构语句执行的过程是：首先判断＜条件 1＞，如果其值为 True，则执行＜语句块 1＞中的程序语句，然后结束 If 语句。如果＜条件 1＞的值为 False，则判断＜条件 2＞；如果其值为 True，执行＜语句块 2＞中的程序语句，然后结束 If 语句。如果＜条件 2＞的值为 False，则继续往下判断其他条件的值；如果所有条件判断的结果都为 False，则执行＜语句块 n+1＞中的程序语句，结束 If 语句。

（2）＜语句块＞中的语句不能与其前面的 Then 放在同一行，否则 Visual Basic 认为这是一个单行结构的条件语句。这是块结构与单行结构条件语句的主要区别。

（3）ElseIf 子句的数量没有限制。

（4）当多个条件为 True 时，只能执行第一个条件为 True 的语句块。

例 4-3 输入一组学生的成绩，评定其等级。条件是：90～100 分为“优秀”；80～89 分为“良好”；70～79 分为“中等”； 60～69 分为“合格”；60 分以下的为“不合格”。

程序的流程图如图 4-3 所示，程序代码为：

```
Private Sub Form_Click（）
Data = InputBox（ " 请输入一个成绩 " ，  " 成绩分等 " ）
If Data＞=90 Then
Print  " 优秀 "
ElseIf Data  ＞= 80 Then
Print  " 良好 "
ElseIf Data＞=70 Then
Print  " 中等 "
ElseIf Data＞=60 Then
Print  " 合格 "
Else
Print  " 不合格 "
End If
End Sub
```

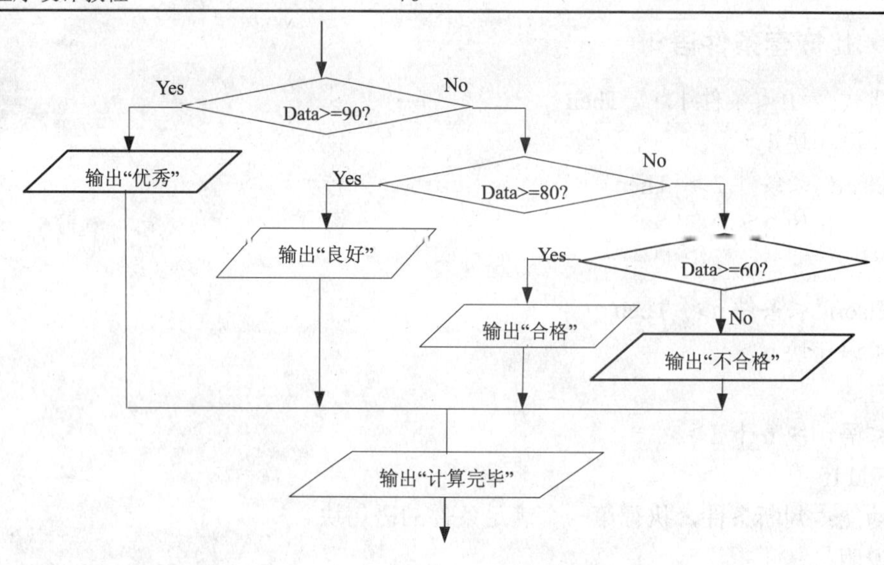

图 4-3 学生成绩评定程序的流程图

与单行条件语句相比，块结构条件语句具有下列优点：首先，块结构条件语句允许条件分支跨越数行，比单行条件语句具有更好的结构和灵活性；其次，块结构条件语句按逻辑来引导，使程序更容易阅读、维护和调试。

任何单行形式条件语句都可以改写成块结构条件语句。

4.1.3 IIf 函数

IIf 函数可以实现一些比较简单的选择结构。

格式： func_result=IIf（条件，A，B）。

功能：当条件为真时，函数返回 A 部分的值，否则返回 B 部分的值。

说明：

（1）“条件”可以是关系表达式、逻辑表达式和算术表达式。算术表达式的值非零为 True，零为 False。

（2）“A”是当条件为真时函数的返回值；“B”是当条件为假时函数的返回值，它们可以是任何表达式。

IIf 函数是双分支条件语句的简写版，因此例 4-2 的程序也可写成：

```
Private Sub Form_Click（）
Data = InputBox（ " 请输入学生成绩： "，  " 学生成绩输入 " ）
Y=IIf（Data >= 90，A，B）
Print Y
Print  " 计算完毕。 "
End Sub
```

IIf 函数的优点是简单明了，缺点是其输出的是函数的返回值，若使用不当，会产生副作用，使程序出错。

4.2　多分支控制结构

对于多种选择来说，可以通过 If 语句嵌套实现，但如果嵌套的层次多了，则容易引起混乱，因此，使用多分支控制结构将会更清晰、有效地解决此类问题。多分支控制结构语句又称情况语句。

格式： Select Case 测试表达式

Case ＜表达式列表 1＞

语句块 1

［Case＜表达式列表 2＞

语句块 2］

……

［Case Else

语句块 n］

End Select

功能：根据测试表达式的值，从多个语句块中选择符合条件的一个语句块执行。

说明：

（1）测试表达式可以是数值表达式或字符串表达式。

（2）表达式列表称为域值，可以是下列形式之一：

① 表达式。

② 表达式 To 表达式。

③ Is 关系运算表达式，使用的运算符包括：＜、＜=、＞、＞=、＜＞、=。

使用上述三种形式时应注意：

① 使用表达式 TO 表达式，必须把较小的值放在前面，较大的值放在后面，字符串常量的范围必须按字母顺序写出。例如：

case -8 to -3

case“abc”to“efg”

② 关键字 Is 只能用关系运算符且只能是简单条件。例如：Case Is＜a+b。

③ 三种形式组合在一起，表达式之间用逗号隔开。例如：

Case 1 to 5，　8，11，Is ＞ 15

（3）表达式列表中的表达式必须同测试表达式的数据类型一致，否则表达式列表的数据类型将被强制转换为测试表达式的数据类型。例如，表达式列表中的数据类型为双精度实型，而测试表达式的数据类型为整型，由于数据类型不一致，表达式列表中的数据将被强行转换为整型。

（4）Select Case 语句执行过程：先对测试表达式求值，然后测试该值与哪一个 Case 子句中的表达式列表相匹配，若存在相匹配的表达式，则执行 Case 子句有关的语句块，并转向 End Select 后面的语句；若不存在，则执行 Case Else 子句有关的语句块，并转向 End Select 后面的语句。

例 4-4　用 Select Case 语句对例 4-3 编程。程序流程图如图 4-4 所示，程序代码为：

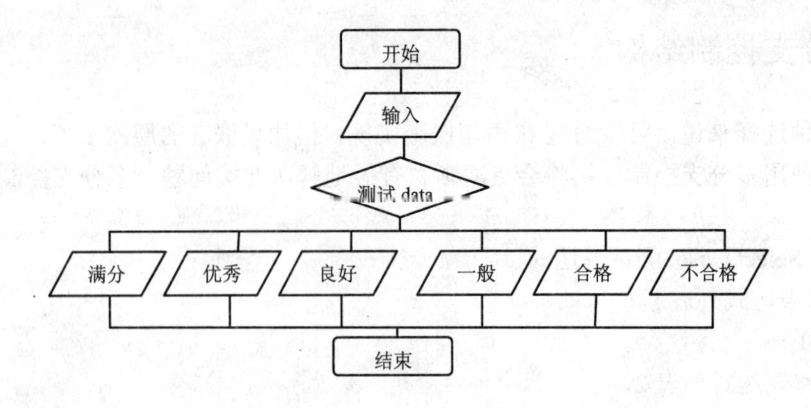

图 4-4 程序流程图

```
Private Sub Form_Click（）
Data = InputBox（"请输入一个成绩"， "成绩分等"）
Select Case Int（Data / 10）
Case 10
MsgBox "满分"， ， "成绩分等"
Case 9
MsgBox "优秀"， ， "成绩分等"
Case 8
MsgBox "良好"， ， "成绩分等"
Case 7
MsgBox "一般"， ， "成绩分等"
Case 6
MsgBox "合格"， ， "成绩分等"
Case Else
MsgBox "不合格"， ， "成绩分等"
End Select
End Sub
```

从上面的例子可以看出，Select Case 语句与 If...Then...Ese 语句的功能类似。一般来说，可以使用块结构条件语句的程序，也可以使用情况语句。两者的主要区别是：Select Case 语句只对单个表达式求值，并根据求值的结果执行不同的语句块，而 If...Then...Else 语句可以对不同的表达式求值，因而效率比情况语句高。

4.3 For 循环控制结构

在程序设计中从某处开始有规律地反复执行某一程序块的现象称为循环。Visual Basic 提供了三种不同风格的循环结构：按规定次数执行循环体的 For 循环；在给定条件满足时执行循环体的当（While...Wend）循环和作循环（Do...Loop）循环。

For...Next 循环又称 For 循环语句或计数循环语句。

格式：For 循环变量=初值 To 终值 [Step 步长]

［循环体］

[Exit For]

Next ［循环变量］［，循环变量］

功能：按指定的次数重复执行循环体中的语句。循环结构如图 4-5 所示。

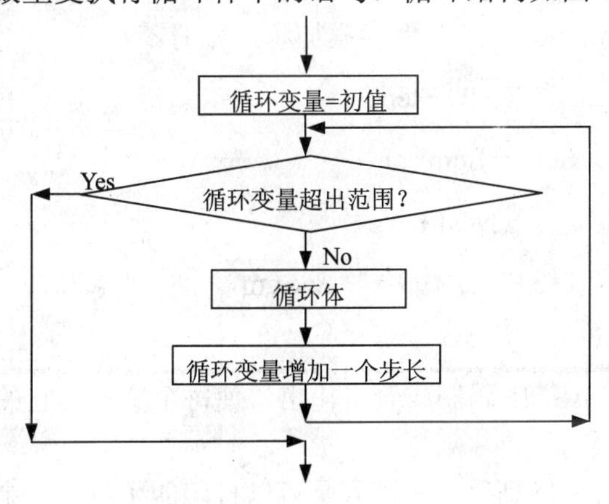

图 4-5　for ... next 循环结构

说明：

（1）各参数说明

① 循环变量：一个数值变量，不能是下标变量或记录变量。

② 初值、终值：分别是一个数值表达式。

③ 步长：循环变量的增量，是一个数值表达式。可以是正数、负数，但不能是 0，默认值是 1。

④ 循环体：For 语句和 Next 语句之间的语句序。

⑤ Exit For：退出循环，执行 Next 的下一条语句。

⑥ Next：循环终端语句。Next 后面的循环变量必须与 For 语句的循环变量相同。

（2）For 循环遵循“先检查后执行”的原则，当初值等于终值时，不管步长是正数还是负数均执行一次。

（3）For 语句和 Next 语句必须成对出现，不能单独使用。For 语句必须在 Next 语句之前。

（4）循环次数由初值、终值和步长三个因素确定，它们之间的关系是：

循环次数=Int（（终值-初值）/步长）+1

（5）For 循环的执行过程如下：

第 1 步，把初值赋给循环变量。

第 2 步，判断变量值是否超过循环终值，若没有超过，则执行循环体，否则退出 For 循环，执行 Next 后面的语句。

第 3 步，循环变量=循环变量十步长。

第 4 步，返回第 2 步。

例 4-5　编写程序求 1+3+5+7+…+99 的值。

程序代码如下：

```
Private Sub Form_Click（）
        Dim Sum As Integer，  I As Integer
             Sum = 0        ' 保存累加和，先清零
             For I = 1 To 99 Step 2
                 Sum = Sum + I
                     Next I
        MsgBox  "1+3+5+…+99="  & Sum，  ，  "求和"
End Sub
```

例 4-6　将可打印的 ASCII 码制成表格输出，使每个字符与它的编码值对应起来，每行打印 7 个字符。

在 ASCII 码中，只有空格到“～”符号是可以打印的字符，其余为控制符，可以打印的字符的编码值为 32～126，通过 Chr（）函数将编码值转换成对应的字符，通过 Tab 函数定位输出。程序运行结果如图 4-6 所示。

程序代码如下：

```
Private Sub Form_Click（）
Dim Asc As Integer，  I As Integer
Print Tab（20）；"ASCII 码对照表"
For Asc = 32 To 126
Print Tab（7 * I + 2）; Chr（Asc）；  "=" ; Asc;
I = I + 1
If I Mod 7 = 0 Then I = 0：  Print
Next Asc
End Sub
```

```
Form1
ASCII码对照表
 = 32  != 33  "= 34  #= 35  $= 36  %= 37  &= 38
'= 39  (= 40  )= 41  *= 42  += 43  ,= 44  -= 45
.= 46  /= 47  0= 48  1= 49  2= 50  3= 51  4= 52
5= 53  6= 54  7= 55  8= 56  9= 57  := 58  ;= 59
<= 60  == 61  >= 62  ?= 63  @= 64  A= 65  B= 66
C= 67  D= 68  E= 69  F= 70  G= 71  H= 72  I= 73
J= 74  K= 75  L= 76  M= 77  N= 78  O= 79  P= 80
Q= 81  R= 82  S= 83  T= 84  U= 85  V= 86  W= 87
X= 88  Y= 89  Z= 90  [= 91  \= 92  ]= 93  ^= 94
_= 95  `= 96  a= 97  b= 98  c= 99  d= 100 e= 101
f= 102 g= 103 h= 104 i= 105 j= 106 k= 107 l= 108
m= 109 n= 110 o= 111 p= 112 q= 113 r= 114 s= 115
t= 116 u= 117 v= 118 w= 119 x= 120 y= 121 z= 122
{= 123 |= 124 }= 125 ~= 126
```

图 4-6　ASCII 码和字符对照表

例 4-7　通过输入框输入 10 个数，作为学生成绩，求学生成绩的平均分。

程序代码如下：

```
Private Sub Form_Click（）
    Const N = 10        ' 学生人数
    Dim Sum As Integer,    I As Integer
    Dim Data As Integer,    Average As Single
    Sum = 0          ' 存放累加值的变量清零
    For I = 1 To N        ' 循环 N 次，步长值为 1 省略
        Data = InputBox（"输入第"  & I &  "位同学的成绩"，  "求平均分"）
        Sum = Sum + Data
    Next I
    Average = Sum / N
    MsgBox  "全班"  & N &  "名学生的平均分为"  & Average，  ，  "求平均分"
End Sub
```

程序的运行结果如图 4-7 所示。

图 4-7　运行结果

例 4-8 斐波那契级数是这样定义的：第一、二项为 1，第三项开始，每一项的值是前两项值之和 。求斐波那契级数的前 20 项。

程序代码如下：

```
Private Sub Form_Click（）
Dim A， B， I， T As Integer
   A = 1 ： B = 1       ' 生成级数第一、二项
   Print A; B;
   For I = 3 To 20
       T = A + B     ' 产生级数新的一项
       A = B          ' 让 B 成为下一组的 A
       B = T          ' 原来 A+B 的值成为下一组的 B
       Print B;
       If I Mod 6 = 0 Then Print
   Next I
End Sub
```

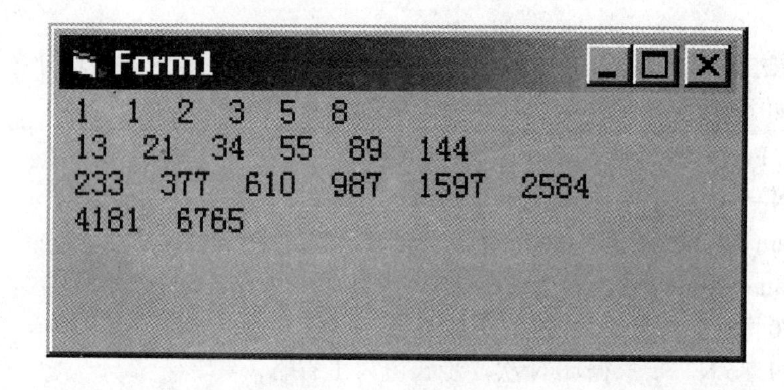

图 4-8 运行结果

4.4 当循环控制结构

For 循环只能按指定次数执行循环体，对于循环次数有限但又不知道具体次数的操作，当循环十分有用。

格式：

While ＜条件表达式＞

  循环体

Wend

功能：当给定的＜条件＞为 True 时，执行循环体中的语句。

当循环的执行过程如图 4-9 所示，只要＜条件＞为 True，则“测试，执行，测试，执行……”操作周而复始循环下去，直到条件为 False 时，才结束循环，执行 Wend 后面的语句。

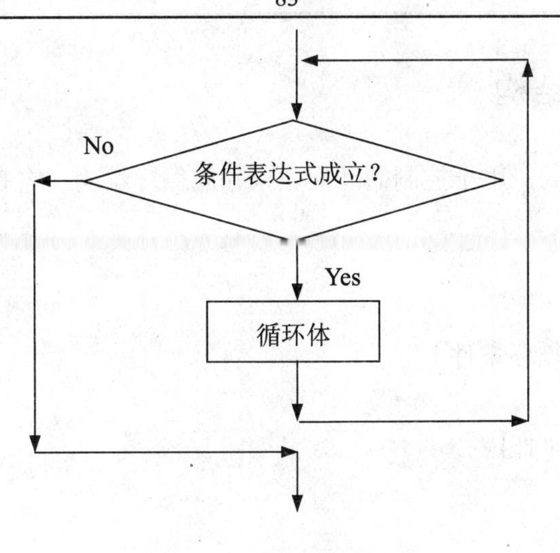

图 4-9　当循环控制结构

说明：

（1）当循环先对<条件>进行测试，然后决定是否执行循环体。当<条件>为 True 时，才执行循环体，若<条件>从一开始就不成立，则循环体一次也不执行；若测试<条件>始终为 True，则陷入“死循环”。所以，在当循环中必须要给出一个循环终止条件。

（2）当循环可以嵌套，嵌套的层数没有限制，每个 Wend 和最近的 While 相匹配。

例 4-9　统计字符串 A 中出现字符串 B 的次数，单击命令按钮，则在窗体上输出程序运结果。

根据题意：在字符串 A 中寻找字符串 B 应用 Instr（）函数，若在字符串 A 中找不到字符串 B，则返回值为 0；若能在字符串 A 中找到字符串 B，则返回第一次找到的位置。因此，在编写程序的过程中，当在字符串 A 中找到字符串 B 后，必须对字符串 A 进行截取操作，去掉找到的字符串 B，否则程序会陷入死循环。

程序代码如下：

```
Private Sub Form_Click（）
a$ =  " HIJKLMNHIJKLMNHIJKLMNHIJKLMN "
b$ =  " JK "
c = InStr（a，  b）
x = 0
While c  <>  0
x = x + 1
a = Mid（a，  InStr（a，  b）+ 2）
c = InStr（a，  b）
Wend
Print x
End Sub
```

4.5 DO 循环控制结构

DO 循环和当循环相同，用于控制循环次数未知的循环结构。它有以下两种格式：

格式 1：

DO

[语句块][Exit Do]

LOOP［While |Until 循环条件］

格式 2：

Do[While |Until 循环条件]

［语句块］

［Exit Do］

Loop

功能：当“循环条件”为 True 或直到指定的“循环条件”为 True 之前重复执行循环体中的语句。

说明：

（1）省略 While 和 Until 关键字，其格式可简化为：

Do

[语句块]

Loop

在此情况下，程序将不停地执行语句块，陷入死循环。

（2）Do...While| Until...Loop 循环：先判断条件，在条件满足时执行循环体，否则不执行；而 Do...Loop While|Until 循环：不管条件是否满足，先执行一次循环体，然后再判断条件，决定是否继续执行。两种格式的流程图分别如图 4-10 和图 4-11 所示。

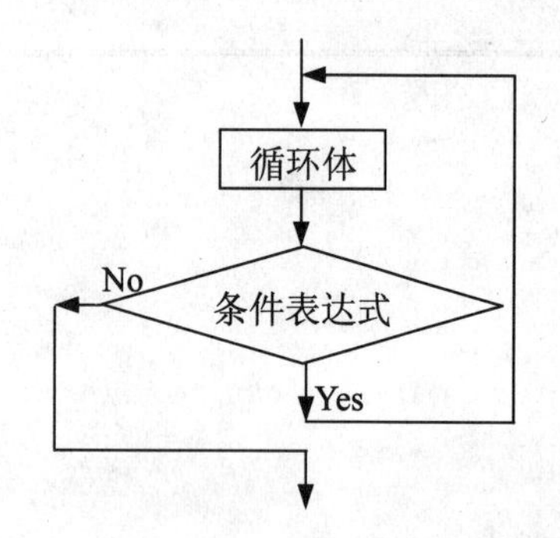

图 4-10 Do...Loop Until 循环结构

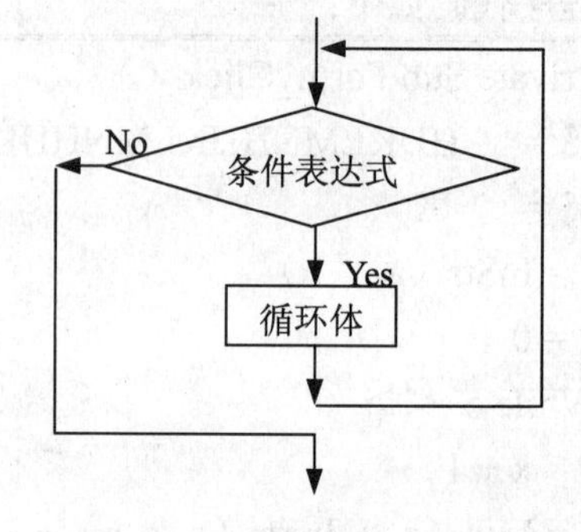

图 4-11 Do Until...Loop 循环结构

（3）Exit Do：当遇到该语句时退出循环，执行 Loop 后面的语句。

（4）和当循环一样，若条件始终成立，Do 循环也将陷入死循环。

（5）Do 循环可以嵌套，规则同当循环。

例 4-10 编写一个程序，计算由键盘输入的任意个学生成绩的平均值。

方法一，应用 Do While...Loop 循环实现程序代码如下：

```
Private Sub Form_Click（）
   Dim Data As Integer，  Sum As Integer，  N As Integer
   Dim Average As Single
   Sum = 0 ：  N = 0
   Data = InputBox（"输入第" & N + 1 & "个同学的成绩"，  "求平均分"）
   Do While Data <> -1          ' -1表示结束输入
        Sum = Sum + Data
        N = N + 1
        Data = InputBox（"输入第" & N + 1 & "个同学的成绩"，  "求平均分"）
    Loop
    Average = Sum / N
    MsgBox N & "位同学的平均分为" & Average，，  "求平均分"
End Sub
```

方法二，应用 Do Until...Loop 循环实现的程序如下：

```
Private Sub Form_Click（）
  Dim Data As Integer，  Sum As Integer，  N As Integer
  Sum = 0 ：  N = 0
  Data = InputBox（"输入成绩"，  "计算平均分"）
  Do Until Data = -1
      Sum = Sum + Data
      N = N + 1
      Data = InputBox（"输入数据"，  "计算平均分"）
  Loop
  Print "全班平均分为：" ; Sum / N
End Sub
```

例 4-11 如果 Sum=1+2+3+…+N，求 Sum 不超过 10000 的最大整数值和数据项数 N。程序代码如下：

```
Private Sub Form_Click（）
   Dim Sum，  N As Integer
   N = 0             ' 开始时项数为 0
   Sum = 0          ' 保存累加值的变量 Sum 清零
   Do While Sum <= 10000
       N = N + 1
      Sum = Sum + N
    Loop
    Sum = Sum - N
    N = N - 1
    Print "Sum=" ; Sum，  "N=" ; N
 End Sub
```

4.6 多重循环

4.6.1 多重循环

在一个循环体内又包含一个完整的循环结构，称为循环的嵌套。循环嵌套对 For 循环语句和 Do 循环语句都适用。

For 循环嵌套的一般格式包括如下两种：

格式 1： For i=…

For j=…

For k=…

……

Next k

Next j

Next i

格式 2： For i=…

For j=…

For k=…

……

Next k，j，i

注意：循环嵌套语句中，内、外层循环不能交叉。当内循环与外循环有相同的终点时，可以共用一个 Next 语句，如格式 2。

有关循环次数的问题如下：

（1）单循环。

For i=1 To 50 Stop 2

A= A+1

Next i

此类循环次数：Int（终值-初值）/步长）+1

（2）二重循环。

For i= 1 To N

For j=1 To i

A=A+1

Next j

Next i

此类循环次数是：1+2+3+4+…+N。

（3）三重循环。

For i=1 To N

For j=1 To i

For k=1 To j

```
A=A+1
Next k
Next j
Next i
```

则此类三次循环的总数是：l+（1+2）+（1+2+3）+…+（1+2+3+…+N）。

（4）三重循环。

```
For i=1 To N
For j=1 To N
For k=1 To N
A=A+1
Next k
Next j
Next i
```

则此类三次循环的总数是：N^3。

例 4-12　在窗体上显示一个几何图形，如图 4-12 所示。

程序代码如下：

```
Private Sub Form_Click（）
    Dim I，  J As Integer              ' I、J 为循环变量
    For I = 1 To 8                    '  I 控制行数（8 行）
        Print Tab（10 - I）；          ' 定每行*的起始位
        For J = 1 To I                '  J 控制每行输出 I 个*
            Print  " * "；
        Next J
        Print                         ' 换行
     Next I
End Sub
```

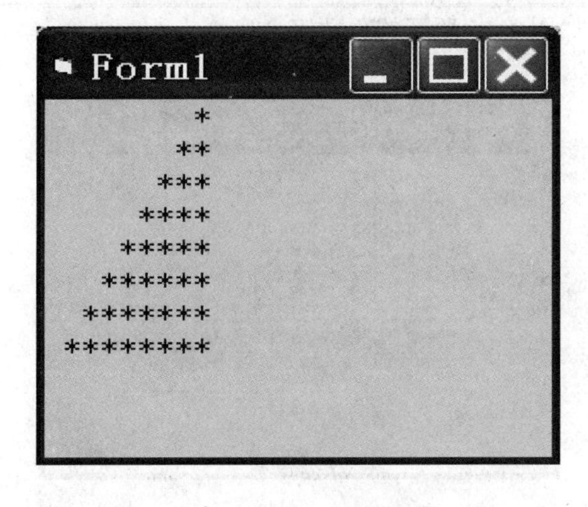

图 4-12　运行程序界面

例 4-13 输出乘法口诀表，如图 4-13 所示。

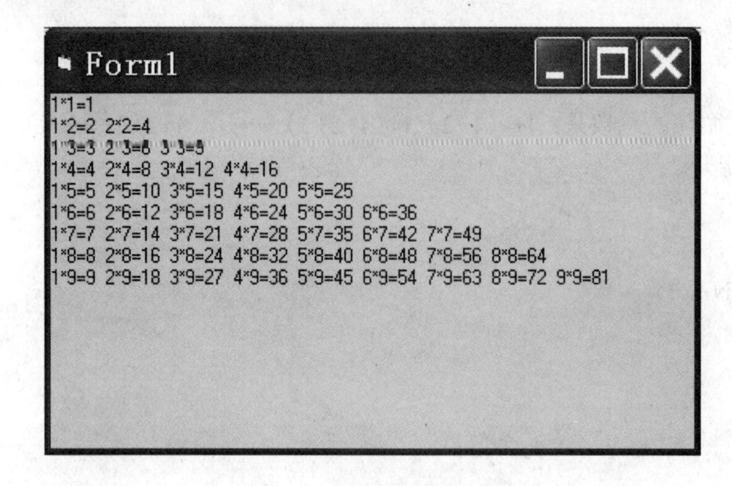

图 4-13 乘法口诀表程序界面

程序代码如下：

```
Private Sub Form_Click（）
    Dim I As Integer， J As Integer， M As Integer
    For I = 1 To 9
        For J = 1 To I
            M = I * J
            Print J & "*" & I & "=" & M & "   ";
        Next J
        Print        ' 打印换行
    Next I
End Sub
```

例 4-14 编写打印如图 4-14 所示的“数字金字塔”程序。

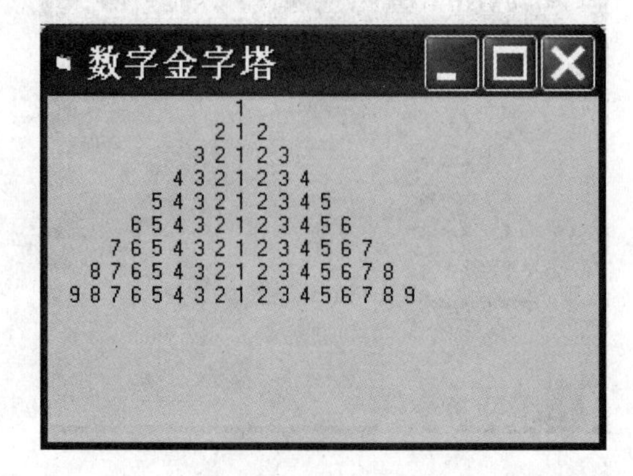

图 4-14 数字金字塔

本程序采用三重循环，外循环 i 决定输出数字金字塔的行数，内循环 k 决定输出的数字，j 决定输出数字的位置。

程序代码如下：

```
Private Sub Form_Click（）
For i = 1 To 9
   For j = 1 To （9 - i）* 3 + 3
      Print "   ";
      Next j
   For k = i To 1 Step -1
   Print k;
Next k
For k = 2 To i
Print k;
Next k
Print
Next i
End Sub
```

例 4-15 计算 e=1+1/1！+1/2！+…+1/10!

程序代码如下：

```
Private Sub Form_Click（）
      Dim I As Integer， J As Integer
      Dim F As Long          ' 阶乘值用长整型保存
      Dim e As Double
      For I = 0 To 10
          F = 1                          ' 每个阶乘值先置 1 以便累乘
          For J = 1 To I
              F = F * J                  ' 本循环计算 F= I!
          Next J
          e = e + 1 / F
       Next I
       Print " e= "; e
    End Sub
```

例 4-16 计算将 1 角钱兑换成零钱有多少种方案。

1 角钱以下的硬币有 1 分、2 分和 5 分。1 角钱全换成 1 分需 10 个，1 角钱全换成 2 分需 5 个，1 角钱全换成 5 分需 2 个。

程序代码如下：

```
Private Sub Form_Click（）
    Dim I， J， K， S As Integer
    S = 0                          ′ 统计兑换 1 角钱的方案数
    For I = 0 To 10       ′ I 控制 1 分钱的面值
        For J = 0 To 10 Step 2              ′ 2 分钱面值
            For K = 0 To 10 Step 5       ′ 5 分钱面值
                If I + J + K = 10 Then S = S + 1
            Next K
        Next J
    Next I
    MsgBox "1 角钱兑换成零钱的方案有" &S& "种"， ， "兑换零钱"
End Sub
```

4.6.2 出口语句

在 For 循环、Do 循环或过程中，为了方便编程、简化循环结构、改善程序的可读性，可以通过出口语句中止循环过程。出口语句的形式有如下两种：

（1）无条件形式：不测试条件，无条件地强行退出循环。

（2）条件形式：先测试条件，当条件为真时退出循环。

无条件形式	条件形式
Exit For	If 条件 Then Exit For
Exit Do	If 条件 Then Exit Do
Exit Sub	If 条件 Then Exit Sub
Exit Function	If 条件 Then Exit Function

例 4-17 编写检验出口语句的程序。

程序代码如下：

```
Private Sub Command1_Click（）
Dim i%， n
Do
  For i = 1 To 500
    n = Int（Rnd * 100）
    Print n;
    Select Case n
        Case 5：  Exit For
        Case 25：  Exit Do
        Case 50：  Exit Sub
     End Select
Next i
Print "exit for"
Loop
Print "exit do"
End Sub
```

程序运行后，单击命令按钮，则产生随机数。当随机数为5时，退出For循环；当随机数为25时，退出Do循环；当随机数为50时，退出Sub过程。

4.7　GoTo 型控制

4.7.1　GoTo 语句

格式：GoTo<标号|行号>。

功能：无条件地转移到标号或行号指定的那行语句。

说明：

（1）GoTo语句只能转移到同一过程的标号或行号处。标号是一个字符序列，以英文字母开始，以冒号结束，英文字母不分大小写；行号是一个数字序列。

（2）GoTo语句中的标号或行号在程序中必须存在，并且是唯一的。

（3）GoTo语句是无条件转移语句，但常与条件语句结合使用。

例4-18　求100以内的素数。

所谓素数，就是除了1和它本身，不能被其他整数整除的数。设有一数m，若判断它是否是素数，就看m能否被i整除（i=2，3，4，…，m-1），只要其中有一个能被整除，m就不是素数，否则是素数。

根据题意：要求100以内的素数可以用For嵌套循环语句来实现，条件是当m Mod i不等于0，判断下一个i能否被m整除，直至m-1；当m Mod i=0时，返回判断下一个m，在此采用GoTo语句强行返回。

程序代码如下：

```
Private Sub Form_Click（）
Dim i As Integer
Dim m As Integer
Dim x As Integer
x = 0

For m = 2 To 100
 For i = 2 To m - 1
 If （m Mod i）= 0 Then GoTo start
 Next i
 Print m;
 x = x + 1
 If x Mod 8 = 0 Then
 Print
 End If
start:
 Next m
 End Sub
```

4.7.2 On-GoTo 语句

格式：On<数值表达式>GoTo <标号表列|行号表列>。

功能：根据<数值表达式>的值，把控制转移到几个指定的语句行中的一个语句行，实现多分支选择控制。

说明：

(1) <行号表列>或<标号表列>可以是程序存在的多个行号或标号，相互之间用逗号隔开。

（2）本语句的执行过程是：先计算<数值表达式>的值，四舍五入取得整数，然后根据整数的值决定转移到第几个行号或标号，执行相应的语句。如果<数值表达式>值等于零或大于<行号表列>和<标号表列>中项，程序将自动执行 On-GoTo 语句下面可执行语句。

例 4-19 运行如下程序，分析程序的运行结果。

程序代码如下：

```
Private Sub Form_Click（）
x = 10：  i = 1
z = Int（Rnd（y）+ 2）
On z GoTo 50，  60，  70
50 i = i + 1：  GoTo 100
60 i = i + 2：  GoTo 100
70 i = i + 3：  GoTo 100
100 Print i
End Sub
```

程序运行时先计算 Z 的值为 2，然后转向 60 语句，执行 i=i+2 语句，最后转向 100 语句，在窗体上输出执行的结果，程序运行的结果为 3。思考一下，如果没有 GoTo 100 无条件转向语句，程序执行的结果是什么？

练习题

一、选择题

1．下列语句错误的是（ ）。

A．
```
If a=3 And b=2 Then
c=3
End If
c=3
End If
```

B．
```
If a=1 Then
c=2
ElseIf a=2
End If
```

C．
```
If a=8 Then
c=2
ElseIf a=2 Then
c=3
```

D．
```
If a=1 Then c=2
```

```
End If
```

2．在窗体上画一个命令按钮，然后编写如下的事件过程：

```
Private Sub Command1_Click（）
x=-5
If Sgn（x）Then
Y=Sgn（x^2）
Else
Y=Sgn（x）
End If
Print y
End Sub
```

程序运行后，单击命令按钮，窗体上显示的是（ ）。

A．-5　　B．25　　C．1　　D．-1

3．下列程序运行后，如果从键盘上输入 16，则在文本框中显示的内容是（ ）。

```
Private Sub Command1_Click（ ）
A=InputBox（"请输入日期 1～ 31"）
T="旅游景点： " & IIF（a>0 And a<=10，"长城"，" "）_
& IIF（a>10 And a<=20，"故宫"，" "）_
& IIF（a>20 And a<=31，"颐和园"，" "）
Text1.Text=t
End Sub
```

A．旅游景点：长城故宫　　B．旅游景点：长城颐和园

C．旅游景点：颐和园　　D．旅游景点：故宫

4．有如下程序：

```
Private Sub Command1_Click（ ）
X=Sqr（2）\2+Sgn（2）\2+Rnd（2）\2
Y=Sqr（3）\3+Sgn（3）\3+Rnd（3）\3
If X>Y Then
Print "X>Y"
ElseIf X=Y Then
Print "X=Y"
Else
Print "X<Y"
End If
End Sub
```

序运行后，窗体显示的结果为（ ）。

A．X>Y　　B．X=Y　　C．X<Y　　D．以上都不对

5．下列程序段执行的结果为（ ）。

```
A=1：B=0
```

```
Select Case A
Case 1
Select Case B
Case 0
Print  "**0**"
Case 1
Print "**1**"
End Select
Case 2
Print "  **2**"
End Select
```

A. **0**　　B. **1**　　C. **2**　　D. 程序出错

6. 有如下程序：

```
Private Sub Command1_Click（）
S=0
I=1
While I<=100
S=S+I
Wend
End Sub
```

程序运行后输出的结果是（ ）。

A. 5050　　B. 5051　　C. 死循环，直到溢出　　D. 无穷大的数

7. 在窗体中添加一个命令按钮，编写如下的程序代码，程序运行后单击命令按钮，输出的结果是（ ）。

```
Private Sub Command1_Click（）
C=1
Do Until C>0
C=C+1
Loop
Print C
End Sub
```

A. 1　　B. 2　　C. 0　　D. 无任何输出

8. 在窗体上添加两个文本框和一个命令按钮，然后编写下列程序代码，程序运行后文本框中输出的值分别为（ ）。

```
Private Sub Command1_Click（）
X=0
Do While x<50
X=（X+2）*（X+3）
n=n+1
Loop
```

```
Text1.Text=Str（n）
Text2.Text=Str（x）
End Sub
```

A．1 和 0　　B．2 和 72　　C．3 和 50　　D．4 和 168

9．在窗体上添加一个命令按钮，然后编写下列事件过程：

```
Private Sub Command1_Click（）
Dim  a As  Integer，   s  As  Integer
a=8
s=1
Do
s=s+a
a=a-1
Loop  While a<=0
Print s;a
End Sub
```

程序运行后，窗体显示的结果为（）。

A．7 9　　B．9　7　　C．3　40　　D．死循环

10．在窗体上添加一个命令按钮，然后编写下列程序代码，程序运行后单击命令按钮，依次在输入框内输入 5，4，3，2，1，-1，输出的结果为（）。

```
Private Sub Command1_Click（）
X=0
Do Until X=-1
a= InputBox（＂请输入 a 的值：＂）
a= Val（a）
b=InputBox（＂请输入 b 的值：＂）
b=Val（b）
x=InputBox（＂请输入 x 的值：＂）
x=Val（x）
a=a+ b+x
Loop
Print a
End Sub
```

A．2　　B．3　　C．14　　D．15

11．设有如下程序，程序运行后，单击命令按钮，如果在对话框中输入 1，2，3，4，5，6，7，8，9，0，则输出的结果是（）。

```
Private Sub Command1_Click（）
Dim c As Integer，d As Integer
c=4
d=InputBox（＂请输入一个整数：＂）
```

```
Do While d＞ 0
If d ＞ c Then
c=c+1
End If
d=InputBox（"请输入一个整数；"）
Loop
Print c+d
End Sub
```

A．12　　B．11　　C．10　　D．9

12．在窗体上添加一个标签和命令按钮，然后编写下列事件过程，程序运行后单击命令按钮，输出的结果是（ ）。

```
Private Sub Command1_Click（）
Dim  sum As Integer
Label1.Caption=" "
For I=1 To 5
Sum=sum *I
Next I
Label1.Caption=sum
End Sub
```

A．在标签中输出 120　　B．在标签中输出不定值

C．在标签中输出 O　　D．出错

13．设有如下程序：

```
Private Sub Command1_Click（）
Dim sum As Double，x As Double
C=4
Sum=0：n=0
For I=1 To 5
x=n/I
n=n+ 1
sum=sum+ x
Next
Print " sum= "；sum
End Sub
```

该程序通过 For 循环计算一个表达式的值，这个表达式是（ ）。

A．l+l/2+2/3+3/4+4/5　　B．1+l/2+2/3+3/4

C．1/2+2/3+3/4+4/5　　D．l+l/2+1/3+1/4+1/5

本程序的循环过程如下：

i=l 时 x=0，n=1，Sum=Sum+x=0

i=2 时 x=1/2，n=2，Sum=Sum+x=0+l/2

i=3 时 x= 2/3，n=3，Sum=Sum+ x=0+l/2+2/3

i=4 时 x=3/4，n=4，Sum=Sum+x=0+l/2+2/3+3/4

i=5 时 x=4/5，n=5，Sum=Sum+x=0+1/2+2/3+3/4+4/5

14. 下列程序执行的结果是（　）。

```
Private Sub Command1_Click（）
For x=5 To l Step -1
For y=1 To 6 –x
Print Tab（y+5）； " * "
Next y
Print
Next x
End Sub
```

```
A. * * * * *        B. * * * * *        C.         *        D. *
     * * * *             * * * *                   * *         * *
     * * *                 * * *                 * * *         * * *
     * *                     * *               * * * *         * * * *
     *                         *             * * * * *         * * * * *
```

15. 阅读下列程序，执行三重循环后 a 的值为（ ）。

```
Private Sub Command1_Click（）
For i=1 To 3
For j=1 To i
For k=j To 3
a=a+1
Next k
Next j
Next i
Print a
End Sub
```

A. 9　　B. 14　　C. 21　　D. 30

16. 在窗体上添加一个命令按钮，输入下列程序代码：

```
Private Sub Command1_Click（）
Dim N As Integer，mystring As String
N=l
If N=1 Then GoTo line1 Else GoTo line2
Line1：
Mystring= " N equals l "
Line2：
Mystring= " N equals 2 "
Lastline：
```

MsgBox mystring

End Sub

对上述程序描述正确的是（）。

A．程序出错

B．程序运行后，单击命令按钮，弹出消息对话框显示：1

C．程序运行后，单击命令按钮，弹出消息对话框显示：N equals 1

D．程序运行后，单击命令按钮，弹出消息对话框显示：N equals 2

17．阅读下面的程序段：

```
For i=1 To 3
For j=1 To 3
For k=1 To 3
a=a+1
Next k
Next j
Next i
```

执行上面的三重循环后，a 的值为（　　　　　）。

A．9　　　　B．12　　　　C．27　　　　D．21

18．在窗体上画一个文本框（其 Name 属性为 Text1），有程序如下：

```
Private Sub Form_Click（）
Data = InputBox（"请输入一个成绩"， "成绩分等"）
    Select Case Int（Data / 10）
      Case 10
          Text1.Text = "满分"
      Case 9
          Text1.Text = "优秀"
      Case 8
          Text1.Text = "良好"
      Case 7
          Text1.Text = "一般"
      Case 6
          Text1.Text = "合格"
      Case Else
          Text1.Text = "不合格"
End Select
End Sub
```

程序运行后，单击窗体，在弹出的输入对话框中输入 95，确定后，则 Text1 显示的信息为（　　）。

A．优秀　　　　B．良好　　　　C．合格　　　　D．程序出错

19．a=5，b=10，执行语句 x=IIF（a<b，a，b=后，x 的值为（　）。

A．5　　　　B．10　　　　C．a　　　　D．b

20．在窗体上画一个文本框（其中 Name 属性为 Text1），然后编写如下事件过程：

```
Private Sub Form_Click（）
Text1.Text= " "
Text1.SetFocus
For i=1 To 5
Text1.Text = Text1.Text & i
Next i
End Sub
```

上述程序的运行后，在文本框 Text1 中输出结果是（　）。

A．5　　B．15　　C．12345　　D．程序出错

21．假定有以下程序段

```
For i = 1 To 3
  For j = 5 To 1 Step -1
    Print i*j
  Next j
Next i
```

则语句 Print i*j 的执行次数是（　）。

A．15　　B．16　　C．17　　D．18

22．以下程序段的输出结果为（　　）。

```
x = 1
y = 4
Do Until y＞4
    x = x * y
    y = y +1
Loop
Print x
```

A．1　　B．4　　C．8　　D．20

23．在窗体上画一个命令按钮（其 Name 属性为 Command1），然后编写如下事件过程：

```
Private Sub Command1_Click（）
Dim x As Integer,　n As Integer
n = 0
x = InputBox（" 请输入一个整数 "）
Do While x＞0
If x＞5 Then
n = n+1
End If
x = InputBox（" 请输入一个整数 "）
Loop
Print n
```

```
End Sub
```

程序运行后，单击命令按钮，如果在输入对话框中依次输入 2，4，6，8，10，12，14，16，0，则输出结果是（ ）。

A. 2　　B. 4　　C. 6　　D. 10

24. 在窗体上画一个命令按钮（其 Name 属性为 Command1），然后编写如下事件过程：

```
Private Sub Command1_Click（）
Dim i As Integer， Sum As Integer
Sum = 0
For i = 1 to 30
If i Mod 2 = 0 And i Mod 5 = 0 Then
Sum = Sum + i
End If
Next i
Print Sum
End Sub
```

程序运行后，单击命令按钮，则输出结果是（ ）。

A. 465　　B. 60　　C. 240　　D. 105

25. 下列程序段的运行结果是（ ）。

```
For i = 1 To 2
s = 1
For j = 0 To i-1
s = s+ s*j
Next j
Print s;
Next i
```

A. 1 2　　B. 0 1　　C. 0 0　　D. 1 3

二、填空题

1. 有如下程序：

```
Private Sub Command1_Click（）
x=5
e=Sgn（x）+l
If e=1 Then
y=x*x+1
ElseIf e=2 Then
y=5*x+ 5
Else
y=0
End If
Print y
```

End Sub

程序运行时输出的结果是＿＿＿＿＿＿。

2．在窗体上添加四个文本框和三个命令按钮，程序运行后，单击 Commandl 按钮，清除文本框中的内容；单击 Command2 按钮，计算 3 门课的平均成绩，并将结果存放在文本框 4 中；单击 Command3 按钮，结束程序运行，退出系统。如图 4-15 所示。根据上述要求，将下列程序补充完整。

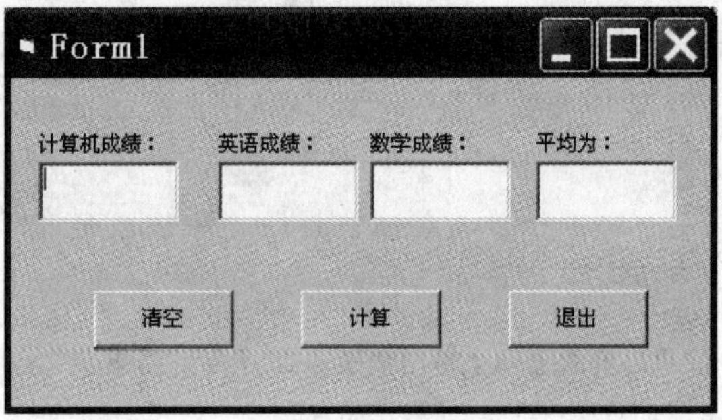

图 4-15　程序运行界面

```
Sub Command1_Click（）
Text1.Text = " "
Text2.Text = " "
Text3．Text = " "
End Sub
End Sub
Private Sub Command2_Click（）
If Text1.Text = " " Or Text2.Text = " " Or Text3．Text = " " Then
MsgBox "成绩输入不全！"
Else
Text4.Text = （____________ + Val（Text2.Text）+ Val（Text3．Text））/ 3
End ________
End Sub
Private Sub Command3_Click（）
Unload________
End Sub
```

3．设有如下程序：

```
Private Sub Form_Click（）
Dim a As Integer，s As Integer
N=8
S=0
Do
S=S+N
```

N=N-1

Loop While n＞ 0

Print S

End Sub

以上程序的功能是___________，程序运行后，单击窗体，输出的结果为___________。

4．在窗体上添加一个命令按钮，编写如下的事件过程：

Private Sub Command1_Click（）

Dim a As String

a= " 123456789 "

For i=_________

Print space（6-i）;Mid$______________

Next i

程序运行后，单击命令按钮，要求窗体上输出如图 4-16 所示的结果。

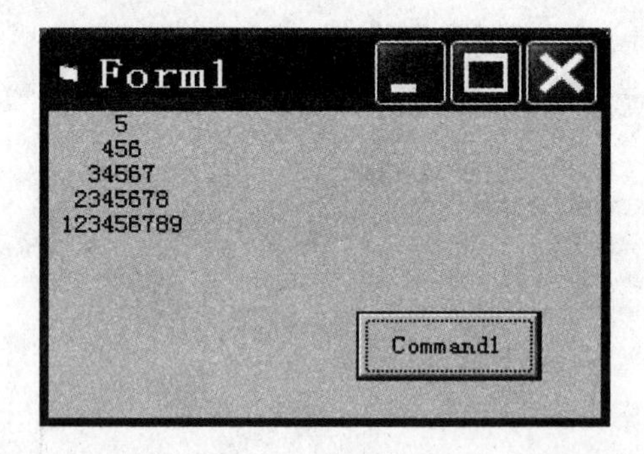

图 4-16　填空题 4 程序运行结果

5．在窗体上画一个名称为 Command1 的命令按钮，然后编写如下的事件过程：

Private Sub Command1_Click（）

Static x As Integer

Cls

For i=1 To 2

y=y+x

x=x+2

Next

Print x，y

End Sub

程序运行后，连续三次单击 Command1 按钮后，窗体上显示的是___________。

6．阅读下列程序：

Private Sub Form_Click（）

Dim check As Boolean，counter As Integer

Check=True：counter=0

```
Do
Do While counter ＜ 20
Counter=counter+1
If Counter=10 Then
Check=False
Exit Do
End If
Loop
Loop Until check=False
MsgBox counter
End Sub
```

程序运行后，单击窗体，输出的结果为__________。

7．下列程序的功能是生成如图 4-17 所示的图形，请将程序补充完整。

```
Private Sub Command1_Click（）
Cls
Print
For n=__________
Print Tab（2*n+2）；
For m=n To 10-n
Print Spc（1）；”*”；
Next m
Print Spc（4）；
For m=1 To _________
Print Spc（1）；“*”；
Next m
Print
Next n
End Sub
```

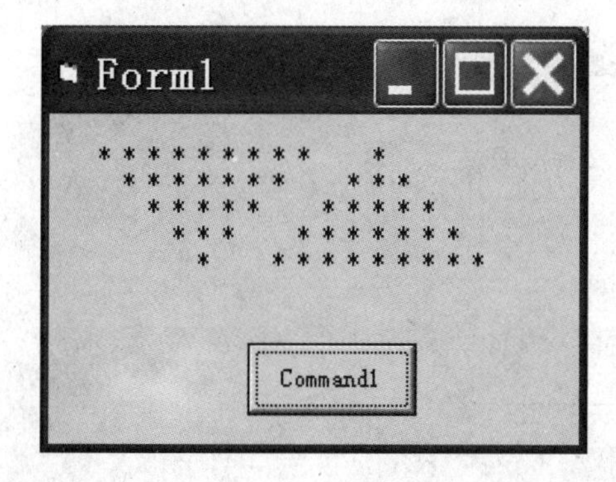

图 4-17　程序运行结果

8. 下列程序运行时窗体上显示的是____________。

```
Private Sub Command1_Click（）
a$= " 123456789 "
d$=Left（a，1）
For i= 2 To Len（a）
z$=Mid（a，i，1）
If z>d Then d=z
Next i
Print d
End Sub
```

9. 在窗体上添加一个命令按钮、一个文本框和一个标签，编写下列程序，程序的功能是在文本框中输入一篇英语短文，单击命令按钮，在标签上显示统计英语短文的单词数（假定单词中不包含英文字母以外的其他符号），请在程序的空白处填上正确的内容。

```
Private Sub Command1_Click（）
X=____________
N=Len（X）
_____________
For i=1 To n
Y=UCase（Mid（x，i，1））
If y >= " A "  And y <= " Z "  Then
If p=O Then m=m+1：  p=l
Else
P=0
End If
Next i
Label1.________
End Sub
```

10. 以下程序计算 1+l/3+l/5+…+l/（2n+l），直至 1/（2n+1）小于 10-4。阅读下列程序，请在程序的空白处境上正确的内容。

```
Private Sub Command1_Click（）
Sum=1：n=1
Do
n=_____________
term=1/n
Sum=Sum+term
If term <0.0001 Then _____________
Loop
Text1.Text=n
Text2.Text=Sum
```

End Sub

三、编程题

1. 编写程序，评选学生一学年来的学习情况，并按下列条件给予奖励，条件是：三门课程KC1、KC2、KC3的平均成绩大于等于90分的，获优秀奖；其中一门成绩大于等于90分，而其他两门不低于75分的，获单项优秀奖；其余的为一般。要求显示三门课程的成绩和获奖等级。
2. 窗体上有一个命令按钮和文本框，在文本框中输入月份，即1～12之间的一个整数，在窗体上输出该月份的季节（12、1、2月份为冬季，依此类推）。
3. 设 $M=2^0+2^1+2^2+\cdots+2^n$，求M大于1000时的最小N。程序运行后，在窗体输出循环次数N和计算结果M。
4. 计算1到20之间的自然数中不能被5整除的自然数之和。
5. 随机产生10个100～200之间的整数，在窗体输出其中是8的倍数的数，并求出它们的总和。
6. 设 $M=1^1*2^2*3^3*\ldots*n^n$，求 M不大于200000时的最大n。程序运行结果由标签输出，M和n的值由窗体输出。
7. 编写如图4-18所示的"数字金字塔"程序。

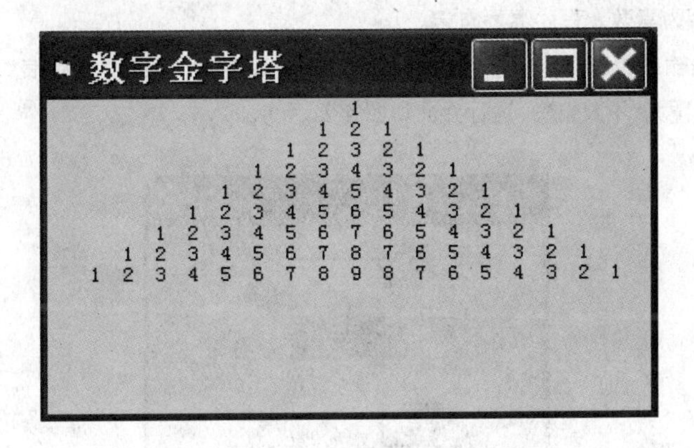

图4-18　数字金字塔

8. 编写如图4-19所示的图形的程序。

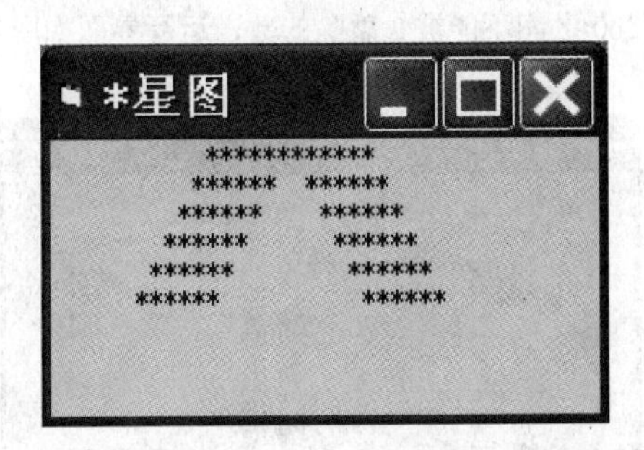

图4-19　星图形

9. 编写对任意5个数按从小到大的次序排序的程序，运行界面如图4-20所示。

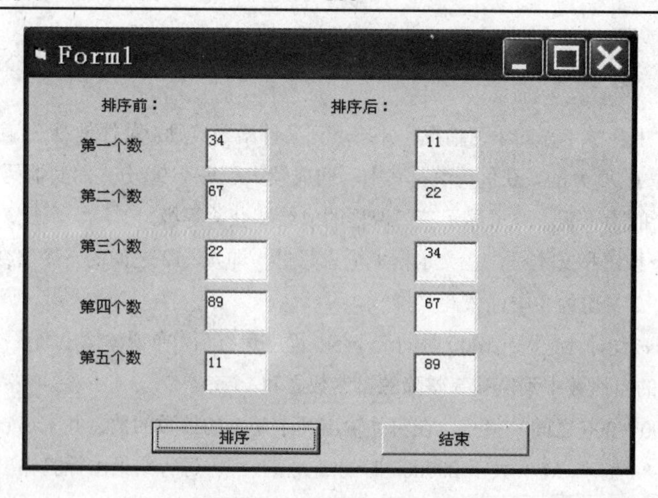

图 4-20　五个数的排序程序界面

10．判断一个整数是否为素数。程序界面自定。

11．编写根据考试成绩输出相应评定成绩等级的程序。90~100 为“优”，80~89 为“良”，70~79 为“中”，60~69 为“及格”，60 以下为“不及格”。运行界面如图 4-21 所示。

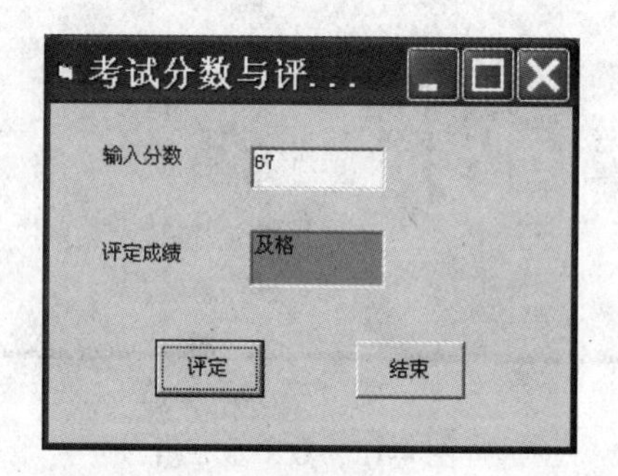

图 4-21　学生成绩等级评定运行界面

12．使用 do 循环语句输出 100~200 之间不能被 3 整除的数，运行界面如图 4-22 所示。

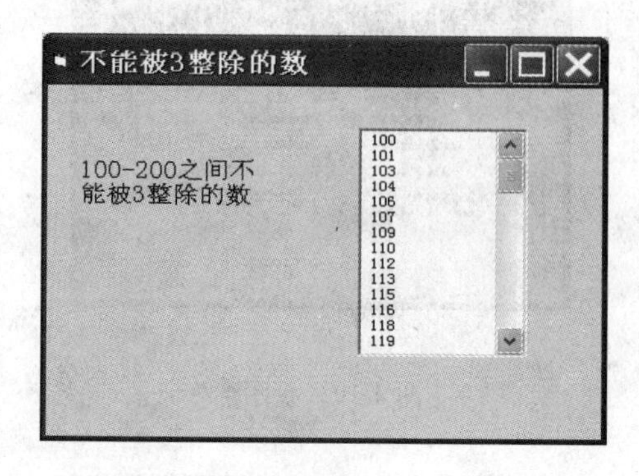

图 4-22　不能被 3 整除的数运行界面

第5章　数组与过程

学习内容

数组的概念
数组的基本操作
控件数组
Sub 过程
Function 过程
参数传递
可选参数与可变参数
对象参数

学习目标

了解数组的概念，熟练掌握数组的基本操作，掌握控件数组的概念和建立。掌握 Sub 过程和函数过程的特点、创建方法及调用。

5.1　数组

在实际应用中，经常需要处理成批数据，为此，高级语言提供了数组。数组是一种非常有用的数据结构，是有序数据的集合。与其他语言不同的是，在 Visual Basic 中，数组中的每个元素可以是不同数据类型的数据。数组用于保存大量的、逻辑上有联系的数据。

数组有如下的特点：数据中的元素在类型上是一致的；数组元素在内存空间上是连续存放的；数组元素的引用可通过下标进行；数组在使用前必须要定义（声明）。

5.1.1　一维数组的定义

数组必须先定义再使用，这与变量不同。定义数组后，为了使用数组，必须为数组开辟所需要的内存区。根据内存区开辟时机的不同，可以把数组分为静态数组和动态数组。通常把需要在编译时开辟内存区的数组叫做静态数组，而把需要在运行时开辟内存区的数组叫做动态数组。

静态数组和动态数组由其定义方式决定：用数值常量或符号常量作为下标的数组是静态数组，而用变量作为下标的数组则为动态数组。

数组的定义也称为数组的声明。

定义格式：

Dim 数组名（[下界 To]上界）［As 类型］。

说明：

（1）数组名可以是任何合法的 Visual Basic 变量名，与变量一样，也可以通过类型说明符来说明数组的类型，例如：

Dim Data%（5）：定义了包含六个整型元素的数组 Data。

（2）通过数组名和下标可引用数组中的元素，如，

Data（4）=95

Form1.Print Data（4）

（3）下标上下界必须为常数，不可以为表达式或变量，当不说明下标的下界时，默认为 0，如果希望下标从 1 开始，可以通过 Option Base 语句来设置，该语句只能出现在窗体层或标准模块层，格式如下：

Option Base n（n 的值只能是 0 或 1）

例如：

Option Basel

Dim arr（4）：下标的范围是 1～4，该数组一共包含了四个元素；

Dim arr（-2 To 3）：下标的范围是-2～3，该数组一共包含了六个元素。

（4）如果缺省了 As 类型，则与变量一样，是变体数组。

（5）数组定义后的初值：数值型数组各元素为 0，逻辑型数组各元素为 False，字符串数组各元素为空串（" "）。

（6）可同时声明几个数组，用逗号分隔，例如

Dim A%（10 To 100）， B（800）As Long

（7）定义数组时，下标的下界和上界值只能是常数或常数表达式。下例的定义是错误的：

N=100： Dim Data（N）As Integer

（8）定义时，数组的上界值不得超出长整型范围，且数组的上界值不得小于下界值。

（9）与变量定义一样，除了可以用 Dim 来定义数组外，还可以使用 Public、Static 来定义数组，适用的范围和作用与变量相似，例如：

Public a（9）：用在标准模块中，定义了全局数组 a；

Static b（10）：用在过程中，定义了 Static 数组 b。

（10）数组的元素个数称为数组长度。

（11）数组实际上是用一个变量名字代表一组数，这组数是连续排列的，用顺序号作为下标区分各个数。

（12）数组下标是一个整型量，如果有小数则自动按四舍五入取整。例如，Data（3.4）=Data（3），而 Data（3.5）=Data（4）。

（13）数组常见的错误：下标出界。例如，

Dim Test（3）

Test（1）=1

Test（2）=2

Test（3）=3

Test（4）=4 ′ 超出定义， 下标出界。

5.1.2 一维数组的应用

例 5-1 输出斐波那契级数的前 20 项。

斐波那契级数是指前两项为 1，从第三项开始的各项，均为前两项的和。

程序代码如下：

```
Private Sub Form_Click（）
  Dim F（20）As Integer， I As Integer
  F（1）= 1 ： F（2）= 1          ′ 第一、第二项为 1
  For I = 3 To 20                ′ 第三项起每项为前二项之和
      F（I）= F（I - 2）+ F（I - 1）
  Next I
  For I = 1 To 20                ′ 在窗体上输出
      Print F（I）;
      If I Mod 5 = 0 Then Print     ′ 每行输出 5 个数
  Next I
End Sub
```

程序运行结果如图 5-1 所示。

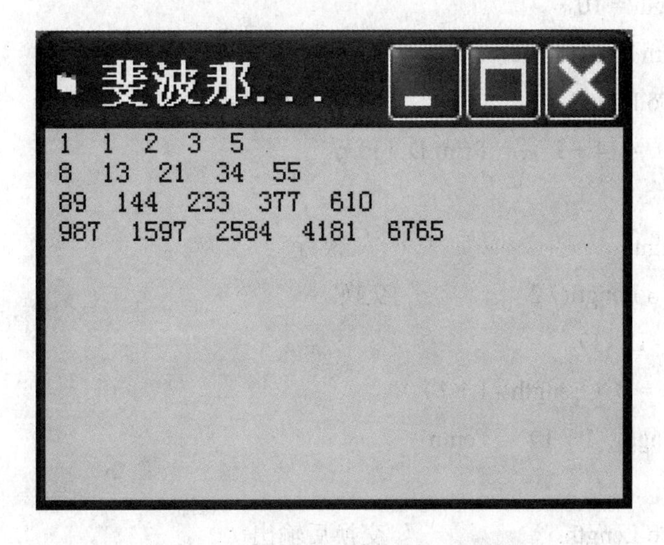

图 5-1 斐波那契级数的前 20 项

例 5-2 输入一组不重复的数据，找出最大值及其位置。

程序代码如下：

```
Private Sub Form_Click（）
    Const Length = 5                    ' 定义常量 Length 作为数组最大下标
    Dim Test%（Length），  I%，  Max%，  L%
    For I = 1 To Length                 ' 通过键盘输入给数组赋值
        Test（I）= InputBox（"输入第" & I & "个数据"）
    Next I
    Max = Test（1）  ：  L = 1          ' 设数组第一个元素为最大值
    For I = 2 To Length
        If Max ＜ Test（I）Then         ' 找到新的最大值，记录其值和位置
            Max = Test（I）
            L = I
        End If
    Next I
    MsgBox "最大值 x=" & Max & "，位置是" & L
End Sub
```

例 5-3 产生 10 个整数到数组中，将其顺序颠倒后输出。

程序代码如下：

```
Private Sub Form_Click（）
    Const Length = 10
Dim D（Length）As Integer，  I%，  Temp%
    For I = 1 To Length                 ' 给数组赋值并输出
        D（I）= 14 + I  ：  Print D（I）；
    Next I
    Print：  Print                       ' 换行
    For I = 1 To Length / 2             ' 交换
        Temp = D（I）
        D（I）= D（Length - I + 1）
        D（Length - I + 1）= Temp
    Next I
    For I = 1 To Length                 ' 交换后输出
        Print D（I）；
    Next I
End Sub
```

在这个程序中 D（1）与 D（10）交换，D（2）与 D（9）交换，……，D（I）与 D（10-I+1）。程序运行结果如图 5-2 所示。

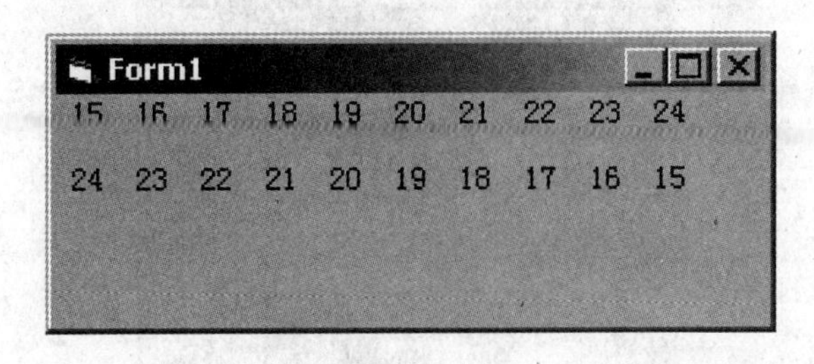

图 5-2 运行结果

例 5-4 产生 100 个不重复的 3 位随机整数，并按每行 7 列的格式输出。
程序代码如下：

```
Private Sub Form_Click（）
    Dim Data（100）As Integer， I%， J%
    Randomize Timer                ' 设置随机化种子，保证每组数据不重复
    For I = 1 To 100               ' 循环产生 100 个数据
        Data（I）= Int（Rnd（）* 900）+ 100
        For J = 1 To I – 1         ' 与已经产生的数据比较
            If Data（I）= Data（J）Then     ' 数据已存在则舍弃，重新产生
                I = I - 1
                Exit For           ' 提前退出数据比较的循环
            End If
        Next J
    Next I
I = 1 ： J = 1
    Do While I <= 100
        For J = 1 To 7             ' 每行打印 7 列
            If I > 100 Then Exit For
            Print Data（I）;
            I = I + 1
        Next J
        Print                      ' 打印换行
    Loop
End Sub
```

程序运行结果如图 5-3 所示。

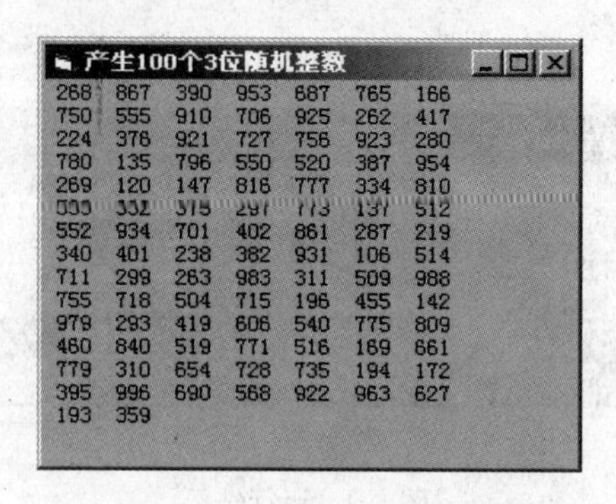

图 5-3　运行结果

例 5-5　统计学生成绩分布。

程序代码如下：

```
    Private Sub Form_Click（）
        Dim N（10）As Integer， I As Integer， X As Integer
        Const m = 10
        For I = 1 To m
            X = InputBox（＂请输入＂＋Str（I）＋ ＂个学生的成绩＂）
            X = Int（X / 10）  ′ 也可写成 X=X\10
            N（X）= N（X）+ 1
        Next I
        Print 100; ＂--＂; 100; N（10）
        For I = 9 To 0 Step -1
            Print 10 * I; ＂--＂; 10 * I + 9; N（I）
        Next I
End Sub
```

程序运行结果如图 5-4 所示。

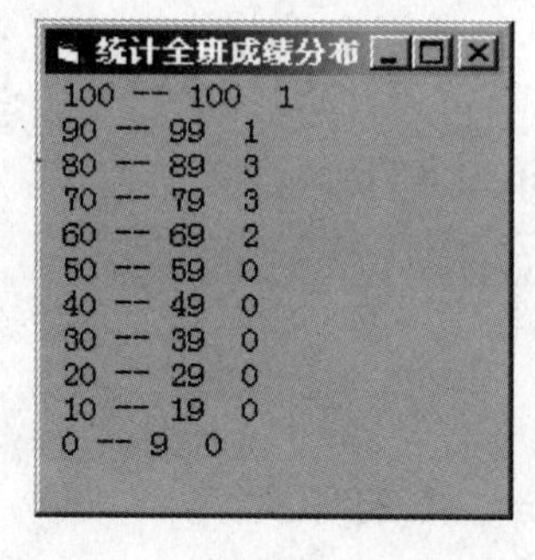

图 5-4　统计学生成绩分布

5.1.3　排序问题

简单地说，排序就是将一组杂乱无章的数据按一定的规律排列起来（递增或递减）。排序是计算机中经常遇到的操作。排序算法有很多种，如选择排序、交换排序、插入排序、分配排序和归并排序等。排序问题经常应用到数组，下面介绍两个典型的排序问题。

1．选择排序

以N个数据升序为例，选择排序的算法如下：

先假设第1个数据最小，依次同第2、第3、…、第N个数据进行比较，一旦第1个数据大于其他值则交换。这样，第1轮比较完毕，找出了最小数据作为第1个数据。

以第2个数据为最小数据，依次同第3、第4、…、第N个数据进行比较，若第2个数据大于其他值则交换。这样，第2轮交换完毕，则找出第二小的数据作为第2个数据。

依此类推，第N-1轮比较将找出第N-1小的数据，剩下的一个数据就是最大数，排列在最后。以6个数据为例：

原始序列：30，　20，　10，　90，　50，　60

第1轮比较结果：10 | 30，　20，　90，　50，　60

第2轮比较结果：10，　20 | 30，　90，　50，　60

第3轮比较结果：10，　20，　30 | 90，　50，　60

第4轮比较结果：10，　20，　30，　50 | 90，　60

第5轮比较结果：10，　20，　30，　50，　60 | 90

例5-6　用选择法完成10个随机数据的升序排序。

程序代码如下：

```
    Const N = 10 :     Dim D（N）As Integer，  I%，   J%，   T%
    Randomize Timer
    For I = 1 To N
        D（I）= Rnd * 100:   Print D（I）;  ' 排序前的数据序列
    Next I
    Print:   Print
    For I = 1 To N - 1      ' 挑出前N-1个小的数
        For J = I + 1 To N
            If D（I）> D（J）Then    ' 数据元素交换
                T = D（I）:  D（I）= D（J）:  D（J）= T
            End If
        Next J
    Next I
    For I = 1 To N          ' 输出排序结果
        Print D（I）;
    Next I
在程序中找最小数据作为第1个数据：
I = 1
For J = 2 To N          ' 这里2等价I+1
  If D（1）> D（J）Then
      T = D（1）:  D（1）= D（J）:  D（J）= T
  End If
Next J
```

程序运行结果如图5-5所示。

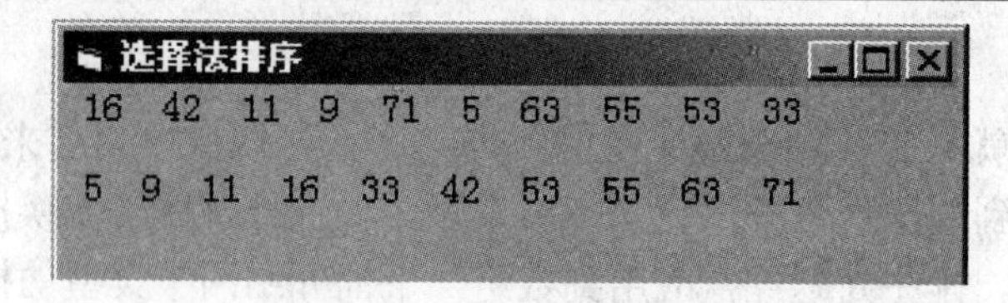

图 5-5　选择排序法运行结果

2．冒泡排序

冒泡法排序是典型的快速交换排序算法之一，以 N 个数据升序，算法过程如下：

第 1 轮比较：从第 1 个元素开始，两两相邻比较到 N-1，值大的放在后面。比较完毕，最大的数成为第 N 个元素（沉底）。

第 2 轮比较：从第 1 个元素开始，两两相邻比较到 N-2，值大的放在后面。比较完毕，最大的数成为第 N-1 个元素。

依此类推，直至最后一次比较。

例如：原序列为 30，　20，　10，　90，　50，　60

（1）第 1 轮比较

第 1 次比较结果：20，　30，　10，　90，　50，　60

第 2 次比较结果：20，　10，　30，　90，　50，　60

第 3 次比较结果：20，　10，　30，　90，　50，　60

第 4 次比较结果：20，　10，　30，　50，　90，　60

第 5 次比较结果：20，　10，　30，　50，　60，　90

（2）第 2 轮比较

第 1 次比较结果：10，　20，　30，　50，　60，　90

第 2 次比较结果：10，　20，　30，　50，　60，　90

第 3 次比较结果：10，　20，　30，　50，　60，　90

第 4 次比较结果：10，　20，　30，　50，　60，　90

例 5-7　用冒泡法完成 10 个随机数的升序排序。实现程序如下：

```
Const N = 10 ：    Dim D（N）As Integer， I%，  J%，  T%
Randomize Timer
For I = 1 To N
     D（I）= Rnd * 100： Print D（I）；
Next I
Print： Print
For I = N - 1 To 1 Step -1            ' 大数逐个 " 沉底 "
     For J = 1 To I
          If D（J）＞ D（J + 1）Then
             T = D（J）： D（J）= D（J + 1）： D（J + 1）= T
          End If
     Next J
 Next I
 For I = 1 To N                       ' 输出排序结果
      Print D（I）；
 Next I
```

在程序中最大的数成为第 N 个元素（沉底）：

```
I=  N - 1
For J = 1 To N-1    ' 这里 N-1 等价 I
  If D（J）＞ D（J + 1）Then
     T = D（J）：  D（J）= D（J + 1）：  D（J + 1）= T
  End If
Next J
```

程序运行结果如图 5-6 所示。

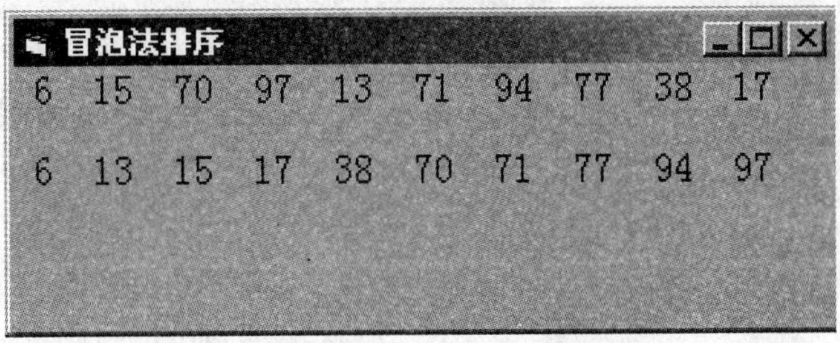

```
冒泡法排序
6  15  70  97  13  71  94  77  38  17

6  13  15  17  38  70  71  77  94  97
```

图 5-6　冒泡排序法程序运行结果

例 5-8　有学生数据如下，按学生年龄进行降排序。

姓名	年龄
李一明	20
王芳	22
马旋凯	24
范海航	34
刘益太	25
钟一番	19
王蒙	18

程序代码如下：

```
Private Sub Form_Click（）
     Dim S_Name（7）As String， S_Age（7）As Integer
     Dim I%， J%， N%
     N = 7
     S_Name（1）= "李一明"： S_Age（1）= 20
     S_Name（2）= "王芳"： S_Age（2）= 22
     S_Name（3）= "马旋凯"： S_Age（3）= 24
     S_Name（4）= "范海航"： S_Age（4）= 34
     S_Name（5）= "刘益太"： S_Age（5）= 25
     S_Name（6）= "钟一番"： S_Age（6）= 19
```

```
    S_Name（7）= "王蒙"：  S_Age（7）= 18
For I = 1 To N - 1                ' 用选择法排序
        For J = I + 1 To N
            If S_Age（I）＜ S_Age（J）Then
                S_Age（0）= S_Age（I）
                S_Age（I）= S_Age（J）
                S_Age（J）= S_Age（0）
                S_Name（0）= S_Name（I）
                S_Name（I）= S_Name（J）
                S_Name（J）= S_Name（0）
            End If
        Next J
    Next I
    For I = 1 To N
        Print LeftB（S_Name（I），  6）; S_Age（I）
    Next I
End Sub
```

在程序中注意，在交换年龄值的同时，也要交换姓名，以保持姓名和年龄下标的一致。程序中函数 LeftB（）表示按字节取出指定数量的字符。一个汉字占两个字节。程序运行结果如图 5-7 所示。

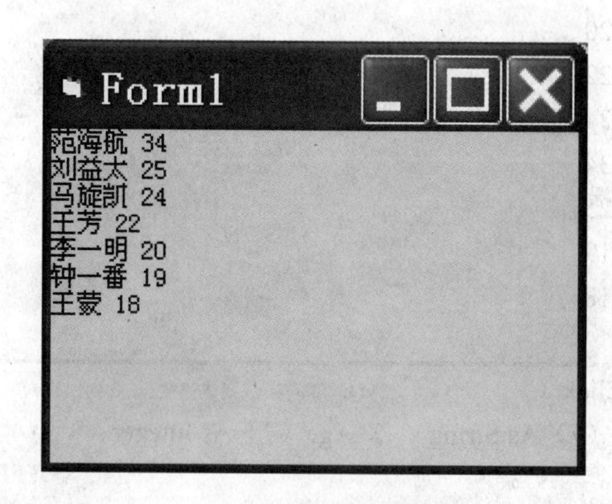

图 5-7　学生数据排序结果

5.1.4　动态数组的定义

1．动态数组

动态数组是指在定义数组时未给出数组的大小，即以变量作为下标值，当要使用时，再用 ReDim 语句重新定义数组的大小。

步骤为：首先使用 Dim 或 Public 声明括号内为空的数组，然后在过程中用 ReDim 语句指明该数组的大小。

动态数组定义格式为：

ReDim［Preserve 数组名（［下界1 To］上界1[下界2 To]上界2…）］

说明：

（1）上下界可以是常量，也可以是有了确定值的变量。

（2）可以直接用Redim语句定义数组，即不需要率先用Dim或Public来声明数组。

（3）在过程中可以多次使用ReDim来改变数组的大小，但不能用ReDim来改变数组的数据类型，关于数组的维数是否能修改要分情况而定，如果事先用Dim或Public声明了数组，则可以多次使用ReDim来改变数组的线数，否则不能多次使用ReDim来改变数组的维数。

（4）每次使用ReDim都会使原来数组中的值丢失，但若使用了Preserve参数，就可以保留数组中的数据。

（5）不需要动态数组时，可用Erase语句将其删除，Erase语句用于动态数组后，该动态数组将不复存在，若要引用该动态数组，必须用ReDim语句重新定义。

例5-9　统计输入的任意个数之和。

程序代码如下：

```
Dim N As Integer,    A（ ）As Single,    i As Integer,    s As Single
N = InputBox（"输入几个数？"）
ReDim A（1 To N）
For i = 1 To N
    A（i）= InputBox（"输入第" + Str（i）+ "个数"）
    Print "你输入的第" &I& "个数是：";a（i）
    s = s + A（i）
Next i
Print N; "个数之和为"; s
```

若在Input对话框中输入3，则程序运行结果如图5-8所示。

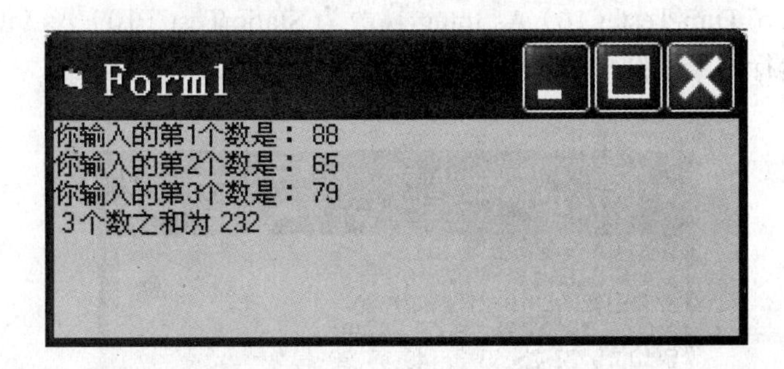

图5-8　动态数组

2．动态数组元素与静态数组元素

用Static声明的数组，其元素的值保留到程序运行结束，成为静态数组元素。而对于用Dim声明的数组，其数组元素的值是动态的，不能保留到程序运行结束后。

例 5-10 静态和动态数组元素的比较。

设计程序代码如下：

```
Private Sub Form_Click（）
Dim Test（10）As Integer
Dim I As Integer
For I = 1 To 10
        Test（I）= Test（I）+ I
    Next I
    For I = 1 To 10
        Print Test（I）;
    Next I
    Print
End Sub
```

连续单击窗体，程序运行结果如图 5-9 所示。

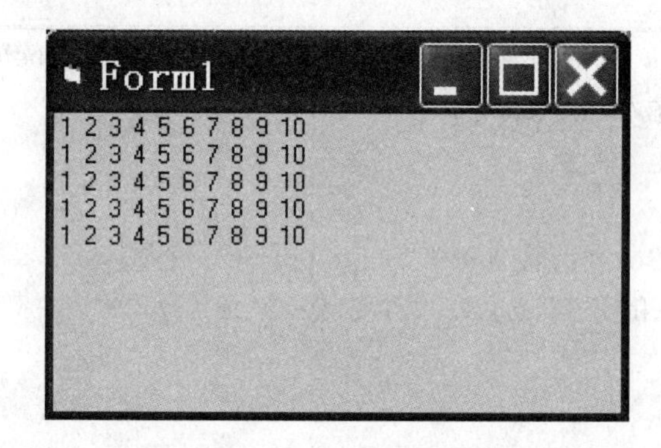

图 5-9 动态数组元素

如把程序中语句 Dim Test（10）As Integer 改为 Static Test（10）As Integer，那么，连续单击窗体，程序运行结果如图 5-10 所示。

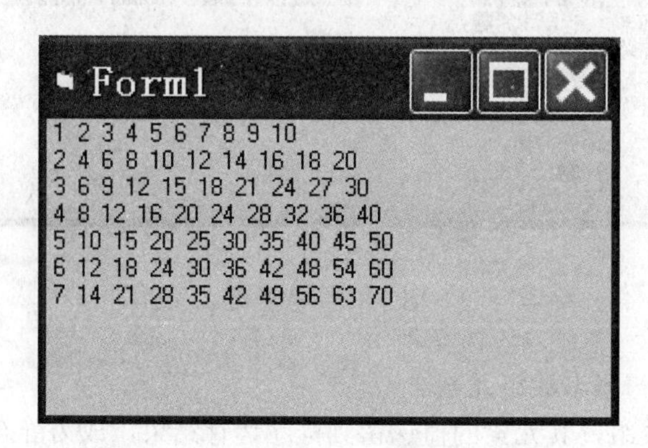

图 5-10 静态数组元素

5.1.5　多维数组的定义

定义格式：

Dim 数组名（［下界 1 To］上界 1［，［下界 2 To 上界 2］…］）[AS 类型]。

说明：

（1）上下界的个数决定了数组的维数，在 Visual Basic 中最多允许有 60 维数组，例如：

Dim Arr（3，-2 To 4）As Integer

该数组定义了一个二维数组，类型为整型，共有 4 行（0～3）、7 列（-2～4）。

（2）有两个与数组上下界有关的函数：LBound（返回数组某一维的下标的下界）和 UBound（返回数组某一维的下标的上界），语法格式为：

LBound（数组［，维］）

UBound（数组［，维］）

例如，对于 Dim Arr（3，-2 To 4），函数 LBound（Arr，1）的返回值为 0，而函数 UBound（Arr，2）的返回值为 4。

（3）Erase 语句可用来清除静态数组中的内容，如果这个数组是数值数组，则把整个数组中的所有元素设为 0；如果是字符串数组，则把所有元素设为空字符串；如果是变体数组，则每个元素被设置为空，其语法为：

Erase 数组名［，数组名］……

例 5-11　二维数组的使用。

程序代码如下：

```
Private Sub Form_Click（）
Dim a（2， 3）As Integer
For i = 0 To 2                ' 利用循环完成数组的赋值
For j = 0 To 3
a（i， j）= i + j
Next j
Next i

For i = 0 To 2                ' 利用循环完成数组的输出
For j = 0 To 3
Print a（i， j）；
Next j
Print
Next i
Print
Print

Erase a                       ' 清除静态数组中的内容
For i = 0 To 2                ' 利用循环完成数组的输出
```

```
For j = 0 To 3
Print a（i， j）;
Next j
Print
Next i
End Sub
```

程序运行结果如图 5-11 所示。

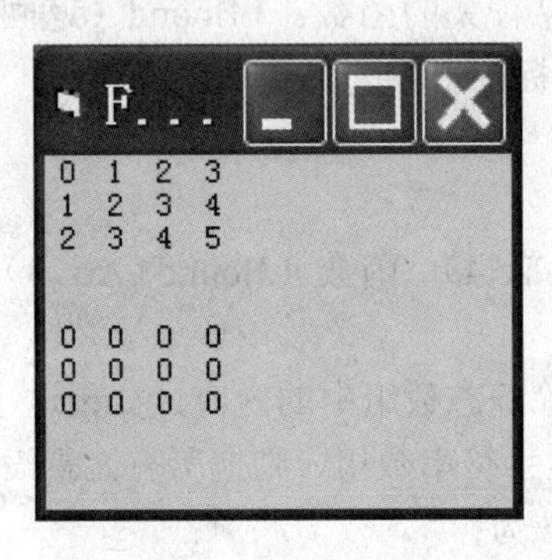

图 5-11　二维数组赋值

5.1.6　数组的基本操作

建立了一个数组之后，可以对该数组或其元素进行操作。数组的基本操作包括：初始化、输入、输出、赋值、复制等，针对这些基本操作，一般都需要将数组元素的下标和循环语句结合起来使用。此外，应注意的是，除利用 Array 函数可完成对数组的整体赋值外，其他针对数组的操作，都必须依次对每个数组元素进行，而不能指望对数组进行整体操作。例如，下面的最后一条输出语句就是错误的：

```
Dim a（2）
a（0）= 1
a（1）= 2
a（2）= 3
Print a                ' 此语句错误
```

正确的输出语句可以如下：

```
For i=0 To 2
Prin a（i）            ' 与循环语句结合，依次对每个元素进行操作
Next i
```

1. 数组元素的引用

在定义数组元素之后，即可对数组进行操作。数组的引用一般指对数组元素的引用。其方法是：在数组后面的括号中指定下标，例如，x（7），y（2，3），z%（3）等。但要注意区分数组定义和数组元素，例如，在下面的程序段中：

```
Dim x（8）
```

……

Temp=x（8）

这段程序中有两个 x（8）。其中，Dim 语句中的 x（8）不是数组元素，而是“数组说明符”，由它所建立的数组的最大可用下标为 8；而赋值语句“Temp=x（8）”中的 x（8）是一个数组元素，它代表数组 x 中序号为 8 的元素。

一般来说，在程序中，凡是变量出现的地方，都可以用数组元素代替。数组元素可以参加表达式的运算，也可以被赋值。

说明：

（1）在引用数组元素时，数组名、类型和维数必须与定义数组时一致。

（2）引用数组元素时，注意下标值要在定义的范围内。

（3）如果建立的是二维或多维数组，则在引用时必须给出两个或多个下标。

2．数组元素的输入

数组元素的输入是指给数组元素赋值。通常采用的方法是：

（1）将常数或表达式的值赋给数组元素，例如，name（1）=“张力”，name（2）=“王菲”等。

（2）将控件的属性值赋给数组元素（见控件数组 5.1.7 一节）。

用 For 语句及 InputBox 函数给数组元素赋值。值得注意的是：当用 InputBox 函数输入数组元素时，如果要使输入的数组元素是数值类型，则应显式定义数组的类型，或者把输入的元素转换为相应的数值，因为用 InputBox 函数输入的是字符串类型。

3．数组元素的输出

数组元素的输出是指将数组元素的值显示在窗体上，也可以显示在控件上。通常采用的方法是：

（1）用 MsgBox 函数或 MsgBox 语句输出元素的值。

（2）用赋值语句把数组元素的值显示在标签框、文本框中或显示在其他控件上。

（3）用 Print 方法把数组元素的值输出到窗体或图片框中。

4．Array 函数的使用

Array 函数用来给数组元素赋初值，它要求数组必须是一个变体变量名，而不能是具体的数据类型。

语法格式：数组变量名=Array（数组元素值）。

这里的“数组变量名”是预先定义的数组名，在“数组变量名”之后没有括号。之所以称为“数组变量”，是因为它作为数组使用，但作为变量定义，它既没有维数，也没有上下界。“数组元素值”是需要赋给数组各元素的值，各元素之间用逗号隔开。

说明：

（1）利用 Array 对数组各元素赋值。

（2）数组变量可以通过三种方式定义：显示定义为 Variant 变量（Dim a As Variant）、在定义时不指明类型（Dim a）、不定义而直接使用。

（3）值得注意的是：Array 函数只能对一维数组进行初始化，而不能对二维或多维数组进行初始化。

例 5-12　Array 函数的使用。

程序代码如下：

```
Option Base 1
Private Sub Form_Click（）
Dim Class_Num
Class_Num = Array（"Class_1"，"Class_2"，"Class_3"，"Class_4"）
Print Class_Num（1），Class_Num（2），Class_Num（3），Class_Num（4）
Class_Num = Array（1，2，3，4）
For i = 1 To UBound（Class_Num）
Print Class_Num（i），
Next i
End Sub
```

程序运行结果如图 5-12 所示。

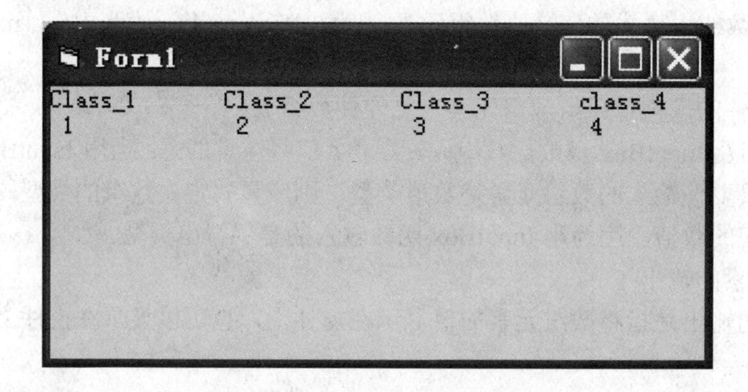

图 5-12　Array 函数的使用

5．For　Each…Next 语句

For Each…Next 语句是专门为数组设计的，其格式如下：

For Each 成员 In 数组

循环体

［Exit For］

……

Next[成员]

该语句的执行过程如下：

(1) 执行 For　Each 语句应首先计算数组元素的个数，数组元素的个数就是所执行循环体的次数。

（2）每次执行循环体之前应首先将数组的一个元素赋给成员，第一次赋给第一个数组元素，第二次赋给第二个数组元素，依此类推。

（3）然后执行循环体，执行后转（2）。

（4）若执行循环体时，遇到 Exit For 语句，则退出循环。

说明：

（1）“成员”是一个变体变量，它依次代表数组中的每个元素，其值处于不断变化中，开始执行时，指的是数组的第一个元素，一次循环结束后，指的是数组的第二个元素，依此类推，直到指向数组的最后一个元素的值，循环结束。

（2）“数组”是一个数组名，没有括号和上下界。

（3）值得注意的是：不能在 For Each...Next 语句中使用用户自定义类型数组，因为 Variant 不能包含用户自定义类型。

用 For Each...Next 语句可以对数组元素进行处理，包括查询、显示和读取。它所重复执行的次数由数组中元素的个数确定，也就是说，数组中有多少个元素，就自动执行多少次。

例 5-13　For Each 语句的使用。

程序代码如下：

```
Private Sub Form_Click（）
Dim Data（1 To 5）As Single
Data（1）= 10
Data（2）= 12
Data（3）= 13
Data（4）= 14
Data（5）= 15
For Each x In Data
Print x;
Next x
End Sub
```

程序将执行 5 次（因为数组 Data 有 5 个元素），每次输出数组的一个元素的值。运行结果如图 5-13 所示。

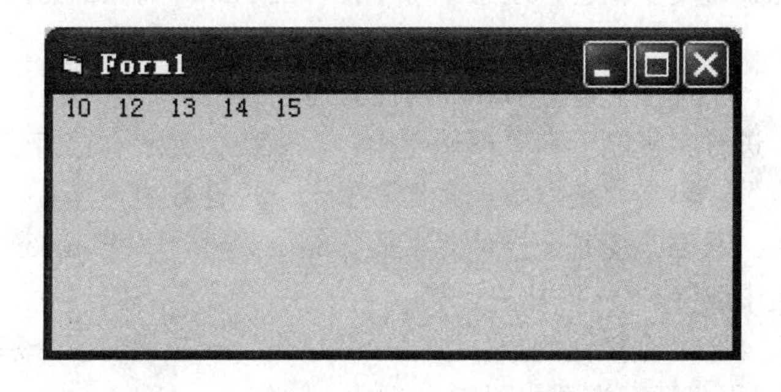

图 5-13　For Each 语句的使用

可以看出，在数组操作中，For Each...Next 语句比 For...Next 语句更方便，因为它不需要指明结束循环的条件。

5.1.7　控件数组

前面介绍了数值数组和字符串数组。在 Visual Basic 中，还可以使用控件数组，它为处理一组功能相近的控件提供了方便。

1．基本概念

控件数组由一组相同类型的控件组成。它们共同拥有一个控件名（即每个控件元素的 Name 属性相同），具有相同的属性，每个控件元素有系统分配的唯一的索引号，可通过属性窗口的 Index 属性知道该控件的下标。

控件数组适用于若干个控件执行的操作相似的场合，控件数组拥有同样的事件过程，例如，当单击命令按钮数组 Command1 中的任何一个命令按钮时，都会调用同一个事件过程。

为了区分控件数组中的各个元素，Visual Basic 会把下标值传送给过程。例如，单击上述命令按钮数组 Command1 中的任意一个命令按钮时，可以看到，在事件过程中加入了一个下标参数，如下：

```
Private Sub Command1_Click（Index As Integer）
……
End Sub
```

在建立控件数组时， Visual Basic 给每个元素赋一个下标值，通过属性窗口中的 Index 属性可以知道这个下标值是多少。例如，第一个命令按钮的下标值为 0，第二个命令按钮的下标在为 1，依此类推。在设计阶段，可改变控件数组元素的 Index 属性，但不能在运行时改变。这样，程序员就可以根据 Index 属性来获知用户按了哪个按钮，从而在相应的过程中进行相关编程。

2．建立控件数组

建立控件数组的方法按照建立的时段不同可分为以下两种：

（1）在设计阶段建立，它也包括以下两种方法：

方法一步骤：

①窗体上画出作为数组元素的各个控件。

②单击要作为数组元素的某个控件，在属性窗口中设置 Name 属性为控件数组名。

③对每个数组元素重复步骤②，注意，每个控件的 Name 属性都为控件数组名。

方法二步骤：

①在窗体上画出一个控件，设置 Name 属性为控件数组名。

②选中该控件，进行“复制”和“粘贴”操作，系统会提示“已有了命名的控件，是否要创建一个控件数组”，单击“是”后，就建立了一个控件数组。

控件数组建立后，只要改变某个控件元素的 Name 属性，并把 Index 属性置为空，就能把该控件从控件数组中删除。

例 5-14 建立有 4 个命令按钮的控件数组，当单击任一按钮时，分别计算从键盘输入数的 2、3、4、5 次方。程序运行界面如图 5-14 所示。

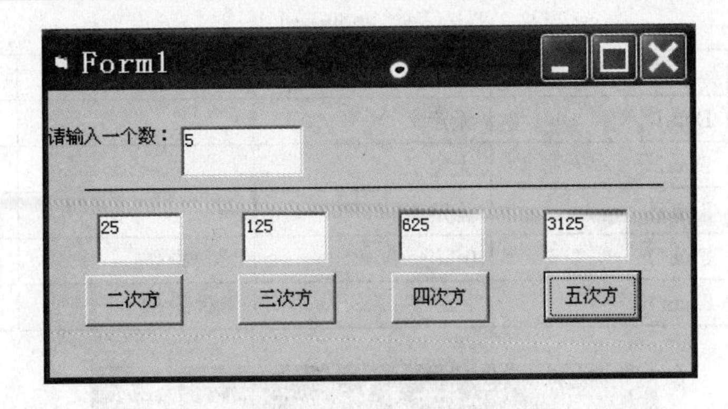

图 5-14　程序运行界面

分析：本题用到一个控件数组，属性设置如表 5-1 所示。

表 5-1　控件设置

控　件	名称（Name）	下标（Index）	标题（Caption）
命令按钮	Command1	0	二次方
命令按钮	Command1	1	三次方
命令按钮	Command1	2	四次方
命令按钮	Command1	3	五次方

程序代码如下：

```
Private Sub Command1_Click（Index As Integer）
num = Val（Text1.Text）
mul = 1
For i = 0 To Index + 1
mul = num * mul
Next i
Text2（Index）= mul
End Sub
```

（2）在运行阶段建立控件数组

步骤如下：

① 在窗体上画出某控件，设置该控件的 Index 属性为 0。

② 在编程时，通过 Load 方法来添加其余控件元素，也可通过 Unload 方法来删除某个控件元素。

例 5-15　设计一个活动的简易计算器：针对不同类型的操作数有着不同的操作界面，当操作数是数值类型时，能进行加、减、乘、除运算；当操作数是字符类型时，能进行字符连接、字符比较和字符查找功能。

分析：此题显然需要在运行阶段根据情况来动态地添加按钮控件。其中，主要的控件设置见表 5-2，设计阶段的界面见图 5-15，运行阶段的界面分别见图 5-16 和图 5-17。

表 5-2　控件设置

控　件	名称（Name）	下标（Index）	标题（Caption）	文本（Text）
文本框	Data1	无定义	/	空
文本框	Data2	无定义	/	空
标签	Result	无定义	空	/
命令按钮	CharOp	0	字符操作	/
命令按钮	CharOp	1	数值操作	/

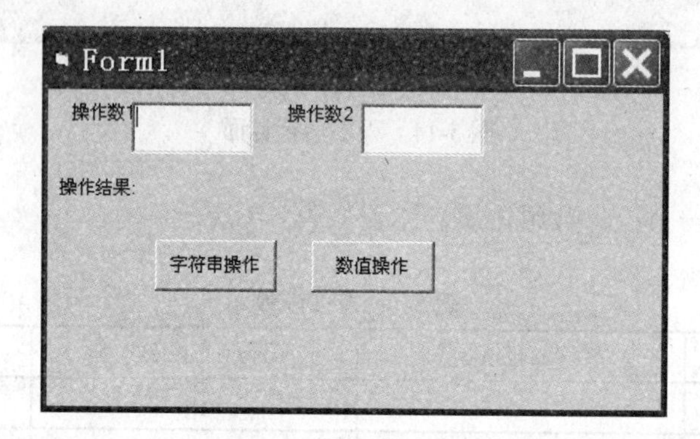

图 5-15　设计阶段界面

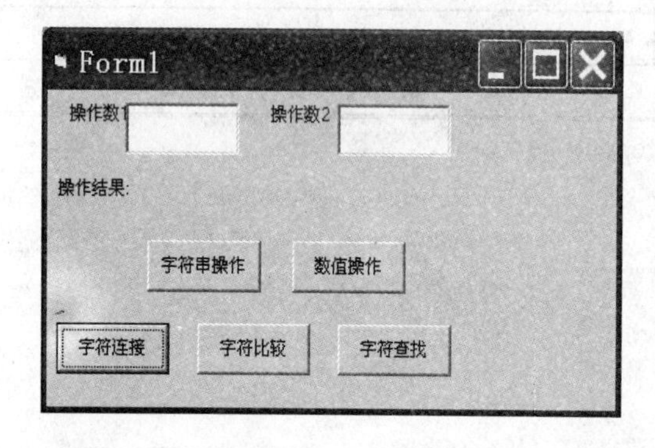

图 5-16　运行阶段界面

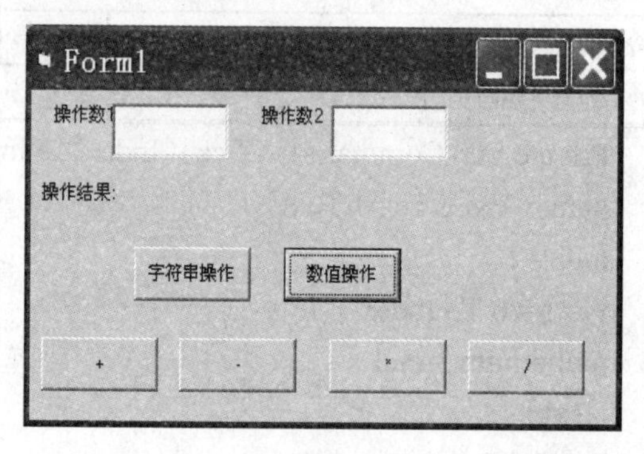

图 5-17　运行阶段界面二

程序代码如下：

```
Dim op As Integer
' 初始时全局变量。op=0，说明未装载任何控件，op=l 说明装载了字符操作的控件，
' op=2 说明是装载了数值操作的控件
Private Sub charOp_Click（Index As Integer）
If op = 2 Then           ' op 如果等于 2，则说明界面上已经装载了数值操作的四个按钮
For i = 1 To 4
numOp（i）.Visible = False
Next i
End If
```

```
op = 1                                    ' op 等于 1，说明界面上要装载字符操作的三个按
钮
char1 = Data1.Text
char2 = Data2.Text
Select Case Index
Case 0                                    ' 装载控件数组 char0P
t = Array（"字符连接"， "字符比较"， "字符查找"）
For i = 1 To 3
' Load charOp（i）
charOp（i）.Visible = True
charOp（i）.Caption = t（i - 1）
If i = 1 Then                             ' 设置装载的控件数组元素的位置
charOp（i）.Top = charOp（i - 1）.Top + charOp（i - 1）.Height + 300
charOp（i）.Left = 100
Else
charOp（i）.Top = charOp（i - 1）.Top
charOp（i）.Left = charOp（i - 1）.Left + charOp（i - 1）.Width + 300
End If
Next i
Case 1                                    ' 字符连接按钮被点选
Result.Caption = char1 + char2
Case 2                                    ' 字符比较按钮被点选
Select Case StrComp（char1， char2）
Case -1
Result.Caption = "操作数 1  小于  操作数 2"
Case 0
Result.Caption = "操作数 1  等于  操作数 2"
Case 1
Result.Caption = "操作数 1  大于  操作数 2"
End Select
Case 3                                    ' 字符查找按钮被点选
b = InStr（charl， char2）
If b = 0 Then
Result.Caption = "操作数 2 在操作数 1 中未找到"
Else
Result.Caption = "操作数 2 在操作数 1 的第" & b & " 个字符处"
End If
End Select
End Sub
```

```
Private Sub Form_Load（）
For i = 1 To 3
charOp（i）.Visible = False
Next i

 For i = 1 To 4
numOp（i）.Visible = False
Next i
End Sub

Private Sub numOp_click（Index As Integer）
If op = 1 Then
For i = 1 To 3
charOp（i）.Visible = False
Next i
End If
op = 2
num1 = Val（Data1.Text）：  num2 = Val（Data2.Text）
Select Case Index
Case 0
    t = Array（"+"，  "-"，  "*"，  "/"）
    For i = 1 To 4
            numOp（i）.Visible = True
            numOp（i）.Caption = t（i - 1）

    Next
Case 1
num = num1 + num2
Result.Caption = num1 & "+" & num2 & "=" & num

Case 2
num = num1 - num2
Result.Caption = num1 & "-" & num2 & "=" & num

Case 3
num = num1 * num2
Result.Caption = num1 & "*" & num2 & "=" & num

Case 4
If num2 = 0 Then
```

```
MsgBox （"除数不能为零! "）
Else
num = num1 / num2
Result.Caption = num1 & "/" & num2 & "=" & num
End If
End Select

End Sub
```

5.2 过程

Visual Basic 应用程序是由过程组成的。过程是一段程序代码，是相对独立的逻辑模块。

除事件过程和系统提供的内部函数过程外，还可以根据自己的需要定义供其他过程多次调用的过程，称之为“通用过程”。一个完整的 VB 应用程序由若干过程和模块组成。

5.2.1 Sub 过程

在 Visual Basic 中，通用过程分为两类，即子过程（Sub 过程）和函数过程（Function 过程）。Sub 过程和 Function 过程的相同之处在于都是完成某种特定功能的一段程序代码，不同之处在于 Function 过程有返回值。

一个过程的代码长度不要超过 64K。

1. Sub 过程定义

Sub 过程（子过程）：完成一定的操作和功能，无返回值，通过程序调用和事件触发而执行，分为事件过程和通用过程。

定义 Sub 过程的语法：

```
[Private|Public][Static]Sub 过程名（参数表）
    语 句
End Sub
```

说明：

（1）Private 表示模块级子过程，Public 表示全局级子过程（缺省值）。

（2）Static 表明过程中的所有变量都是“Static”型，即在每次调用过程结束后，局部变量的值依然保留。

（3）Public（缺省值）表示过程是公有过程，可以在程序的任何地方调用它。一般情况下，在标准模块中定义，但也可在窗体模块中定义。

（4）Privat 表示过程是私有过程，只能被本模块中的其他过程访问，而不能被其他模块中的过程访问，可以在窗体模块或标准模块中定义。

（5）过程名的命名规则与变量名的命名规则相同，不能与同一级别的变量重名。

（6）参数列表，也称为形参，指明在调用该过程时要传送给该过程的变量或数组，各参数之间用逗号隔开，具体语法格式为：

[ByVal 变量名[（）][As 类型][，ByVal 变量名[（）][As 类型]……]

ByVal 表明该参数是传值的，若省略，则是传址引用的。当参数是数组时，应省略数组的大小、维数，仅保留括号。

（7）过程不能嵌套定义，但可以嵌套调用。

（8）参数表可以是空表，也可以放置若干个变量（形式参数）。如：

Public Sub Sum（X As Integer，　Y As Integer，Z As Integer）

事件过程与对象有关，对象事件触发后被调用。事件过程的过程名由系统自动指定。建立对象的事件过程：首先进入代码窗口，通过双击对象或"视图→代码窗口"，选择"对象"和"事件过程"，系统自动形成该事件过程的头和尾编写该事件的程序代码即可。事件过程的建立如图 5-18 所示。

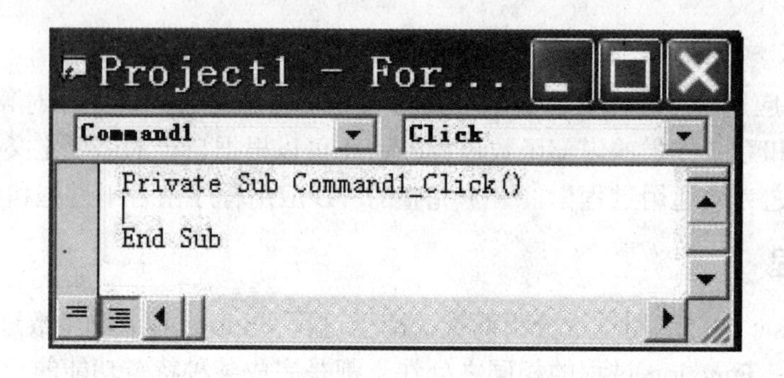

图 5-18　事件过程的建立

通用过程的建立有两种方法。一种是在模块的"通用"段中输入过程名，按回车后系统自动添加 End Sub。另一种方法是使用菜单"工具→添加过程"。如图 5-19 所示。

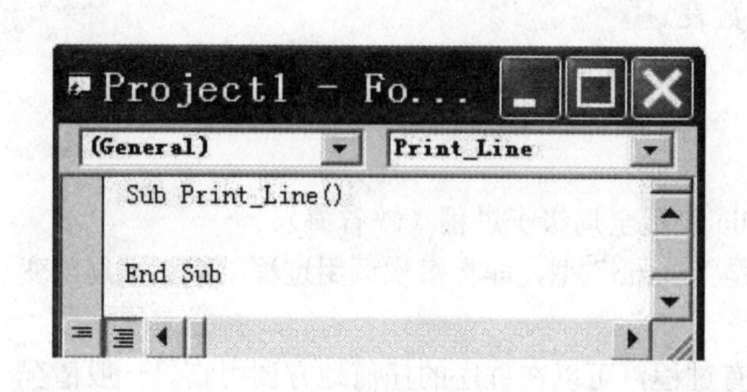

（1）直接键入通用过程

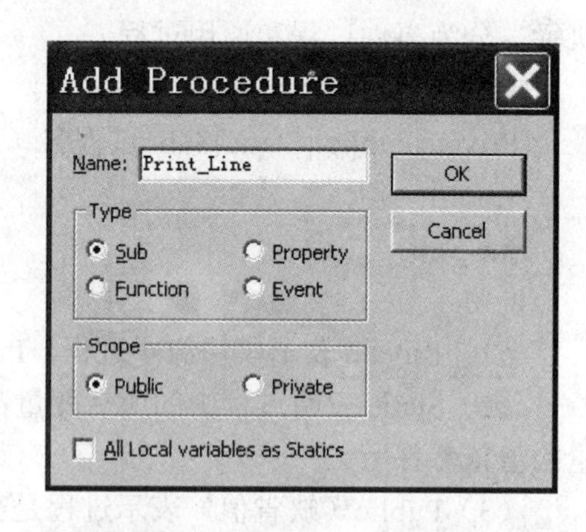

（2）使用工具菜单建立通用过程

图 5-19　通用过程的建立

2. Sub 过程的调用方法

通用过程的两种调用方式：

Call　过程名（参数表）

过程名 参数表

说明：

（1）“参数表”称为实参，它必须与形参在个数、类型、位置上一一对应。

（2）值得注意的是：调用 Sub 过程，是一个独立的语句，不能写在表达式中。

（3）在工程的任何地方都能调用其他模块中说明为 Public 的公用过程，称为外部调用。调用其他窗体的外部过程要同时指出窗体名和过程名，并给出实参。格式为：

Call 窗体名.过程名（实参表）或

窗体名.过程名实参表

事件过程的调用：一般由事件的触发而引起（单击、窗体加载等），也可以像通用 Sub 过程那样调用，如：

```
Private Sub Form_DblClick（）
    Call Command1_Click
End Sub
```

例 5-16 用随机函数生成表中数据，计算总分并输出。

表格横线用通用过程 Print_Line 绘出，在主程序中多次调用，程序设计如下：

```
Private Sub Print_Line（）
        Dim I As Integer
        Print Tab（10）;
        For I = 1 To 42
            Print "-";
        Next I
        Print
    End Sub

Private Sub Form_Click（）
Dim Math（5）As Integer， Phy（5）As Integer， Chem（5）As Integer    ′定义数组和变量
    Randomize
  For I = 1 To 5
    Math（I）= Int（Rnd * 51）+ 50                ′用随机函数生成表中数据
    Phy（I）= Int（Rnd * 51）+ 50
    Chem（I）= Int（Rnd * 51）+ 50
    Math（0）= Math（0）+ Math（I）               ′计算总分
    Phy（0）= Phy（0）+ Phy（I）
    Chem（0）= Chem（0）+ Chem（I）

  Next I
  Print_Line                                 ′调用画线过程
  Print Tab（10）; "数学"; Tab（20）; "物理"; Tab（30）; "化学"
  Print_Line                                 ′调用画线过程
```

```
    For I = 1 To 5
      Print Tab（10）; Math（I）; Tab（20）; Phy（I）; Tab（30）; Chem（I）
    Next I
  Print_Line                                  ' 调用画线过程
    Print Tab（10）; Math（0）; Tab（20）; Phy（0）; Tab（30）; Chem（0）
    Print_Line
End Sub
```

如果将上述程序中的 Print_Line 过程改写如下：

```
Private Sub Print_Line（n As Integer）
            Dim I As Integer
            Print Tab（10）;
            For I = 1 To n
                    Print "-";
            Next I
            Print
End Sub
```

调用语句改为：

Print_Line 实参　　或　Call Print_Line（实参）

例如，Print_Line 30　或　　Call Print_Line（30）

例 5-17　用不同的方式分别调用带有形式参数的求和通用过程 Add 和求差通用过程 Subst。

程序代码如下：

```
Private Sub Command1_Click（）
    Dim X%， Y%
    X = InputBox（"请输入数据"）
    Y = InputBox（"请输入数据"）
    Call Add（X， Y）                          ' 调用求和通用过程
    Subst X， Y                               ' 调用求差通用过程
End Sub

Sub Add（A， B）
    Dim C%
    C = A + B： Print C
End Sub
Sub Subst（A， B）
    Dim C%
    C = A - B： Print C
End Sub
```

5.2.2 Function 过程

Function 过程（函数过程）：相当于用户自定义的函数，通过程序调用才能被执行，并且可将数据处理的结果返回。

1．Function 过程的定义

Function 过程的定义格式：

```
[Private|Public][Static]Function 函数过程名（参数表）[ As 类型]
        语句
End Function
```

说明：

（1）Private、Public、Static 及参数的含义同 Sub 子过程。

（2）Function 过程若省略“As 类型”，则返回的值的类型为变体类型；若省略“函数过程名=表达式”，则该过程返回一个默认值，即数值函数过程返回 0，字符函数过程返回空字符串。

Function 过程的建立与 Sub 过程的建立相似。

2．Function 过程的调用方法

Function 过程的调用可以像使用 Visual Basic 内部函数一样来调用，被调用的函数作为表达式或表达式的一部分，配以其他语法成分构成语句。通常有三种调用方法：

（1）用 Call 语句。

（2）将 Function 返回值赋给一个变量，如：变量名=Function 过程名[（参数列表）]。

（3）将 Function 过程的返回值用在表达式中。

其中，有关参数列表的说明与 Sub 过程相似。

例 5-18 计算 e=1+1/1!+1/2!+1/3!+…+1/10!

先定义一个求阶乘函数过程 Factorial，然后在 Command1_Click（）事件过程中循环调用该过程。

程序代码如下：

```
Private Sub Command1_Click（）
    Dim I As Integer
    Dim e As Single， F As Long
     For I = 0 To 10
         F = Factorial（I）                        ' 计算 I!
         e = e + 1 / F
     Next I
     Print " e= " ; e
End Sub

Function Factorial（X As Integer）As Long
    Dim I As Integer， T As Long
    T = 1
```

```
    For I = 1 To X                                    ' 计算 X!
        T = T * I
    Next I
    Factorial = T
End Function
```

5.3 参数传递

在调用一个过程时，必须把实际参数传送给过程，完成形式参数与实际参数的结合，然后用实际参数执行调用的过程。通常我们把形式参数称为形参，把实际参数称为实参。

形参是在 Sub、Function 过程的定义中出现的变量名，实参则是在调用 Sub 或 Function 过程时传送给 Sub 或 Function 过程的常数、变量、表达式或数组。

5.3.1 按值传递与按地址传递

在调用 Sub 过程和 Function 过程时，参数的传递有两种方式：按值传递、按地址传递，定义过程时，缺省的参数传递方式是按地址传递。

1．按值传递

主调过程的实参与被调过程的形参各有自己的存储单元，调用时主调过程的实参值复制给被调过程的形参，定义被调过程时，各形参前加 ByVal。

按值传递的参数结合过程：将实参的值复制给形参。在被调用过程中对形参的任何改变都不会影响实参，因此是“单向传递”。

2．按地址传递

主调过程的实参与被调过程的形参共享同一存储单元，形式参数与实际参数是同一个变量，定义被调过程时，各形参前加 ByRef。

按地址传递的参数结合过程：将实参的地址传递给形参，即形参和实参共用一段内存单元。如果在被调用过程中形参发生了变化，则会影响到实参，即实参的值会随形参的改变而改变，就像是形参把值“回传”给了实参，因此是“双向传递”。

不同数据类型的参数有着不同的传递方式：当参数是字符串时，为了提高效率，最好采用传地址的方式；另外，数组、用户自定义类型和对象都必须采用传地址的方式；其他数据类型的数据可以采用两种方式传送，但为了提高程序的可靠性和便于调试，一般都采用传值的方式，除非希望从被调用过程改变实参的值。

注意：如果是采用传地址的方式，实参不能是表达式、常数。

例 5-19 下面有两个实现两个数交换的过程，其中哪个过程能实现两个数的交换？说明理由。

程序代码如下：

```
Sub Command1_Click（）
    Dim a%,  b%
    a = 100 ：  b = 900
    Print  " a= " ; a,    " b= " ; b
```

```
    Print
    Call  Exchange1（a， b）
    Print  " a= " ; a，   " b= " ; b
    Print
    Call Exchange2（a， b）
    Print  " a= " ; a，   " b= " ;b
End Sub

Sub Exchange1（ByVal x%，  ByVal y%）
   T = x：  x = y：  y = T
   Print  " x= " ; x，    " y= " ; y
End Sub

Sub Exchange2（ByRef x%，  ByRef y%）
   T = x：  x = y：  y = T
   Print  " x= " ; x，    " y= " ; y
End Sub
```

分析：Exchange2 完成了两数的交换，而 Exchange1 没有完成两数的交换。调用 Exchange2 时，将实参 a、b 的地址分别传送给了形参 x、y，这样 a 和 x 共用一段地址空间，b 和 y 共用一段地址空间，形参 x 的值和 y 的值发生了对调，自然也就影响到了实参 a 和 b，完成了两数的交换；调用 Exchange1 时，将实参 a、b 的值分别复制给了形参 x、y，实参和形参断开了联系，虽然形参 x 的值和 y 的值发生了对调，但当程序调用结束时，形参 x、y 所占用的内存单元也同时被释放，不会影响到实参 a 和 b。

例 5-20　编写一过程，求两数的和与积。

分析：Function 过程能通过过程名返回一个值，Sub 过程不能通过过程名返回值，但过程可以通过参数返回值，并且可以是多个，当然这些参数必须要采用传地址的方式。

程序代码如下：

```
Private Sub Form_Click（）
Dim a As Integer，  b As Integer，  Sum As Integer，  Mul As Integer
a = 9：  b = 8
calc a，  b，  Sum，  Mul
Print a &  " + "  & b &  " = "  & Sum
Print a &  " * "  & b &  " = "  & Mul
End Sub
Private Sub calc（ByVal x As Integer，  ByVal y As Integer，  m As Integer，  n As Integer）
m = x + y：  n = x * y
End Sub
```

5.3.2 数组参数的传送

如前所述，当参数是数组时，参数传送的方式是传地址的方式，且实参和形参中都只书写数组名和一对圆括号。在实参和形参中无须说明数组的维数，数组的上界和下界可用 Lbound（）和 Ubound（）函数测出。

例 5.21 将一个数值型一维数组按升序排序输出，排序在通用过程 Sort 中进行，采用选择法排序。

程序代码如下：

```
Private Sub Command1_Click（）
    Dim Data（5 To 14）As Integer    ' 定义 5-14 为有效的下标范围
    Dim I%
    For I = 5 To 14                  ' 数组赋值
        Data（I）= 30 - I
    Next I
    Print " 排序前： "
    For I = 5 To 14
        Print Data（I）;
    Next I
    Print ： Print " 排序后： "
    Call Sort（Data（））
    For I = 5 To 14
        Print Data（I）;
    Next I
End Sub

Private Sub Sort（Element（）As Integer）
    Dim I%， J%， T%
    For I = LBound（Element）To UBound（Element）
        For J = I + 1 To UBound（Element）
            If Element（I）> Element（J）Then
                T = Element（I）
                Element（I）= Element（J）
                Element（J）= T
            End If
        Next J
    Next I
End Sub
```

5.3.3 可选参数与可变参数

Visual Basic 中提供了比较灵活的参数传送方式，允许使用可选参数和可变参数。在调用一个过程时，可以向过程传送可选的参数或者任意数量的参数。

1．指明传送

在调用过程时，实参的次序必须和形参的次序一致，这是通常采用的一种传送方式，称为按位置传送。指明传送指的是显式地指出与形参结合的实参，把形参用“：=”与实参连接起来，这种方式传送参数不受位置次序的限制。例如，定义了如下的 Sub 过程：

程序代码如下：

```
Private Sub printstar（m As Integer，n As Integer，s As String）
For i=1 To m
For j=1 To n
Print s
Next j
Print
Next i
End Sub
```

用指明参数传送的方式，则下面的 3 个调用语句是等价的：

PrintStar m：=3，n：=2，s：="*"

PrintStar m：=3，s：="*"，n：=2

PrintStar s：="*"， m：=3，s：="*"，n：=2

2．可选参数

在调用过程时，实参的个数必须和形参的个数一致，在 Visual Basic 中可以指定一个或多个形参作为可选参数，这样在调用该过程时，实参的个数也就可以根据情况变化了。

例 5-22 定义了如下的 Function 过程，该过程可以求两个数或三个数的最大值：

程序代码如下：

```
Private Function maxi（first As Integer， second As Integer， Optional third）
If first＞second Then
Max1=first
Else
Max1= second
End If
If Not IsMissing（third）Then
If max1＜ Third Then
Max1=Third
End If
End Function
```

用下面的事件过程调用：

```
Private Sub Form_Click（）
Print max1（2，-3）              ' 求两个数的最大值
Print max1（1，4，3）            ' 求三个数的最大值
End Sub
```

以上函数的形式参数中，Optional third 说明 third 是可选参数，函数过程中，If Not Is Missing（third）Then 检测实际参数是否有 third，若有则执行 If 块。

说明：

（1）可选参数可以有一个或多个，在参数前使用 Optional 关键字说明，可选参数必须放在参数表的最后，且必须是 Variant 类型。

（2）通过 IsMissing 函数测试是否向可选参数传送了实参值，如果未传送参数，则该函数的返回值为 True，否则为 False。

3．可变参数

若形式参数定义成可变参数，则允许形式参数有任意个。

含可变参数的过程定义的语法格式如下：

Sub 过程名（ParamArray 数组名）

说明：

（1）这里的数组名是形式参数，只有名字和括号，没有上下界，而且必须是变体类型的数组。

（2）形式参数中可变参数必须用 ParamArray 关键字定义。

例 5-23　定义的一个过程可以求任意多个数的最大值。

程序代码如下：

```
Private Function max2（ParamArray num（））
max2 = e - 308                    ' max2 初值为一很小的数
For Each x In num
If max2 ＜ x Then
max2 = x
End If
Next
End Function
   ' 用下面的事件过程调用可以求任意多个数的最大值：
Private Sub Form_Click（）
Print max2（2， -3）                        ' 求两个数的最大值
Print max2（1， 4， 3）                      ' 求三个数的最大值
Print max2（1， 4， 3， 9， -2）             ' 求五个数的最大值
End Sub
```

5.3.4　对象参数

过程的参数除了可以是基本数据类型的变量或数组外，在 Visual Basic 中还可以用对象

（即窗体或控件）作为过程的参数，用对象作为参数与用其他数据类型的变量作为参数没有什么区别，只是形参的类型通常为 Control 或 Form。

值得注意的是：对象参数传递的过程中，实参和形参的结合方式必须是传地址的方式。因此在定义过程时，不能在其参数前加关键字 ByVal。

1．窗体参数

可通过下面的例子来理解窗体参数的使用。

例 5-24　在工程中建立三个窗体 Form1、Form2、Form3，其中，Form1 是启动窗体，三个窗体拥有相同的外观。

分析：按照常规方法，设计者需要依次设置三个窗体的外观，这样会有很多冗余的代码。现在可以编写一过程（以窗体对象作为参数）来统一设置窗体的外观。

程序如下：

（1）Form1 中的程序代码

程序代码如下：

```
Private Sub formSet（formTest As Form）          ' 以窗体对象作为参数
formTest.Left=3000
formTest.Top=3000
formTest.Width=5000
formTest.Height=5000
formTest.BackColor=&HC0C0C0
formTest.Caption= " Welcome! "
End Sub

Private Sub Form_Load（）
formSet Form1
formSet Form2
formSet Form3
End Sub
Private Sub Form_Click（）
Form1.Hide                ' 隐藏 Form1
Form2.Show                ' 显示 Form2
End Sub
```

（2）Form2 中的程序代码

```
Private Sub Form_Click（）
Form2.Hide
Form3．Show
End Sub
```

（3）Form3 中的程序代码

```
Private Sub Form_Click（）
Form3．Hide
Form1.Show
End Sub
```

2．控件参数

和窗体参数一样，控件也可以作为通用过程的参数，即在一个通用过程中设置相同性质控件所需要的属性，然后用不同的控件调用此过程。

当一些具有相似性质的控件有着相同或相近的属性设置时，设计者可以考虑用一个以控件为参数的通用过程来实现。

例 5-25 在窗体上画一个图片框和一个图像框，以及一个命令按钮，单击命令按钮时，变换图片框和图像框中的图片。如图 5-20 所示。

（1）程序运行初始界面

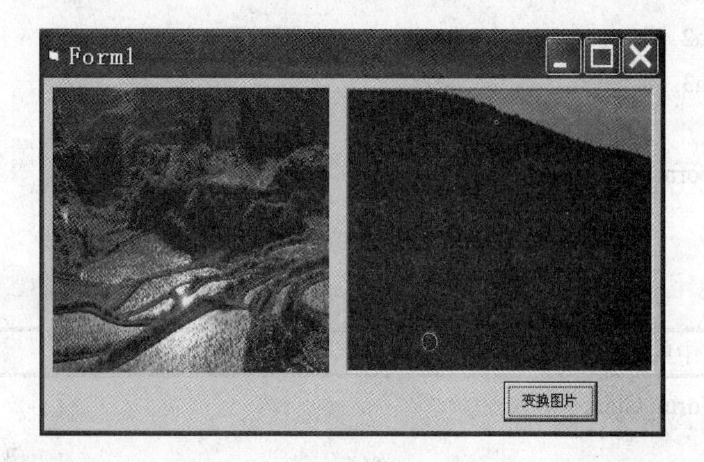

（2）单击“变换图片”按钮界面

图 5-20 控件参数的使用

分析：图片框和图像框中的图片都发生了变化，因此应该考虑编写一通用过程来完成这种变化，且该通用过程的参数为控件。此外，图片框和图像框中的图片发生了不同的变化，因此在更改图片之前，使用 TypeOf 语句来判断该控件的类型，根据不同的控件类型，应用不同的图片。TypeOf 语句的格式为：TypeOf 控件名称 IS 控件类型。如果某控件属于相应控件类型，则值为“True”，否则为“False”。

控件类型是代表各种不同控件的关键字，这些关键字是：CheckBox（复选框），Frame（框架），ComboBox（组合框），HScrollBar（水平滚动条），CommandButton（命令按钮），Label（标签），ListBox（列表框），DirListBox（目录列表框），DriveListBox（驱动器列表框），Menu（菜单），FileListBox（文件列表框），OptionButton（单选按钮），PictureBox（图片框），Image（图像框），TextBox（文本框），Timer（计时器），VScrollBar（垂直滚动条）等。

程序代码如下：

```
Private Sub Command1_Click（）
Change Image1
Change Picture1
End Sub
Private Sub Change（cntrl_para As Control）
If TypeOf cntrl_para Is Image Then
Image1.Picture = LoadPicture（ " h：\maps\tian.jpg " ）
End If
If TypeOf cntrl_para Is Picture Then
Picture1.Picture = LoadPicture（ " h：\maps\tian.jpg " ）
End If
End Sub
```

5.4 过程作用域

变量的作用域指定义的变量能有效发挥其作用的范围。变量按其作用域可分为局部变量（过程级）、模块变量（模块级）和全局变量（全局级），对过程而言，也有模块级过程和全局级过程之分。

1．模块级过程

在一个窗体模块中以 Private 定义的过程为模块级过程，可为模块内的各个过程引用。

2．全局级过程

在一个窗体模块中以 Public 定义的过程为全局级过程，其他窗体可通过“窗体模块名.过程名”引用；在标准模块中定义的全局过程可直接通过过程名引用。

例 5-25 在标准模块中建立可将窗口居中安放的全局级过程，窗体启动时即调用该过程。

（1）“工程→添加模块”，添加标准模块。

（2）在标准模块代码窗口建立全局过程 CenterOnSetupForm。

程序代码如下：

```
Sub CenterOnSetupForm（Child As Form）
Dim dh As Integer
Dim dw As Integer
dh = Screen.Height - ChilD．Height
dw = Screen.Width   ChilD．Width
ChilD．Top = dh / 2
ChilD．Left = dw / 2
End Sub
```

（3）编写 Form1 窗体的 Load 事件响应代码：一启动即调用过程 CenterOnSetupForm。

```
Private Sub Form_Load（）
CenterOnSetupForm Me
End Sub
```

5.5 Shell 函数

在编写程序过程中，有时需要调用各种应用程序，一般来说，凡是能在 Windows 下运行的应用程序，都可以在 Visual Basic 中调用，这一功能的实现需要借助于 Shell 函数。

Shell 函数语法格式如下：

Shell（路径名[，窗口方式]）

其中，“路径名”是要执行的应用程序的文件名（包括完整的路径），当然它必须得是可执行文件，其扩展名为.COM、.EXE、.BAT 或.PIF，其他文件不能用 Shell 函数来实现。“窗口类型”是执行应用程序时的窗口的大小，有 6 种选择，如表 5-3 所示。

表 5-3　窗口类型

常　量	值	窗口类型
vbHide	0	窗口被隐藏，焦点移到隐藏窗口
vbNormalFocus	1	窗口具有焦点，并还原到原来的大小和位置
vbMinimizeFocus	2	窗口会以一个具有焦点的图标来显示
vbMaximizedFocus	3	窗口是一个具有焦点的最大化图标
vbNormalNoFocus	4	窗口被还原到最近使用过的大小和位置，当前活动窗口仍然保持活动
vbMinimizedNoFocus	5	窗口以一个图标来显示，当前活动窗口仍然保持活动

Shell 函数调用某个应用程序并成功执行后，返回一个任务标识（Task ID），它是执行程序的唯一标识。例如：

X=Shell（＂c：\winword\winworD．exe＂，3）

该语句调用“Word for Windows”，并把 ID 返回给 x。值得注意的是：在具体输入程序时，不能省略。上面的语句如果写成：

Shell（＂c：\winword\winworD．exe＂，1），则是非法的，因为）须要在前面加上＂x=＂

（可以用其他变量名）。

例 5-26 使用 shell 函数完成应用程序的调用。

程序设计界面如图 5-21 所示。

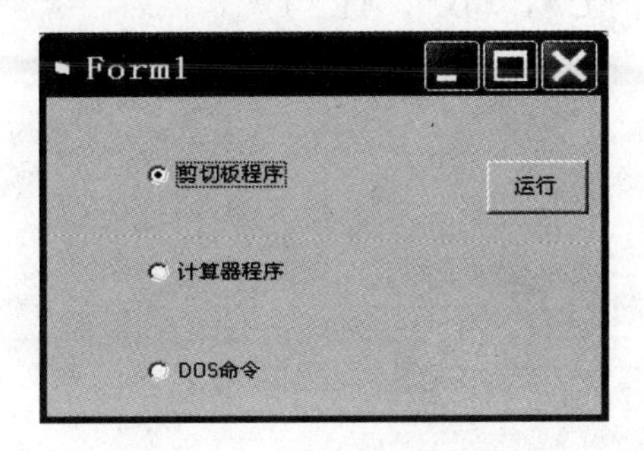

图 5-21 Shell 函数的应用

程序代码如下：

```
Private Sub Commandl_Click（）
If Optionl.Value = True Then
X = Shell（ " c：\windows\system32\clipbrD． exe " ，1）
End If
If Option2.Value = True Then
y = Shell（ " c：\ windows\system32\calC． exe " ， 1）
End If
If Option3． Value = True Then
Z = Shell（ " c：\ windows\system32\cmD． exe " ， 1）
End If
End Sub
```

练习题

一、选择题

1．Dim a（1 To 6，-2 To 4）语句定义的数组的元素个数是（　　）。

A．30　　B．42　　C．36　　D．35

2．下面关于数组的说法，正确的是（　　）。

A．数组中的每个元素的类型必须相同

B．在定义数组时，数组元素的个数必须明确

C．在使用数组元素之前，数组元素的个数必须已经确定

D．默认情况下，数组的下标是从 1 开始的

3．有如下程序段：

Option Base 1

```
Private Sub Form_Click（ ）
Dim a（）
ReDim a（3）
B=Array（"A"，"B"，"C"，"D"，"E"）
For i=1 to 3
a（i）=b（i）
Next i
ReDim Preserve a（6）
For i= 4 To 6
a（i）= b（i\2）
Next i
For i=1 To 6
Print a（i）
Next
End Sub
```

程序运行后，单击表单，输出结果是（ ）。

A. B B C　　B. A B C B C C　　C. B C C　　D. A B C B B C

4．设有如下程序：

```
Option Base 1
Private Sub Form_Click（）
Dim a（4，4）As Integer
For i=1 To 4
For j=1 To i
a（i，j）=i*j
Next j
Next i
Print a（1，1）；a（1，4）；a（4，1）； a（4，4）
End Sub
```

程序运行结果为（ ）。

A. 1 O 4 16　　B. 1 4 4 16　　C. 0 4 4 16　　D. 1 4 16

5．设有如下程序：

```
Private Sub Form_Click（ ）
Dim n（）As Integer
a=InputBox（"请输入数组下标的下限"）
b=InputBox（"请输入数组下标的上限"）
ReDim n（a To b）
For k= a To b
n（k）= k+ 1
Print n（k）；
```

```
Next
End Sub
```

在两个输入对话框中分别输入（　　），输出的结果为 10 11 12。

A．10 11　　B．11 12　　C．9　11　　D．10　12

6．下列关于过程的说法正确的是（　　）。

A．过程可以嵌套定义，也可以嵌套调用

B．过程既不可嵌套定义，也不可以嵌套调用

C．整数类型的参数既可以采用传地址方式，也可以采用传值的方式

D．控件类型的参数既可以采用传地址方式，也可以采用传值的方式

7．设有如下程序：

```
Option Base 1
Private Sub Commandl_CliCk（）
Dim a（10）As Integer
Dim n As Integer
n=InputBox（" 输入数据 "）
If n<10 Then
Call GetArray（a，n）
End If
End Sub
Private Sub GetArray（b（）As Integer，n As Integer）
Dim c（10）As Integer
J=0
For i=1 To n
b（i）=CInt（Rnd（）*100）
If b（i）/2=b（i）\2 Then
j=j+1
c（j）=b（i）
End If
Next
Print j
End Sub
```

以下叙述中错误的是（　　）。

A．数组 b 中的偶数被保存在数组 c 中

B．程序运行结束后，在窗体上显示的是 c 数组中元素的个数

C．GetArray 过程的参数 n 是按值传送的

D．如果输入的数据大于 10，则窗体上不显示任何显示

8．在窗体上画一个名称为 Command1 的命令按钮，并编写如下程序：

```
Private Sub Command1_Click（）
Dim x As Integer
```

```
Static y As Integer
X= 10
Y= 5
Call f1（x，y）
Print x，y
End Sub
Private Sub f1（ByRef x1 As Integer，y1 As Integer）
x1= X1＋2
y1＝y1＋2
End Sub
```

程序运行后，单击命令按钮，在窗体上显示的内容是（　　）。

A．10 5　　B．12 5　　C．10 7　　D．12 7

9．在窗体上画一个名称为 Command1 的命令按钮，然后编写如下通用过程和命令按钮的事件过程：

```
Private Function f（m As Integer）
If m Mod 2= 0 Then
F=n
Else
F=1
End If
End Function
Private Sub Command1_Click（）
Dim I As Integer
S=0
For i=1 To 5
S=S+f（i）
Next
Print s
End Sub
```

程序运行后，单击命令按钮，在窗体上显示的是（　　）。

A．11　　B．10　　C．9　　D．8

10．设一个工程由两个窗体组成，其名称分别为 Form1 和 Form2，在 Form1 上有一个名称为 Command1 的命令按钮。窗体 Form1 的程序代码如下：

```
Option Base 1
Private Sub Command1_Click（）
Dim a As Integer
A=10
Call g（Form1，Form2，a）
End Sub
Private Sub g（f1 As Form， f2 As Form， x As Integer）
```

```
Dim a
y=IIf（X ＞ 10，4，5）
ReDim a（y）
For i=1 To UBound（a）
a（i）=10*i
Next i
F1.Hide
F2.Show
F2.BackColor=RGB（a（1），a（2），a（3））
If UBound（a）= 5 Then
F2.CaPtion=a（4）＋ a（5）
Else
F2.caption= " 第二个窗体 "
End If
End Sub
```

运行程序，下列结果正确的是（　　）。

A．Form1 的 Caption 值为 90　　B．Forml 的 Caption 值为 4050

C．Forml 的 Caption 值为 4050　　D．Form2 的 Caption 值为 90

11．在控件数组中，所有控件元素都必须具有唯一的（　　）。

A．Caption 属性　　B．Index 属性　　C．Name 属性　　D．Ebabled 属性

12．定义一个如下过程：

```
Sub  Sum（x As Integer，y  As Integer，z As Integer）
Print x＋y＋z
End Sub
```

下列调用方式与 Call Sum（3，4，5）语句不等价的是（　　）。

A．3，4，5　　B．x：=3，y：=4，z：=5

C．Sum y：=4，x：=3，z：=5　　D．Sum　y：=3，x：=4，z：=5

13．在窗体上画一个命令按钮（其 Name 属性为 Command1），然后编写如下事件过程：

```
Private Sub Command1_Click（）
Dim i As Integer， j As Integer
Dim A（1to5，1to5）As Integer
For i = 1 to 3
For j = 1 to 3
A（i，j）= i + j
Print A（i，j）；
Next j
Next i
End Sub
```

程序运行后，单击命令按钮，则输出结果是（　　）。

A．234345456　　B．123456789　　C．234345456　　D．123234345

14．在窗体上画一个命令按钮（其 Name 属性为 Command1），然后编写如下事件过程：

```
Option Base 1
Private Sub Command1_Click（）
Dim A（5）As Integer
Dim m%， n%， i%
m = 0
n = 0
For i = 1 To 5
A（i）= 2*i+10
if   A（i）＞15 Then
m = m+1
Else
n = n+1
End If
Next i
Print m-n
End Sub
```

程序运行后，单击命令按钮，则输出结果是（ ）。

A．5　　B．1　　C．2　　D．3

15．在窗体上画一个命令按钮（其 Name 属性为 Command1），然后编写如下事件过程：

```
Private Sub Command1_Click（）
Dim A（1 To 3）As Integer
Dim i%， j%， x%
x = 0
For i = 1 to 3
A（i）= i
Next i
j = 1
For i = 1 To 3
x = x+A（i）*j
j = j*10
Next i
Print x
End Sub
```

程序运行后，单击命令按钮，则输出结果是（ ）。

A．123　　B．321　　C．456　　D．6

16．在窗体上画一个命令按钮（其 Name 属性为 Command1），然后编写如下事件过程：

```
Private Sub Command1_Click（）
```

```
Dim A%（1 To 5），  i%，  x%，  y%
For i = 1 To 5
    A（i）= InputBox（"输入第" & i & "个数据"）
Next i
x = A（1）：  y = 1
For i = 2 To 5
    If x ＜ A（i）Then
        x = A（i）
        y = i
    End If
Next i
Print x; "，" ;y
End Sub
```

程序运行后，单击命令按钮，如果在输入对话框中依次输入 14，22，19，6，93 则输出结果是（　）。

A．14，1　　B．22，5　　C．93，5　　D．6，4

17．有如下程序段：

```
Private Sub Form_Click（）
    Static Test（1 To 4）As Integer，  I As Integer
        For i = 4 To 1 Step -1
            Test（i）= Test（i）+5- i
        Next i
        For i = 1 To 4
            Print Test（i）;
        Next i
        Print
End Sub
```

程序运行后，第二次单击窗体空白处，则输出结果是（　）。

A．1234　　B．2468　　C．4321　　D．8642

18．假设有如下程序代码

```
Function P（s As String）As String
    Dim s1 As String
    For i = 1 to Len（s）
    Next i
    P = s1
End Function
Private Sub Command1_Click（）
    Dim str1 As String，  str2 As String
    str1 = InputBox（"请输入一个字符串"）
    str2 = P（str1）
```

```
    Print str2
End Sub
```

程序运行后，单击命令按钮，如果在输入对话框中输入字符串＂HAPPY＂，则输出结果是（　）。

A．HAPPY　　B．happy　　C．Happy　　D．yppah

19．下列关于通用过程的描述，正确的是（　）。

A．通用过程与对象有关，对象事件触发后被调用

B．通用过程的过程名由系统自动指定

C．通用过程不与对象相关，是用户创建的一段共享代码

D．通用过程具有返回值

20．下列关于函数过程的描述，正确的是（　）。

A．函数过程的返回值可以有多个

B．如果省略函数返回值的类型，则返回整型的函数值

C．函数形参的类型与函数返回值的类型没有关系

D．函数不能脱离控件而独立存在

21．在窗体上画一个命令按钮（其 Name 属性为 Command1），然后编写如下事件过程：

```
Private Sub Command1_Click（）
    Static x As Integer
    Static y As Integer
    Dim z As Integer
    x = x+1
    y = 1
    y = y+1
    z = z+1
    Print x，y，z
End Sub
```

程序运行后，两次单击命令按钮，则输出结果是（　）。

A．1　2　1　B．2　2　2　C．2　2　1　D．2　3　1

22．有下列程序代码

```
Sub P1（ByVal a As Integer， ByVal b As Integer）
    a = a+b
End Sub
Sub P2（a As Integer， b As Integer）
    a = a+b
End Sub
Private Sub Command1_Click（）
    Dim x%， y%
    x = 1
    y = 2
    P1 x， y
```

```
        Print x，y，
        P2 x，y
        Print x
    End Sub
```

程序运行后，单击命令按钮，则输出结果是（ ）。

A. 1 2 3　B. 3 2 3　C. 3 2 5　D. 3 2 1

23. 有下列程序代码

```
    Sub P（a（）As Integer）
        For i = 1 To 3
            a（i）= i
        Next i
    End Sub
    Private Sub Command1_Click（）
        Dim a（1 To 3）As Integer
        a（1）= 3
        a（2）= 2
        a（3）= 1
        P a（）
    For i = 1 To 3
            Print a（i）;
    Next i
    End Sub
```

程序运行后，单击命令按钮，则输出结果是（ ）。

A. 123　B. 321　C. 434　D. 246

24. 有下列程序代码

```
    Function F（a As Integer）
    b = 0
    Static c
    b = b+1
    c = c+1
    F = a+b+c
    End Function

    Private Sub Command1_Click（）
        Dim x As Integer
        x = 1
        For i = 1 To 2
            Print F（x），
        Next i
```

```
End Sub
```

程序运行后，单击命令按钮，则输出结果是（ ）。

A. 35　　B. 34　　C. 33　　D. 23

25. 在窗体上画三个命令按钮（其 Name 属性分别为 Command1，Command2，Command3），然后编写如下事件过程：

```
Public x As Integer
Private Sub Command1_Click（）
    x = 1
End Sub

Private Sub Command2_Click（）
    Dim x As Integer
    x = 2
    Print x,
    Print Form1.x,
End Sub
Private Sub Command3_Click（）
    Print x                    ' 输出全局变量 x 的值为 10
End Sub
```

程序运行后，分别单击命令按钮 Command1，Command2，Command3，则输出结果是（ ）。

A. 21　1　　B. 11　1　　C. 22　0　　D. 22　2

二、填空题

1. 在调用 Sub 过程和 Function 过程时，参数的传递有两种方式：按值传递、按地址传递。定义过程时，缺省的参数传递方式是________________。
2. 在调用 Sub 过程和 Function 过程时，当形参是________时，只能采用传址方式，即定义形参数组时，前面不能加 ByVal 关键字。
3. Sub 过程分为两类：__________和___________。
4. 在窗体上画一个名称为“Command1”，标题为“计算”的命令按钮，再画 7 个标签，其中 5 个标签组成名称为 Label1 的控件数组；名称为 Label2 的标签用于显示计算结果，其 Caption 属性的初始值为空；标签 Label3 的标题为“计算结果”。运行程序时会自动生成 5 个随机数，分别显示在标签控件数组的各个标签中，如图 5-22 所示。单击“计算”按钮，则将标签的数组各元素的值累加，然后计算结果显示在 Label2 中，请填空：

```
Private Sub Command1_Click（）
Sum=0
For i=0 To 4
Sum=Sum+_________
Next
__________=Sum
End Sub
```

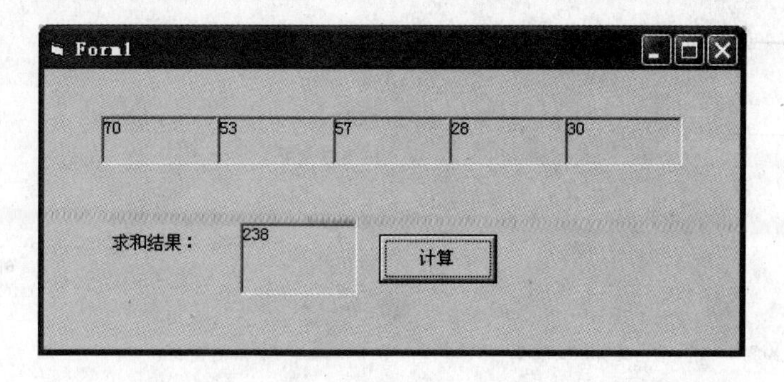

图 5-22 运行界面

5．以下程序段完成矩阵的转置，即将一个 n*m 的矩阵的行和列互换。请填空。

```
Option Base 1
Private Sub Form_Click（）
Const n = 3
Const m = 4
Dim a（n， m）， b（m， n）As Integer
For i = 1 To n
For j = 1 To m
a（i， j）= i + j
Next j
Next i
For i = 1 To n
 For j = 1 To m

 ________________

 Next j
 Next i

End Sub
```

6．建立一矩阵：对角线元素为 1，其余元素为 0，请把该程序段填充完整。

```
Option Base 1
Private Sub Form_Click（）
Const n = 3
Const m = 4
Dim mat（10， 10）
For i = 1 To 10
For j = 1 To 10
   If i = j Then
```

```
    ____________
    Else
    ____________
    End If

  Next j
  Next i

  End Sub
```

7．有如下的函数：

```
Function fun（beyvalnum As Long）As Long
k = 1
num = Abs（num）
Do While num
k = k * （num Mod 10）
num = num \ 10
Loop
fun = k
End Function
```

函数的功能：__________，fun（123）的值为______________。

8．下面程序中，包含了一个求三个数最大值的 Function 过程 max，程序运行后，单击窗体求出 5 个数 2、43、-9、23、32 的最大值，请把下列程序补充完整。

```
Function max（ByVala As Integer， ByVal b As Integer， ByVal c As Integer）
If a ＞ b Then
m = a
Else
  m = b
End If
If m ＞ c Then
max = m
Else
max = c
End If
End Function
Private Sub Form_Click（）
Dim max1
Print "5 个数 2、43、-9、23、32 的最大值是："；
____________________
____________________
```

```
Print max1
End Sub
```

9. 在Form1上有按钮控件Command1，Form1中的程序如下：

```
Static Sub add（a As Integer）
Dim i As Integer
i = i + 1
a = a + i
End Sub
Private Sub Command1_Click（）
Dim t As Integer
t = 2
add t
add t
Print t
End Sub
```

两次单击命令按钮后，Form1上显示的运行结果为______。

10. 下面程序段实现的功能是统计输入的任意个数之和，请将程序补充完整。

```
Dim N As Integer,    A（ ）As Single,   i As Integer,   s As Single
    N = InputBox（"输入几个数？"）
    ____________________________
    For i = 1 To N
        A（i）= InputBox（"输入第" + Str（i）+ "个数"）
        s = s + A（i）
    Next i
Print N; "个数之和为"; s
```

三、编程题

1. 用随机函数产生10个[10，100]的随机整数，并按照由小到大的顺序打印出来。程序界面自定。
2. 在一维数组中利用元素移位的方法显示如图5-23所示的结果。

图5-23 运行界面

3. 打印如图5-24所示的杨辉三角形（杨辉三角形为一个下三角矩阵，每一行第一个和主对角线上元素都为1，其余每一个数正好等于它上面一行的同一列与前一列数之和）。

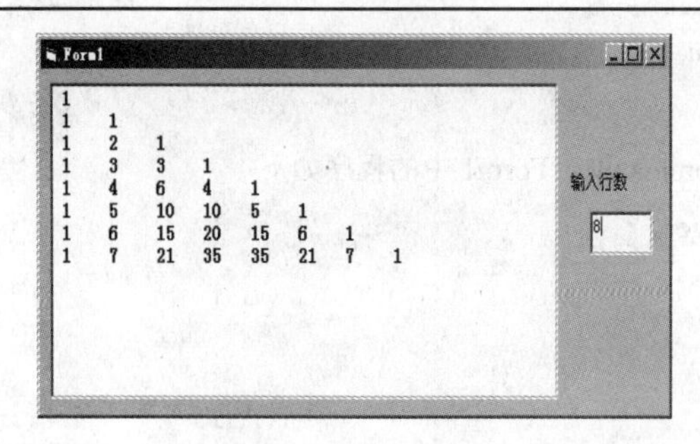

图 5-24 杨辉三角形

4．随机产生 10 个任意的二位正整数存放在一维数组中，求数组的最大值、平均值、能实现将数据按升序排列，并且使用 InputBox 函数插入一个新数据使数组仍然升序排列，结果显示在图片框中，程序运行情况如图 5-25 所示。

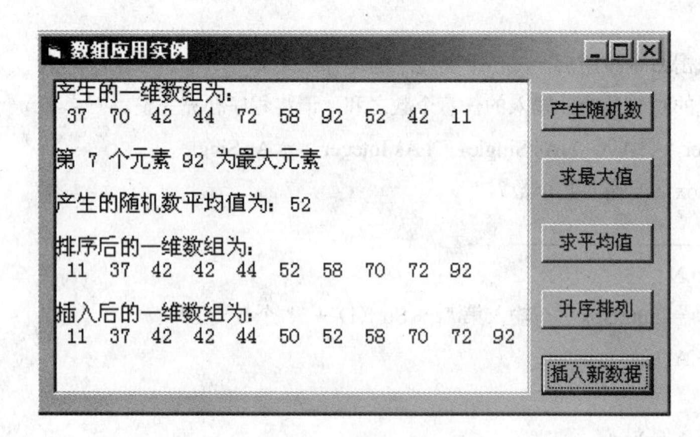

图 5-25 程序运行界面

5．程序运行界面如图 5-26 所示，要求：

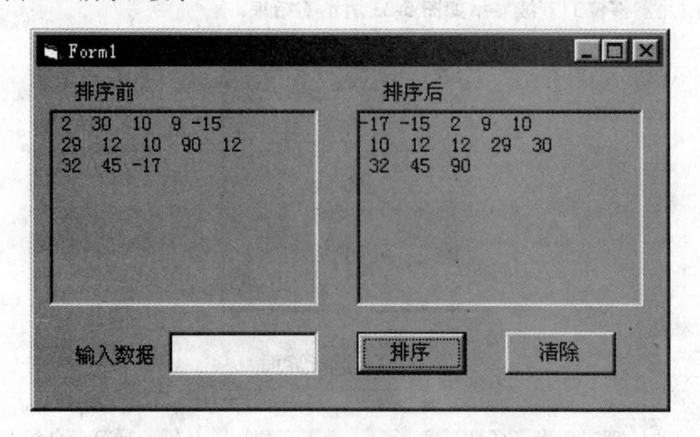

图 5-26 程序运行界面

（1）每输入一个数据，按回车键，将该数据存到数组 a 中，在“排序前”图形框 Pict1 中显示出来，同时清空文本框 Text1，准备下一次的输入。

（2）当单击“排序”cmd1 按钮时，进行递增次序的排序，并在“排序后”图形框 Pict2 中以每行 5 个数据显示。

（3）当单击“清除”cmd2 按钮时，清除两图形框中显示的数据。

根据要求编写文本框的 KeyPress 事件过程和命令按钮 cmd1 和 cmd2 的 Click 事件过程。

6. 交换数组中的各元素，即第 1 个元素和最后 1 个元素交换，第 2 个元素和倒数第 2 个元素交换，依此类推。

7. 有一个从小到大排列的整数序列（2，7，9，10，23，33，45，50），现插入整数 18 到该序列，要求插入后，该序列依然保持从小到大排列。

8. 有两个一维数组 A 和 B，分别将两个数组中相同下标的数组元素相加，并将值保存到数组 C 中。

9. 从键盘分别输入十个学生成绩，将这十个成绩按从大到小的顺序排列。界面设计和运行结果如图 5-27 所示。

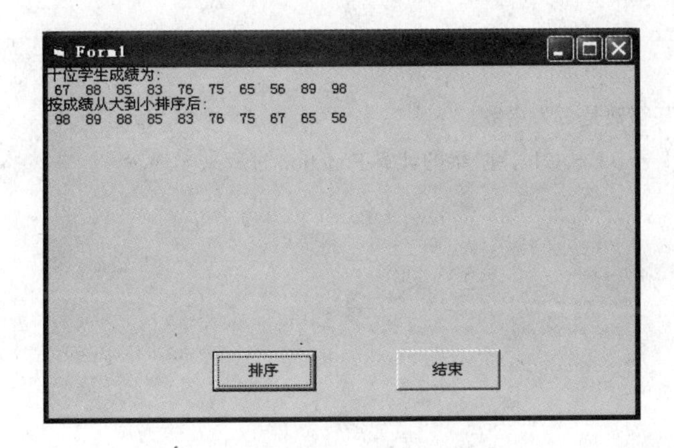

图 5-27　编程题 9 参考结果

10. 从键盘分别输入两个整数矩阵 A（n×m 维）和 B（m×n 维），m，n 也由键盘输入，计算矩阵乘积 A×B 的结果。界面设计和运行结果如图 5-28 所示。

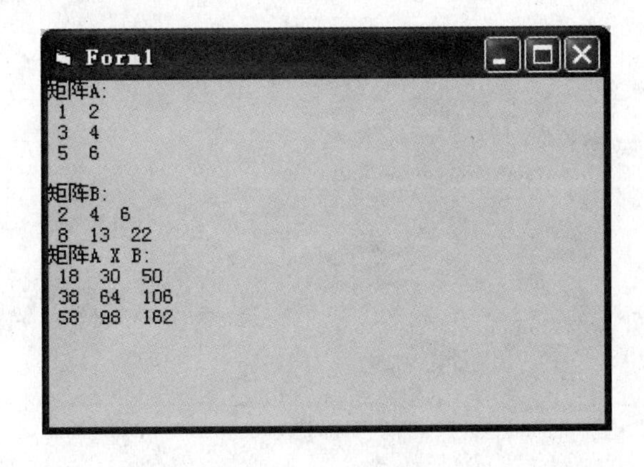

图 5-28　程序运行参考结果

11．编写程序，完成计算器的功能，设计界面如图 5-29 所示。

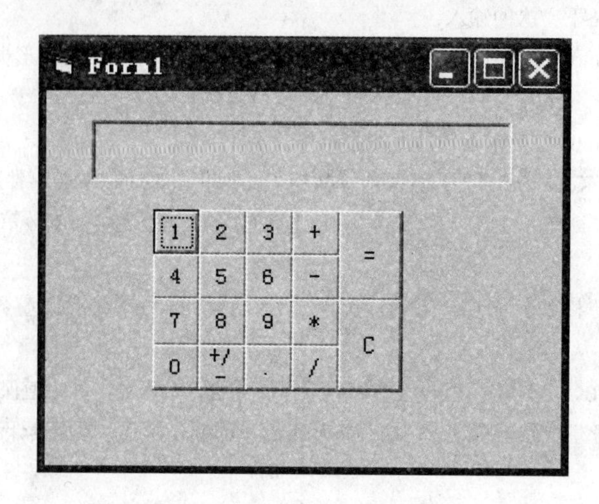

图 5-29 程序运行参考结果

12．编写一过程，判断某整数是否为素数。

13．编写程序，求 S=A！+B！+C！，阶乘的计算 Function 过程来实现。

第6章 常用的内部控件

学习内容

文本控件：标签，文本框
按钮控件
选择控件：复选框、单选按钮、列表框和组合框
滚动条、计时器、框架、焦点与 Tab 顺序
图形控件
通用对话框、文件对话框、其他对话框（颜色、字体、打印对话框）

学习目标

掌握文本控件、图形控件、按钮控件、选择控件的属性、方法和事件，了解焦点、滚动条、Tab 顺序等控件。掌握与文件对话框、字体对话框和颜色对话框有关的常用属性及方法，了解 Flags 属性。

6.1 文本控件

与文本有关的标准控件只有两个，即标签（Label）和文本框（TextBox）。在标签中，只能显示文本，不能对文本进行编辑；而在文本框中既可显示文本，又可以输入文本。

在工具箱中，标签和文本框的图标分别为A、abl，标签的缺省名称（Name）和标题（Caption）都为 Labelx（x 为 1，2，3，…）；文本框的缺省名称（Name）为 Textx（x 为 1，2，3，…），但文本框没有标题（Caption）属性。

6.1.1 标签（Label）

标签主要用来显示文本，它所显示的内容只能用 Caption 属性来设置或修改，不能直接编辑。通常，标签是用来标注本身不具有 Caption 属性的控件，例如，可以用标签为文本框、列表框、组合框等控件附加描述性信息。

1．属性

标签的部分属性与窗体及其他控件相同，包括：FontBold、FontItalic、FontName、Fontsize、FontUnderline、Height、Left、Name、Top、Visible、Width。

上述属性与前面介绍的相同（参见第一章内容）。对其他属性说明如下：

（1）Alignment 属性。标签和文本框均有该属性，该属性决定怎样放置标签的标题或文本框的内容，规定文本的对齐方式，具体取值如下：

0——左对齐；

1——右对齐；

2——居中。

（2）AutoSize 属性。仅标签具有该属性，该属性用于设置标签的大小。如果该属性设置为 True，则系统自动改变标签的大小，以适应由 Caption 属性制定的文本；如果该属性设置为 False，则标签保持设计时定义的大小，此时，如果标题太长，则系统会自动进行剪裁，以适应标签的大小。

（3）BorderStyle 属性。标签和文本框均有此属性，此属性用于设置边框类型。具体取值如下：

0——设置标签或文本框无边框（默认值）；

1——设置标签或文本框为单线边框。

（4）Caption 属性。标签中的文本只能用 Caption 属性显示，Caption 属性用来显示标签的文本。

（5）Enabled 属性。标签和文本框都有该属性。该属性用于设置标签文本框是否接收各种鼠标事件。该属性一般设置为 True，可接收鼠标事件；但当该属性设置为 False 时，屏蔽各种鼠标事件，而且使标签或文本框对象变灰。

（6）BackStyle 属性。该属性可以取两个值，即 0 和 1。具体取值如下：

1——标签将覆盖背景（默认值为）；

0——则标签为“透明”的。

该属性可以在属性窗口中设置，也可以通过程序代码设置，其格式为：

对象.BackStyle=【值】(值为 0 或 1)

其中，“对象”可以是标签、命令按钮等，使用的是对象的名称（Name）。

（7）WordWrap 属性。该属性用来决定标签的标题（Caption）属性的显示方式。该属性取两种值，即 True 和 False，默认为 False。具体取值如下：

True——则标签将在垂直方向上变化大小，以适应标题文本，水平方向上的大小与原来所画的标签相同；

False——则标签将在水平方向上扩展到标题中最长的一行，在垂直方向上显示标题的所有各行。

为使 WordWrap 起作用，应把 AutoSize 属性设置为 True。

2．事件

与图片框、图像框一样，标签对象能接收 Click、DblClick 事件。此外，标签主要用来显示一小段文本，可以通过 Caption 属性定义，不需要使用其他方法。

3．方法

标签对象的主要作用是显示一小段文本，且文本是由 Caption 属性设置的。与此有关的一些方法，对于一般用户来说，用处不大，因此这里不再介绍。

6.1.2 文本框（Text）

文本框是一个文本编辑区域，在设计阶段或运行期间可以在这个区域中输入、编辑和显示文本，类似于一个简单的文本编辑器。

1．属性

前面介绍的一些属性也可以用于文本框，这些属性包括 BorderStyle、Enabled、FontDold、FontItalic、FontSize、FontUnderline、Height、Left、Name、Top、Visible、Width。此外，还有一些其他属性，归纳如下：

（1）Text 属性。Text 属性用于接收在文本框中输入的文本。程序读入此属性，用户可以查看自己输入的内容。该属性也可以由程序进行修改，以改变其中显示的文本。设计时使 Text 属性为空字符串时，则可使正文框空白。例如，Textl=“Visual Basic”，将在文本框 Textl 中显示“Visual Basic”。

（2）MaxLength 属性。该属性用于设置文本框中显示的字符数。当该属性值为 0（默认值）时，表示文本框可以接收任意多个输入字符；当该属性值设置为非 0 数值时，系统会将用户输入的字符限制在该数值的范围之内，即该非 0 值是最大输入字符数。

（3）MultiLine 属性。该属性用于设置文本框是单行显示还是多行显示。这是一个布尔属性，具体规定如下：

True——允许多行（通过回车）；

False——禁止多行。

（4）ScrollBars 属性。该属性用于设置滚动条。具体规定如下：

0——无；

1——水平；

2——垂直；

3——水平和垂直两种。

（5）PasswordChar 属性。该属性可用于口令输入。在缺省状态下，该属性被设置为空字符串（不是空格）。用户从键盘上输入时，每个字符均可以在文本框中显示出来。如果把 PasswordChar 属性设置为一个字符，例如，星号（*），则在文本框中键入字符时，显示的不是键入的字符，而是所设置的字符。但文本框中的实际内容仍是输入的文本，只是显示结果被改变了。利用这一特性，可以设置口令。

（6）SelLength 属性。该属性用来定义当前选中的字符数。当在文本框中选择文本时，该属性值会随着选择字符的多少而改变。也可以在程序代码中把该属性设置为一个整数值，由程序来改变选择。如果 SelLength 属性值为 0，则表示未选中任何字符。该属性以及下面的 SelStart、SelText 属性只有在运行期间才能设置。

（7）SelStart 属性。该属性用来定义当前选择的文本的起始位置。0 表示选择的开始位置在第一个字符之前，1 表示从第二个字符之前开始选择，依此类推。该属性也可以通过程序改变。

（8）SelText 属性。该属性含有当前所选择的文本字符串，如果没有选择文本，则该属性值是一个空字符串。如果在程序中设置该属性，则用该值代替文本框中选中的文本。

（9）Locked 属性。该属性用来指定文本框是否可以被编辑。当设置值为 False（默认值）时，可编辑文本框中的文本；当设置值为 True 时，可以滚动和选择控件中的文本，但不能编辑。

2．事件

文本框支持 Click、DblClick 等鼠标事件，同时也支持 Change、GotFocus、LostFocus 等事件。

（1）Change 事件。当用户向文本框中输入新信息，或当程序把 Text 属性设置为新值，从而改变文本框 Text 属性时，将触发 Change 事件。程序运行后，在文本框中每键入一个字符，就会引发一次 Change 事件。

（2）GotFocus 事件。当文本框具有输入焦点（即处于活动状态）时，键盘上输入的每个字符都将在该文本框中显示出来。只有当一个文本框被激活，并且可见性为 True 时，才能接收到焦点。

（3）LostFocus 事件。从表面看，LostFocus 是“失去指针”（即光标离开），也就是说，当光标离开时，就执行该事件的请求，而所谓的“指针离开”，实际上是光标离开文本框，即“失去输入控制权”。当按下 Tab 键使光标离开当前文本框，或者用鼠标选择窗体中的其他对象时，就会触发该事件。

为了检查用户输入的内容是否符合要求，通常使用 LostFocus 事件，而不使用 Change 事件，因为后者的发生过于频繁。

（4）KeyPress 事件。该事件与键盘输入有关，适用于窗体和大部分控件，用来识别键入的字符。当在键盘上按下某个键时，触发该事件。

例 6-1 用 Change 事件改变文本框的 Text 属性。

在窗体上建立两个文本框、两个标签。其 Name 属性分别是 Textl、Text2、Label1、Label2，然后编写如下的事件过程。程序代码如下：

```
Private Sub Text1_Change（）
Text1.Text = LCase（Text1.Text）
End Sub

Private Sub Text2_Change（）
Text2.Text = UCase（Text2.Text）
End Sub
```

其中的 Lcase 和 Ucase 分别是用小写字母和大写字母显示文本框内容的函数。运行该程序，在文本框 1 中输入一些内容，则输入的内容会随时随地变为小写字母，文本框 2 中的内容则为大写字母。如图 6-1 所示。

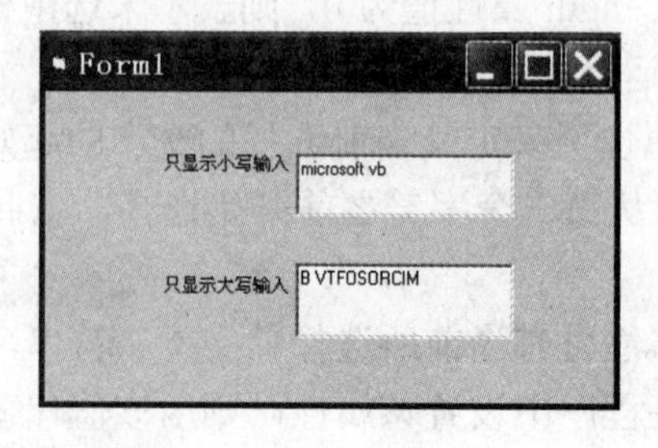

图 6-1 文本框举例

下面我们再把程序修改一下：

```
Private Sub Text1_LostFocus（）
Text1.Text= Lcase（Text1.Text）
End Sub

Private Sub Text2_LostFocus（）
Text2.Text=Ucase（Text2.Text）
End Sub
```

即把文本框的 Change 事件改为 LostFocus 事件，注意程序运行时与上例有什么不同。

3．方法

SetFocus 方法是文本框常用的方法。

格式：[对象.]SetFocus。

功能：该方法可以把光标移动到指定的文本框中，使指定的文本框获得焦点。

当在窗体上建立了多个文本框后，可以用该方法把光标置于所需要的文本框上。

例 6-2　一个程序的窗体中含有两个文本框 Textl 和 Text2，以及一个命令按钮 Command1，文本框用于输入被加数与加数，单击命令按钮，则计算两数之和，并显示在窗体上。

由于文本框中可以输入任何字符，所以，在执行加法前必须检查两个文本框中的数据是否为数值。如果文本框中的数据是字符串，程序中就用 IsNumeric 函数检查文本框中的字符串能否转换为数值，若不能，则要求用户重新输入。

程序代码如下：

```
Private Sub Command1_Click（）
If Not IsNumeric（Text1.Text）Then
MsgBox "被加数错，请重新输入。"
Textl.SetFocus
Exit Sub
End If

If Not IsNumeric（Text2.Text）Then
MsgBox "加数错，请重新输入!"
Text2.SetFocus
Exit Sub

End If
Cls


Print "两个数之和为："; Val（Text1.Text）+ Val（Text2.Text）
End Sub
```

```
Private Sub Form_Load（）
Text1.FontName = "黑体"
Text1.FontSize = 12
Text2.FontName = "黑体"
Text2.FontSize = 12
Command1.FontName = "黑体"
Command1.FontSize = "20"
Command1.Caption = "计算"
Form1.FontName = "黑体"
Form1.FontSize = 14
Text1.Text = ""
Text2.Text = ""
End Sub

Private Sub Text1_LostFocus（）
If Not IsNumeric（Text1.Text）Then
MsgBox "被加数错，请重新输入!"
Text1.SetFocus
End If
End Sub
Private Sub Text2_LostFocus（）
If Not IsNumeric（Text2.Text）Then
MsgBox "加数错，请重新输入!"
Text2.SetFocus

End If
End Sub
```

其中，Exit Sub 语句的功能是结束 Sub 过程的执行。程序运行结果如图 6-2 所示。

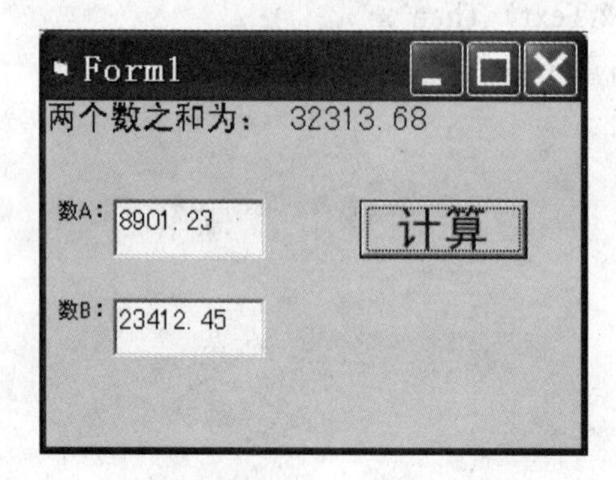

图 6-2 加法举例

例 6-3　编写程序，用文本框检查口令输入。如图 6-3（a）所示。在窗体上建立一个文本框、一个标签和一个命令按钮，名称分别为 Text1、Label1 和 Command1。标签的 Caption 属性设置为“请输入口令”，再适当改变其字体。文本框的 PasswordChar 属性设置为“*”，MaxLength 属性设置为“6”，命令按钮的 Caption 属性设置为“检验口令”。

程序代码如下：

```
Private Sub Text1_LostFocus（）
If Text1.Text = " 123456 "  Then
MsgBox " 口令正确，请继续 "
Text1.Text = " "
Text1.SetFocus
Else
MsgBox " 口令不对，请重新输入! "
Text1.Text = " "
Text1.SetFocus
End If
End Sub
```

本程序也可以写在命令按钮的单击事件中。如果密码输入不对，则会弹出错误窗口。如图 6-3 所示。

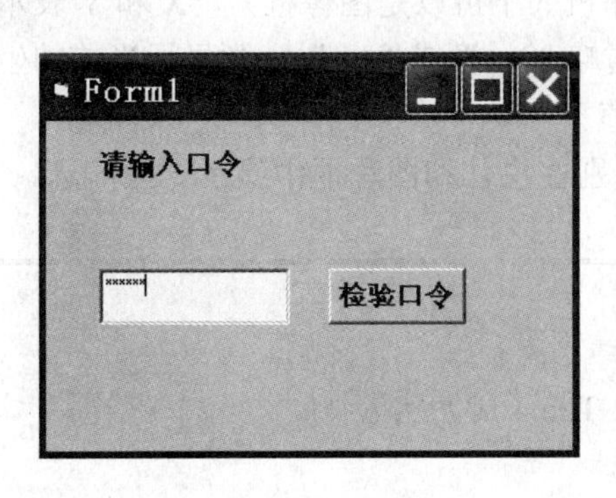

（1）口令输入

（2）错误窗口

图 6-3　程序运行界面

6.2　图形控件

Visual Basic 中与图形有关的标准控件有四种，即图片框、图像框、直线和形状。

6.2.1　图片框和图像框

图片框（PictureBox）和图像框（Image）是 Visual Basic 中用来显示图形的两种基本控件，用于在窗体的指定位置显示图形信息。图片框比图像框更灵活，且适用于动态环境；而图像框只适用于静态情况，即不需要再修改的位图、图标及 Windows 图元文件。

在 Visual Basic 的工具箱中，图片框和图像框控件的默认名称分别为 Picturex 和 Imagex（x 为 1，2，3，…）。

图片框和图像框以基本相同的方式出现在窗体上，它们的内容都可以设置成图形文件（.bmp）、图标文件（.ico）或 Windows 图元文件（.wmf）等。

1．属性

与窗体属性相同的属性包括：Enabled、Name、Visible、FontBold、FontItalic、FontName、Fontsize、FontUnderline 等，它们完全适用于图片框和图像框，其用法也基本相同。但在使用时应注意，对象名不能省略，必须是具体的图片框或图像框名。

图片框和图像框同样具有窗体的属性 AutoRedraw、Height、Left、Top、Width，但窗体位于屏幕上，而图片框和图像框位于窗体上，其坐标的参考点是不一样的，窗体具体位置使用的是绝对坐标。而图片框和图像框的位置使用的是相对坐标，以窗体为参考点。此外，在使用上述属性时，不能省略图片框或图像框的名称。除此之外，还具有以下一些其他属性：

（1）CurrentX 和 CurrentY 属性。每个图片框都有一个内部光标（不显示），用来指示下一个将被绘制的点的位置，这个位置就是当前光标的坐标，通过 CurrentX 和 CurrentY 属性来记录。这两个属性的格式如下：

［对象.］CurrentX[=x]

［对象.］CurrentY[=y]

其中，“对象”可以是窗体、图片框和打印机（不可以是图像框），X 和 Y 表示横坐标值和纵坐标值，缺省时以 Twip 为单位。如果省略“=x”或“=y”，则显示当前的坐标值。如果省略“对象”，则显示的是当前窗体坐标值。

例 6-4 在窗体上建立一个图片框，然后分别在窗体和图片框中显示一些信息。

程序代码如下：

```
Private Sub Form_Click（）
Print Tab（20）; " 窗体  tab（20）实验 "
Picture1.Print Tab（10）; " 图片框 picture1 Tab（10）实验 "
Picture1.CurrentX = 1000
Picture1.CurrentY = 800
CurrentX = 1000
CurrentY = 800
Print  " 窗体 currentx，  currenty   test "
Picture1.Print  " 图片框 pPicture1 currentx，currenty test "
Print Tab（15）; CurrentX，   CurrentY
Picture1.Print Tab（15）; CurrentX，   CurrentY
End Sub
```

上述程序的运行结果如图 6-4 所示。

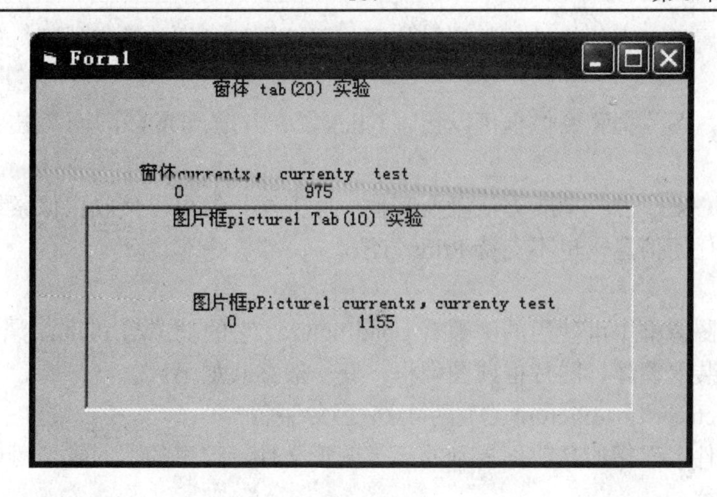

图 6-4 图片框程序运行界面

本例同时对两个对象（Form1 和 Picture1）进行显示操作。首先，两行语句分别在图片框和窗体的指定位置输出两个字符串；然后，分别重新设置图片框 Picture1 和窗体中光标的位置，其后的输出即从新位置开始；最后，两行语句试图输出窗体和图片框的当前光标位置。从结果看，与前面设置的值不一样。这是因为，如果设置坐标后再用 Print 方法输出信息，则 CurrentX 和 CurrentY 的值也随之改变。执行完 Print 方法后换行，因而使得 CurrentX 的值为 0。如果执行 CLS 方法，则窗体或图片框中的信息将被清除，光标移到对象的左上角（0，0）CurrentX 和 CurrentY 的值均为 0。

（2）Picture 属性。窗体、图片框和图像框都具有 Picture 属性，可以通过属性窗口进行设置，用来把图形装入这些对象中。在窗体、图片框和图像框中显示的图形以文件形式存放在磁盘上，图形文件分为以下五种：

第一种，位图（Bitmap），文件扩展名为.bmp 或.dib。

第二种，图标（Icon），文件扩展名为.ico 或.cur。

第三种，Windows 图元文件（Metafile），普通图元文件的扩展名为.wmf，增强型图元文件的扩展名为.emf。

第四种，JPEG 文件，是一种压缩位图格式，也是 Internet 上流行的文件格式，其扩展名为.jpg。

第五种，GIF 文件，也是一种压缩位图格式，其扩展名为.gif。

利用属性窗口中的 Picture 属性，可以把以上五种图形文件装入窗体、图片格或图像框中。

（3）Stretch 属性。图像框具有该属性，用来自动调整图像框中图形内容的大小，既可通过属性窗口来设置，也可通过程序代码来设置。该属性的取值为 True 或 False。当其属性值为 True 时，将自动放大或缩小图像框中的图形，以与图像框的大小相适应。

（4）Autosize 属性。图片框具有该属性，这是一个取布尔值的属性，决定图片框是否自动改变大小以适应图片的大小。具体设置值如下：

True：自动调整图片框大小以显示图片全部内容。False：保持大小不变，超出区域部分的内容被截去。

（5）Index 属性。在创建控件数组时使用此属性，记录控件数组的下标值。

2．事件

和窗体一样，图片框和图像框可以接收 Click（单击）、DblClick（双击）事件。

3．方法

图片框支持 Cls 方法、Print 方法以及其他一些方法，并可以接收由像素组成的图形；而图像框不能接收任何信息，也不支持 Print 方法。

4．函数

在图片框和图像框中可使用的函数有 LoadPicture，它的功能与 Picture 属性基本相同，即用来把图形文件装入窗体、图片框或图像框，其一般格式如下：

[对象.] Picture=LoadPicture（"盘符\路径\文件名"）

这里的“文件名”指的是前面提到的五类图形文件，这里的“对象”可以是窗体、图片框或图像框的名称。

例如，Picture1.Picture=LoadPicture（“C：\vb60\Graphics\metaflle\3dxclrar.wmf”），即把图元文件装入 Picturel 图片框中。

5．图片框和图像框的主要区别

图片框和图像框的用法基本相同，但仍然有一些区别，主要体现在：

（1）图片框是“容器”控件，可以作为父控件；而图像框不能作为父控件。也就是说，在图片框中可以包含其他控件，而其他控件不能“属于”一个图像框。

当图片框中含有其他控件时，如果移动图片框，则图片框中的控件也随着一起移动，并且与图片框的相对位置保持不变。图片框中的控件不能移到图片框外。

（2）图片框可以通过 Print 方法接收文本；而图像框不能通过 Print 方法接收文本，也不能用绘图方法在图像框上绘制图形。

（3）图像框比图片框占用的内存少，因此显示速度快。在用图片框和图像框都能满足需要的情况下，应优先考虑图像框。

6．图形文件的装入

所谓图形文件的装入，就是把.bmp、.ico 或.wmf 等文件装入窗体、图片框或图像框中。图形文件的装入有三种方法：

（1）用属性窗口的 Picture 属性装入。具体操作步骤为：在属性窗口中找到 Picture 属性，单击该属性条，再单击右端的“…”，出现加载图片的对话框，选择所需的图形文件，单击“打开”按钮。

（2）用 LoadPicture 函数在程序执行阶段装入。

（3）利用剪贴板把图形粘贴（Paste）到窗体、图片框或图像框中。

其中，方法（1）和（3）是在设计阶段装入图形文件，而方法（2）是在程序运行阶段装入图形文件。

值得注意的是：如果在设计阶段装入图形，这个图形将会与窗体一起保存到文件中。当生成可执行文件（.exe）时，不必提供需要装入的图形文件，因为图形文件已包含在可执行文件中了。如果在运行期间用 LoadPicture 函数装入图形，则必须确保能找到相应的图形文件，否则会出错。相对来说，在设计阶段装入图形文件更安全些，但窗体文件（.frm）较大。

例 6-5 设计一个程序，在窗体的左上角添加一个任意大小的图像框，添加三个命令按钮，如图 6-5 所示。当用户单击放大按钮时，图片能够按比例放大；单击缩小按钮时，图片能够按比例缩小；单击全屏按钮时，图片充满整个窗体，此时无论将窗体如何缩放，图片均能充满窗体。

操作过程如下：在窗体中添加一个图像框 Image1，三个命令按钮 Command1、Command2、Command3，将其 Caption 属性分别改为："放大"、"缩小"、"全屏"。再用图像框的 Picture 属性添加一个图片到图像框中。

最关键的是把图像框的 Stretch 属性改为 True。

程序代码如下：

```
Private Sub Command1_Click（）
If Image1.Height ＜ Form1.ScaleHeight - 200 Then
Image1.Height = Image1.Height + 200
Image1.Width = Image1.Width + 200
End If
End Sub

Private Sub Command2_Click（）
If Image1.Height ＞ 200 And Image1.Width ＞ 200 Then
Image1.Height = Image1.Height - 200
Image1.Width = Image1.Width - 200
End If
End Sub

Private Sub Command3_Click（）
Image1.Top = 0
Image1.Left = 0
Image1.Height = Form1.ScaleHeight
Image1.Width = Form1.Width
End Sub

Private Sub Form_Resize（）
Image1.Height = Form1.ScaleHeight
Image1.Width = Form1.Width
End Sub
```

图 6-5 图像框程序运行界面

6.2.2 直线和形状

直线和形状也是图形文件。利用直线和形状控件，可以使窗体上显示的内容丰富，效果更好。例如，在窗体上增加线条和实心图形等。

在工具箱中，直线和形状的默认名称分别为 Linex 和 Shapex（X 为 1，2，3，…）。

直线、形状和前面介绍的图像框通常为窗体提供可见的背景。用直线控件可以建立简单的直线，通过属性的变化，可以改变直线的粗细、颜色及线型；用形状控件可以在窗体上画矩形，通过设置该控件的 Shape 属性，可以画出圆形、椭圆形和圆角矩形，同时可设置形状的颜色及填充图案。

1．属性

直线和形状具有 Name 和 Visible 属性。形状还具有 Height、Left、Top、Width 等标准属性；直线还具有位置属性 X1、Y1 和 X2、Y2，分别表示直线两个端点的坐标，即（X1，Y1）和（X2，Y2）。除此以外，直线和形状还具有以下属性：

（1）BorderColor 属性。该属性用来设置形状和直线的颜色。BorderColor 用 6 位十六进制数表示。当通过属性窗口设置 BorderColor 属性时，会显示调色板，可以从中选择所需要的颜色，不必考虑十六进制数值。

（2）BorderStyle 属性。该属性用来确定直线或形状的边界类型，有七种取值（0～6）。当 BorderStyle 取 0 时，控件实际上是不可见的，但 Visual Basic 认为是可见的。尽管这个控件没有明显的内容，但它仍在窗体上。如果执行了相应的操作（例如，把 BorderStyle 的属性设置为 1），则可显示出来。

（3）BorderWidth 属性。该属性用来指定直线的宽度或形状边界线的宽度，默认时以像素为单位。BorderWidth 属性不能设置为 0。

（4）BackStyle 属性。该属性用于形状控件，其设置值为 0 或 1，用来决定形状是否被指定的颜色填充。当该属性值为 0（默认）时，形状边界内的区域是透明的；而当该属性值为 1 时，该区域由 BackColor 属性所指定的颜色来填充（默认时，BackColor 为白色）。

（5）Shape 属性。该属性用来确定所画形状的几何特性。它有六种取值，分别画出不同的几何形状。六种取值表示的图形如下：

0——矩形（默认）；

1——正方形；

2——椭圆形；

3——圆形；

4——四角圆化的矩形；

5——四角圆化的正方形。

2．事件

由于形状控件只是使窗体上显示的内容丰富些，效果更好些，因此没有相关的事件与它对应。因使用情况不多，在此不再举例。

6.3　命令按钮、单选按钮和复选框

从程序员的角度看，命令按钮（CommandButton）、复选框（CheckBox，也称检查框）、单选按钮（OptionButton，也称单选框）这几个对象十分相似，但对于用户来说，它们的形状不同，用途也不一样。

在工具箱中，命令按钮、复选框、单选按钮的缺省名称分别为 Commandx、Checkx、Optionx（其中 x 为 1，2，3，…）。

在一般情况下，当按下命令按钮时，就触发一个事件，从而可能会产生一系列的动作。

6.3.1　命令按钮

命令按钮是 Visual Basic 中最常用的控件。

1．属性

在应用程序中，命令按钮通常用于单击时执行指定的操作。以前介绍的大多数属性都可以用于命令按钮，包括 Caption、Enabled、FontName、FontSize、ForeColor、Height、Left、Name、Visible、Top 和 Width 等。除此以外，还有以下一些属性：

（1）Cancel 属性。该属性用于设置命令按钮的作用是否等同于按 Esc 键的功能。当该属性设置为 True 时，按该命令按钮的效果与按 Esc 键的效果等同。只有命令按钮具有这个属性，而且在一个窗体窗口中至多只能有一个命令按钮的 Cancel 属性可以设置为 True。

（2）Default 属性。该属性用于设置命令按钮的作用是否等同于按回车键的功能。当该属性设置为 True 时，按该命令按钮的效果与按回车键的效果等同。只有命令按钮具有这个属性，而且在一个窗体窗口中至多只能有一个命令按钮的 Default 属性可以设置为 True。

（3）Style 属性。Style 属性用于设置或返回一个值，这个值用来指定控件的显示类型和操作。该属性在运行期间是只读的。Style 属性可用于多种控件，包括复选框、组合框、列表框、单选按钮和命令按钮等。当用于命令按钮（或者复选框和单选按钮）时，可以取以下两种值：

第一种，0（符号常量 vbButtonStandard）：标准样式。控件按 Visual Basic 老版本中的样式显示，即在命令按钮中只显示文本（Caption 属性），没有相关的图形。此为默认设置。

第二种，1（符号常量 vbButtonGraphical）：图形格式。控件用图形样式显示，在命令接或中不仅显示文本（Caption 属性），而且可以显示图形（Picture 属性）。

（4）Picture 属性。该属性可以用来给命令按钮指定一个图形。为了使用这个属性，必

须把 Style 属性设置为 1（图形格式），否则 Picture 属性无效。

（5）DownPicture 属性。该属性用来设置当控件被单击并处于按下状态时在控件中显示的图形，可用于复选框、单选按钮和命令按钮。为了使用这个属性，必须把 Style 属性设置为 1（图形格式），否则 DownPicture 属性将被忽略。

如果没有设置 DownPicture 属性的值，则当按钮被按下时将显示赋值给 Picture 属性的图形。如果既没有设置 Picture 属性的值，也没有设置 DownPicture 属性的值，则在按钮中只显示标题（Caption 属性）。如果图形太大，超出按钮边框，则只显示其中的一部分。

（6）DisabledPicture 属性。该属性用来设置对一个图形的引用，当命令按钮禁止使用（即 Enabled 属性被设置为 False）时在按钮中显示该图形。和 Picture、DownPicture 属性一样，必须把 Style 属性设置为 1，才能使 DisabledPicture 属性生效。

和图片框的 Picture 属性一样，在设计阶段可以从属性窗口中设置命令按钮的 Picture、DownPicture 或 DisabledPicture 属性，也可以通过 LoadPicture 函数装入图形。

2．事件

命令按钮最常用的事件是单击（Click）事件，当单击一个命令按钮时，触发 Click 事件。注意：命令按钮不支持双击（DblClick）事件。

3．方法

因为在命令按钮、复选框和单选按钮上不能显示任何字符（用 Caption 属性设置除外），所以，前面的所有方法对它们均不适用。

例 6-6　有时候，为了防止误操作，可以让命令按钮暂时失去作用或消失。设计两个命令按钮，单击窗体，一个命令按钮失去作用，另一个按钮消失，再单击窗体，一个命令按钮恢复作用，另一个按钮重新出现。这种功能可以用 Enabled（是否激活）和 Visible（是否可见）属性来实现。

程序代码如下：

```
Private Sub Form_Click（）
Command1.Enabled = Not Command1.Enabled
Command2.Visible = Not Command2.Visible
End Sub
```

程序运行结果如图 6-6 所示。

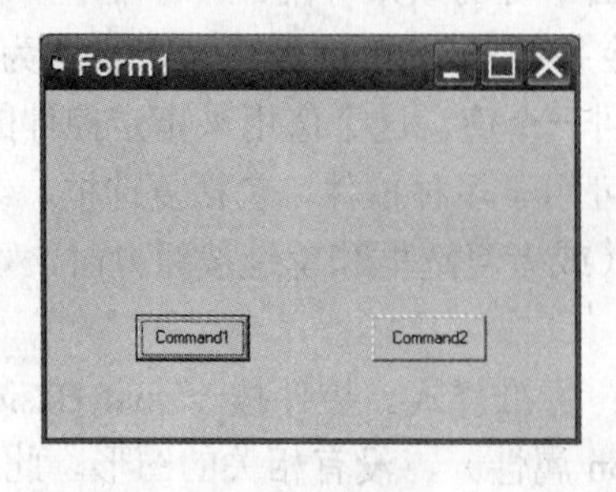

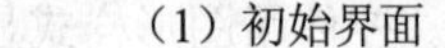

（1）初始界面　　（2）单击窗体后界面

图 6-6　按钮显示

6.3.2　单选按钮和复选框

在应用程序中，复选框和单选按钮用于表示状态，而且状态是可以改变的。复选框的状态只有两个：选取（方框的中间有一个“√”），不被选取（方框的中间没有“√”，而仅是一个空白的小方框）；单选按钮的状态也只有两个：选取（圆圈的中心有一个实心圆），不被选取（圆圈的中心没有实心圆）。在一组复选框中可以同时选择多个复选框；与此相反，在一组单选按钮中，只能选择其中的一个，当打开某个单选按钮时，其他单选按钮均处于关闭状态。

1．属性

前面介绍的大多数属性都可用于单选按钮和复选框，包括 Caption、Enabled、FontBold、FontItalic、FontName、FontSize、FontUnderline、ForeColor、Height、Left、Name、Visible、Top 和 Width 等。和命令按钮一样，对复选框和单选按钮可以使用 Picture、DownPicture 和 DisabledPicture 属性。此外，还具有其他一些属性。

（1）Value 属性。在单选按钮中，该属性用于设置单选按钮的状态。该属性的取值分别为 True 和 False。当该属性值设置为 True 时，该按钮的中心有一个实心的圆圈标记，表示此单选按钮被选中，处于打开状态；当该属性值设置为 False 时，该按钮的中心没有实心的圆圈标记，表示此单选按钮没有被选取，即处于关闭状态。

在复选框中，该属性用于设置复选框的状态。此属性的取值分别为 0、1 和 2。具体规定如下：

0——表示没有选择该复选框；

1——表示选择了该复选框；

2——表示该复选框禁止选取（此时，复选框的颜色为灰色）。

（2）Alignment 属性。该属性用来设置复选框或单选按钮控件标题的对齐方式，它可以在设计时设置，也可以在运行期间设置，其格式如下：

对象.Alignment [=值]

这里的“对象”可以是单选按钮和复选框，也可以是标签和文本框；“值”可以是数值 0 或 1，也可以是符号常量。当对象为单选按钮或复选框时，“值”的含义见表 6-1。

表 6-1　Alignment 属性取值

常　量	值	功　能
vbLeftJustify	0	控件居左，标题在控件右侧显示
vbRightJustify	1	控件居右，标题在控件左侧显示

（3）Style 属性。该属性用来设置复选框或单选按钮的显示方式，以改善视觉效果。其取值见表 6－2。

表 6-2　Style 属性取值

常　量	值	功　能
vbButtonStandard	0	标准方式
vbButtonGraphical	1	图形方式

在使用 Style 属性时，应注意以下几点：

第一，Style 属性是只读属性，只能在设计时使用。

第二，当 Style 属性被设置为 1 时，可以用 Picture、DownPicture 和 DisabledPicture 属性分别设置不同的图标或位图（见上面的命令按钮），以表示未选定、选定和禁用。

第三，Style 属性被设置为 0 和 1 时，其外观不一样。当其属性为 1 时，控件的外现类似于命令按钮，但其作用与命令按钮不一样。

2．事件

单选按钮和复选框均可以接收 Click 事件，但通常不对单选按钮和复选框的 Click 事件进行处理。

3．方法

单选按钮和复选框上不能显示任何字符（用 Caption 属性设置除外），所以，前面所有的方法对它们均不适用。

例 6-7 用单选按钮在文本框中显示不同的字体。

在窗体上建立一个文本框和三个单选按钮。名称分别为：Textl、Option1、Option2、Option3，文本框的 Text 属性为“欢迎来到 vb 学习乐园！”，单选按钮 1、2、3 的 Caption 属性分别设置为“黑体”、“隶书”、“幼圆”。运行界面如图 6-7 所示。

图 6-7 单选按钮举例

程序代码如下：

```
Private Sub Option1_Click（）
Text1.FontName = "黑体"
End Sub

Private Sub Option2_Click（）
Text1.FontName = "隶书"
End Sub

Private Sub Option3_Click（）
Text1.FontName = "幼圆"
End Sub
```

例 6-8　用复选框控制文本输入是否加“下画线”和“斜体”。

建立三个控件：一个文本框，两个复选框。名称分别为 Textl、Check1、Check2。在文本框中显示文本“常用内部控件”，由两个复选框决定显示的文本是否加下画线或用斜体显示。两个复选框的 Caption 属性分别设置为“加下画线”和“斜体显示”。

程序代码如下：

```
Private Sub Check1_Click（）
If Check1.Value = 1 Then
Text1.FontUnderline = True
Else
Text1.FontUnderline = False
End If
End Sub

Private Sub Check2_Click（）
If Check2.Value = 1 Then
Text1.FontItalic = True
Else
Text1.FontItalic = False
End If
End Sub

Private Sub Form_Load（）
Text1.FontSize = 24
End Sub

Private Sub Text1_Change（）
If Check1.Value = 1 Then
Text1.FontUnderline = True
ElseIf Check2.Value = 1 Then
Text1.FontItalic = True
End If
End Sub
```

程序运行结果如图 6-8 所示。

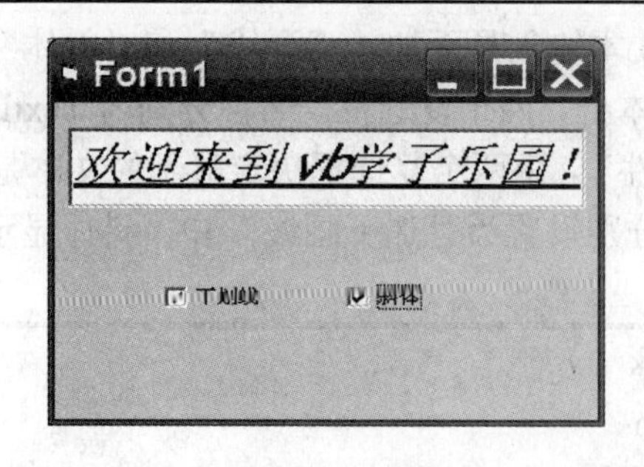

图 6-8 复选框举例

6.4 列表框和组合框

在工具箱中，列表框（ListBox）和组合框（ComboBox）的默认名称分别为 Listx 和 Combox（x 为 1，2，3，…）。利用列表框，可以选择所需要的项目，而组合框可以把一个文本框和一个列表框组合为单个控制窗口。列表框和组合框默认名称分别是 Listx 和 Combox（其中 x 为 1，2，3，...）。

6.4.1 列表框

设置列表框的目的是为了让用户进行有关选项的选择。在列表框中显示的是可供选择的选项，用户单击其中的某一项就可以选择它。如果列表框的内容太多，一次不能完全被显示出来，系统会自动给列表框加上滚动条。为了能正常工作，列表框的高度至少要有 3 行。

1．属性

列表框和组合框的标准属性包括：Enabled、FontName、Fontsize、FontUnderline、ForeColor、Height、Left、Name、Top、Visible 和 Width 等。此外，列表框还有以下一些属性：

（1）Columns 属性。该属性用于设置列表框中列表项的显示方式，规定项目分几列显示，具体规定如下：

0（默认值）：单列显示，若项目过多，则自动加上垂直滚动条。

n（=1 或>1 时）：分 n 列显示，若项目过多，则自动加上水平滚动条。

（2）List 属性。该属性其实是一个数组，它保存了列表框中的所有列表项。其中，每个元素保存列表中对应的一项。可以在程序设计时设置或修改它，也可以在程序运行时设置或修改它，并访问它的元素。例如，可以在程序中使用：

Print Listl.List（1）

即在窗体中显示 List1 列表框中列表项的第二项（因为它的下标是从 0 开始）。

再如：

Listl.List（2）=“北京”

将把列表框 List1 第三项的内容设为字符串“北京”。

（3）ListCount 属性。该属性用于记录列表框中列表项的数目。该属性不允许直接进行修改，它是由系统自动修改的。例如，可以在程序中使用：

Print List1.ListCount

则在窗体中显示List1列表框中列表项的个数。

（4）ListIndex 属性。该属性用于记录最后一次选择的列表项的项号（索引号）。列表框第一项的索引号为0，第二项的索引号为1，随后的项依此类推。如果没有选中任何列表项，则此属性值为-1。如果在程序运行时，程序设置该属性的值，则列表框中被选中的条目反相显示。在程序设计阶段不能设置或修改此属性。例如，可以在程序中使用：

```
Print List1.ListIndex
List1.Listindex=2
```

第一个语句是在窗体中显示 List1 列表框中选中的是第几个列表项（注意索引号是从 0 开始）；第二个语句是将列表框当前的选项移动到第三项上。

（5）MultiSelect 属性。该属性用于确定一次可选择列表框中的列表项数。此属性的可选值有3个，分别为0、1和2。取值如下：

0——None，用户只能选择列表项中的一项，而不能选择多项。

l——Simple，用户可以选择列表项中的多项。

2——Extended，用户可以选择列表项中指定范围内的项，其方法是先单击要选择的第一项，然后按住Shift键单击选择范围内的最后一项；用户也可以按住Ctrl键单击某一项，然后再选择某一项单击。这和Windows中选择文件时的操作完全一样。

如果选择了多个表项，ListIndex和Text的属性只表示最后一次的选择值。为了确定所选择的表项，必须检查Selected属性的每个属性。

（6）Selected 属性。该属性也是一个数组，它的各个元素分别与列表框中的每个列表项相对应，并记录了相应的列表项是否被选择。当它的某个元素值为True时，表示与该元素相对应的列表项已经被选择；而当它的某个元素值为 False 时，表示与此元素相对应的列表项没有被选择。在程序设计时不能设置该属性。例如，可以在程序中使用：

```
Print List1.Selected（2）
```

该语句的作用是在窗体中显示 List1 列表框中的第三项是否被选中，结果是 True 或者 False。

（7）Sorted 属性。该属性用于设置列表框中列表项的排序方式。当此属性值设置为True时，系统将按字母表顺序排列列表框中的列表项；当此属性值设置为False（默认）时，系统将按列表项加入列表框时的先后顺序排列列表项。

（8）SelCount 属性。如果 MultiSelected 属性设置为 1（Simple）或 2（Extended），则该属性用于读取列表框中所选项的数目，通常与 Selected 属性一起使用，以处理控件中的所选项目。

（9）Text 属性。对于列表框，该属性用于记录最后一次被选择的列表项的正文，它不能直接进行修改，而是由系统自动进行修改。在程序设计时不能设置此属性。例如，可以在程序中使用：

```
Print List1.Text
```

该语句的作用是在窗体中显示List1列表框中被选中项的内容。

（10）Style 属性。该属性用于确定控件外观，但只能在设计时确定。其取值可以设置为 0（标准形式）和 1（复选框形式）。

2．事件

列表框能接收 Click 事件和 DblClick 事件。一般情况下，不用编写 Click 事件，因为当用户单击一列表项时，系统会自动地加亮（即反白显示）所选择的列表项，所以，只要编写 DblClick 事件过程，读取 Text 属性以决定被选中的列表项，而这样的事件可以安排在一个命令按钮的事件过程中实现。

3．方法

以下三种方法均适用于列表框和组合框。

（1）AddItem 方法。该方法用于在列表框的指定位置插入一列表项。

格式：

对象.AddItem 项目字符串[，索引值]。

AddItem 方法是把“项目字符串”的文本内容放入“列表框”中。如果省略索引值，即在列表框的末尾插入。该方法只能单个地向表中添加项目。

例如，在列表框 Listl 中插入第三项，值为“天津”，可以使用语句：

List1.AddItem “天津”， 2

（2）Clear 方法。该方法用于从列表框中删除所有的列表项。

格式：

对象.Clear。

执行 Clear 方法后，ListCount 属性重新被设置为 0。

（3）RemoveItem 方法。该方法用于从列表框中删除一个列表项。

格式：

对象.RemoveItem 索引值。

例如，要想清除列表框 Listl 中的第三项，可以执行语句：

List1.RemoveItem 2

例 6-9 如图 6-9 所示，这是一个选择学生的年级、系别和专业的程序。该程序的窗体中有三个列表框 List1、List2 和 List3，分别显示年级、系别和专业的信息。列表框上方有三个标签，其名称分别为 Label1、Label2 和 Label3，Caption 属性分别为“年级”、“系别”和“专业”。下方有两个标签 Label4 和 Label5，前者的 Caption 属性值为“查找结果”，后者的 Caption 属性值用于显示查找结果。

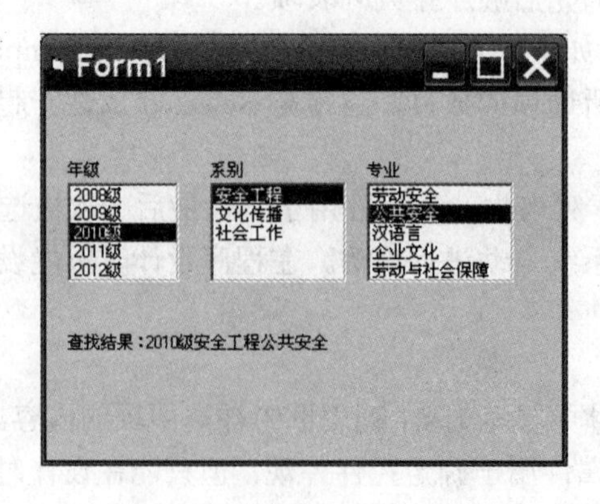

图 6-9 列表框程序运行界面

先在三个列表框中分别选择学生的年级、系别和专业，然后单击标签 Label4，即在标签 Labels 中显示出查找结果。

将三个列表框的 MultiSelect 属性设置为 0，程序代码如下：

```
Private Sub Form_Load（）
Dim i As Integer
For i = 2008 To 2012
List1.AddItem i & "级"
Next i
List2.AddItem  "安全工程"
List2.AddItem  "文化传播"
List2.AddItem  "社会工作"
List3.AddItem  "劳动安全"
List3.AddItem  "公共安全"
List3.AddItem  "汉语言"
List3.AddItem  "企业文化"
List3.AddItem  "劳动与社会保障"
List3.AddItem  "行政管理"
End Sub

Private Sub Label4_Click（）
Label5.Caption = List1.Text & List2.Text & List3．Text
End Sub
```

6.4.2　组合框

组合框由一个文本框和一个列表框组合而成，组合框就是因此而得名。它使得用户既可以输入信息，又可以从一组信息中选择所需的信息。但组合框中的列表框不支持多列显示，这一点与单独的列表框不同。

1．属性

列表框的属性基本上都可以用于组合框，但除此之外，它还有如下一些自己的属性：

（1）Style 属性。该属性是组合框的一个重要属性，用于规定组合框的类型和行为。它的取值为 0、1、2，分别决定了组合框的三种不同类型：

0——下拉组合框（Dropdown Combo），由文本框和下拉列表框组成（平时重叠在一起，单击右侧的箭头即可展开为文本框和列表框两部分），既可以输入数据，又可以选择数据。

1——简单组合框（Simple Combo），由文本框和列表框组成，既可以输入数据，又可以选择数据。

2——下拉列表框（Dropdown List），由列表框组成，仅可以选择数据。

从表面上看，当 Style 取 0 和 2 时相似，两者的主要区别在于：取 0 时，允许在编辑区输入文本；而取 2 时，只能从下拉列表框中选择项目，不允许输入文本。

（2）Text 属性。对于组合框，该属性用于记录用户选中的列表项的正文或直接从编辑区输入的正文。而对于列表框，该属性用于记录最后一次被选择的列表项的正文，它不能直接进行修改，而是由系统自动进行修改。

2．事件

组合框接收的事件依赖于它的操作风格 Style 属性的设置值。三种类型的组合框都可以接收 Click 事件，而 DblClick 事件仅适用于简单组合框。

对于下拉组合框和简单组合框，可以在编辑区输入文本，当输入文本时可以接收 Change 事件。一般情况下，用户选择项目后，只需要读取组合框的 Text 属性。

当用户单击组合框中的向下箭头时，将触发 DropDown 事件，该事件实际上对应于向下箭头的单击（Click）事件。

3．方法

前面介绍的 AddItem、Clear 和 RemoveItem 方法也适用于组合框，其用法与在列表框中的相同。

例 6-10 修改例 6-9，使其不仅能选择系别，还能在系别下面继续选择专业，方法是将列表框变成组合框，利用组合框的 Click 事件过程实现专业的变化。程序运行如图 6-10 所示。

程序代码如下：

```
Private Sub Combo2_Click（）
For i = 0 To Combo3．ListCount - 1
Combo3．List（i）= " "
Next i
If Combo2.Text = "安全工程" Then
 Combo3.AddItem "劳动安全", 0
 Combo3.AddItem "公共安全", 1
ElseIf Combo2.Text = "文化传播" Then
 Combo3.AddItem "汉语言", 0
 Combo3.AddItem "企业文化", 1
ElseIf Combo2.Text = "社会工作" Then
 Combo3.AddItem "劳动与社会保障", 0
 Combo3.AddItem "行政管理", 1
End If
End Sub

Private Sub Form_Load（）
Dim i As Integer
For i = 2010 To 2016
Combo1.AddItem i & "级"
Next i
Combo2.AddItem "安全工程"
Combo2.AddItem "文化传播"
Combo2.AddItem "社会工作"
```

```
End Sub

Private Sub Label1_Click（）
Label2.Caption = Combo1.Text & Combo2.Text & Combo3．Text
End Sub
```

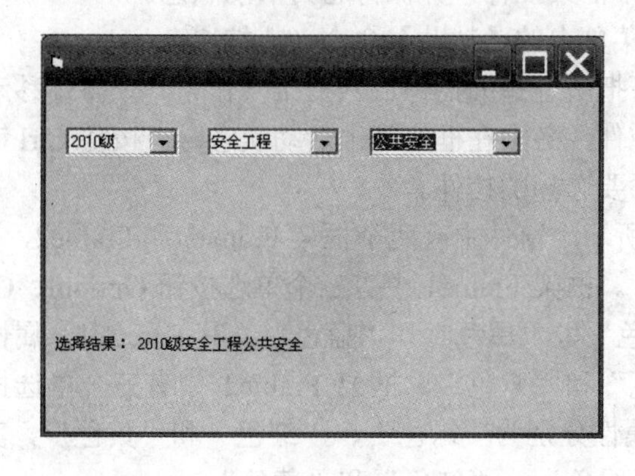

图 6-10　组合框举例

6.5　框架、滚动条和计时器

6.5.1　框架

框架（Frame）是一个容器控件，用于在窗口上将其中的对象进行分组。当框架框住一组单选按钮时，则这一组单选按钮中只有一个按钮的状态为 True。当在一个窗体窗口中有多组单选按钮时，则需要用框架框住。对于其他对象，框架工具则提供视觉上的区分和总体的激活或屏蔽特性。

在工具箱中，框架的默认名称和标题均为 Framex（ x 为　1，　2，　3，…）。

例如，一个窗体中的单选按钮被框架分为三组，则同时能够选择三个单选按钮。在窗体中画控件时，应先画框架，然后再画框架中的控件，这样才能使框架内的控件成为一个整体，和框架一起移动。如果在框架外画一个控件，然后把它拖到框架内，则该控件不是框架的一部分，当移动框架时，该控件不会移动。

1．属性

框架的标准属性包括：Caption、Enabled、FontName、FontSize、FontUnderline、ForeColor、Height、Left、Name、Top、Visible 和 Width 等。别外，还有 Enabled 属性。

Enabled 属性与其他对象的 Enabled 属性类似，当该属性分别为 True 和 False 时，控件分别处于活动状态和禁止状态。框架的 Enabled 属性的特殊之处是，当其为 False 时，也使其包含的对象处于禁止状态，这时，其标题会变灰。

2．事件

框架常用的事件是 Click 和 DblClick，它不接收用户输入，不能显示文本和图形，也不能与图形相连。

有时，可能需要对窗体上（不是框架内）已有的控件进行分组，并把它们放到一个框架中，可按如下步骤操作：

（1）选择需要分组的控件。

（2）执行【编辑】菜单中的【剪切】命令（或按 Ctrl＋X），把选择的控件放入剪切板。

（3）在窗体上画一个框架控件，并保持它为活动状态。

（4）执行【编辑】菜单中的【粘贴】命令（或按 Ctrl＋V）。

经过以上操作，即可把所选择的控件放入框架，作为一个整体移动或删除。

为了选择框架内的控件，必须在框架处于活动状态时，按住 Ctrl 键，然后用鼠标画一个框，使这个框能“套住”要选择的控件。

例 6-11 如图 6-11 所示，窗体中有两个框架 Frame1 和 Frame2，其 Caption 属性分别为“前景色”和“背景色”。框架 Frame1 中有三个单选按钮 Optionl、Option2 和 Option3，其 Caption 属性分别为“红色”、“黑色”和“蓝色”，其 ForeColor 属性也通过属性窗口分别设置为“红色”、“黑色”和“蓝色”。框架 Frame2 中有三个单选按钮 Option4、Option5 和 Option6，其 Caption 属性分别为“绿色”、“红色”和“黄色”，其 ForeColor 属性也通过属性窗口分别设置为“绿色”、“红色”和“黄色”。

窗体中还有三个复选框 Check1、Check2 和 Check3，其 Caption 属性分别为“斜体”、“粗体”和“下画线”。窗体的上部有一个标签 Label1，其 Caption 属性为“预览结果”。

程序的功能是，单击前景色框架中的一个单选按钮，就将标签内文字的前景色变为单选按钮的前景色；单击背景色框架中的一个单选按钮，就将标签内文字的背景色变为单选按钮的前景色；选中某个复选按钮，标签中的文字就显示出相应的效果。运行界面如图 6-11 所示。

程序代码如下：

```
Private Sub Check1_Click（）
If Check1.Value = 1 Then
Label1.FontItalic = True
ElseIf Check1.Value = 0 Then
Label1.FontItalic = False
End If
End Sub

Private Sub Check2_Click（）
If Check2.Value = 1 Then
Label1.FontBold = True
ElseIf Check2.Value = 0 Then
Label1.FontBold = False
End If
End Sub
Private Sub Check3_Click（）
```

```
If Check3.Value = 1 Then
Label1.FontUnderline = True
ElseIf Check3.Value = 0 Then
Label1.FontUnderline = False
End If
End Sub
Private Sub Form_Load（）
Label1.ForeColor = Option1.ForeColor
Label1.BackColor = Option4.ForeColor
Option1.Value = True
Option4.Value = True
Check1.Value = 0
Check2.Value = 0
Check3.Value = 0
End Sub
Private Sub option1_Click（）
Label1.ForeColor = Option1.ForeColor
End Sub

Private Sub Option2_Click（）
Label1.ForeColor = Option2.ForeColor
End Sub

Private Sub Option3_Click（）
Label1.ForeColor = Option3.ForeColor
End Sub

Private Sub Option4_Click（）
Label1.BackColor = Option4.ForeColor
End Sub

Private Sub Option5_Click（）
Label1.BackColor = Option5.ForeColor

End Sub

Private Sub Option6_Click（）
Label1.BackColor = Option6.ForeColor
End Sub
```

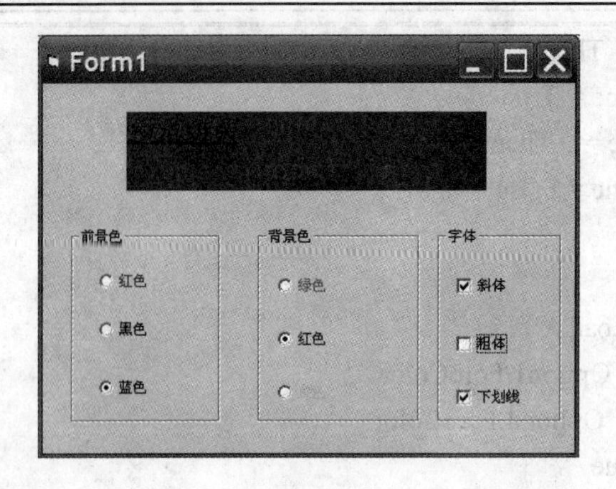

图 6-11　框架举例

6.5.2　滚动条

在项目列表很长或者信息量很大时，可以使用滚动条来提供简便的定位。滚动条可以作为输入设备，或者速度、数量的指示器来使用。

滚动条工具用于创建滚动条，滚动条的两端各有一个滚动箭头，在滚动箭头之间有一个滚动框。滚动条对象用于报告滚动条中滚动框的位置。滚动条的范围及滚动框前进的步长均可加以控制。滚动条分为水平滚动条（HscrollBar）和垂直滚动条（VscrollBar）两种，其默认名称分别为 Hscrollx 和 Vscrollx（x 为 1，2，3，…）。

1．属性

在一般情况下，垂直滚动条的值由上往下递增，最上端代表最小值（Min），最下端代表最大值（Max）。水平滚动条的值从左向右递增，最左端代表最小值，最右端代表最大值。滚动条的值均以整数表示，其取值范围为-32 768～32 767。

滚动条的标准属性包括：Enabled、Height、Left、Name、Top、Visible 和 Width 等。除此之外，还包括以下属性：

（1）LargeChange 属性。该属性用于设置单击滚动条时滚动框滚动的增减量，取值范围是 1～32 767。

（2）SmallChange 属性。该属性用于设置单击滚动条两端的箭头按钮时滚动块的增减量，取值范围是 1～32 767。

（3）Min 属性。该属性用于设置滚动条所能表示的最小值（左端点或顶端点），取值范围是-32 768～32 767。缺省设置为 0。当滚动条位于最左端或最顶端时，Value 取该值。

（4）Max 属性。该属性用于设置滚动条所能表示的最大值（右端点或底端点），取值范围是-32 768～32 767。缺省设置为 32 767 当滚动条位于最右端或最底端时，Value 属性将被设置为该值。

（5）Value 属性。该属性用于记录滚动框在滚动条中的当前位置值。如果在程序中设置该属性值，则系统会自动将滚动框移动到相应的位置。当将该属性值设置为 Max 和 Min 属性值之外的数值时，会产生一条错误信息。

2．事件

滚动条接收的事件主要是 Scroll 事件和 Change 事件。

（1）Scroll 事件。当用户在滚动条中拖动滚动框时，会触发该事件，但当单击滚动箭头或滚动条时不发生 Scroll 事件。该事件用于跟踪滚动条中滚动框的动态变化。

（2）Change 事件。当用户在滚动条中修改滚动框的位置时，会引发该事件。且当用户单击滚动箭头时，也会引发该事件。该事件用于得到滚动条中滚动块最后位置的数值。

例 6-12　如图 6-12 所示，利用滚动条设置调色板，颜色范围值为 0～255，在窗体中建立四个标签。第一到第三个标签 Label1、Label2 和 Label3 的 Caption 属性分别为“红”、“绿”和“蓝”，第四个标签 Label4 用于显示颜色。

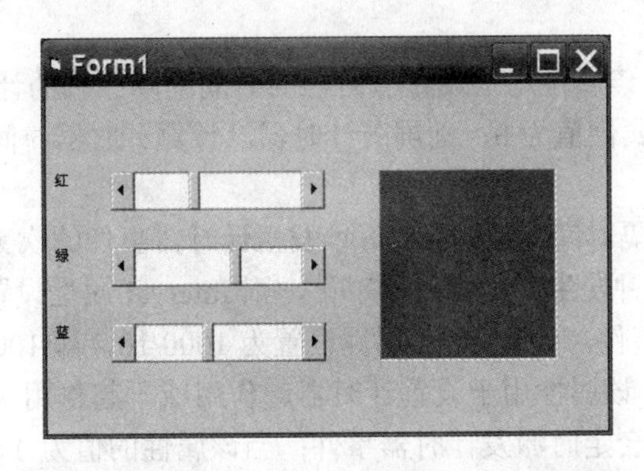

图 6-12　用滚动条设计调色板程序运行界面

建立三个水平滚动条作为红、绿、蓝三种基本颜色的输入工具，合成的颜色显示在右边的标签 Label4 中，用其背景颜色属性 BackColor 值的改变实现合成颜色的调色。

这三个水平滚动条的 Min 属性均为 0，Max 属性均为 255，LargeChange 属性分别为 10，SmallChange 属性均为 5。

说明：根据调色原理，基本颜色有红、绿、蓝三种，选择这三种颜色的不同比例，可以利用 RGB 函数合成所需要的任意颜色。

程序代码如下：

```
Private Sub HScroll1_Change（）
        Label1.BackColor = RGB（HScroll1.Value，_
                        HScroll2.Value，  HScroll3.Value）
End Sub
Private Sub HScroll2_Change（）
        Label1.BackColor = RGB（HScroll1.Value，  _
                        HScroll2.Value，  HScroll3.Value）
End Sub
Private Sub HScroll3_Change（）
        Label1.BackColor = RGB（HScroll1.Value，  _
                        HScroll2.Value，  HScroll3.Value）
End Sub
```

6.5.3 计时器

Visual Basic 可以利用系统内部的计时器计时，而且还提供了定制时间间隔（Interval）的功能。计时器是按一定的时间间隔触发事件的对象。使用时钟，可以每隔一段相同的时间，就执行一次相同的代码。时间间隔指的是各计时器事件之间的时间，以毫秒（千分之一秒）为单位。

在工具箱中，计时器的默认的名称为 Timerx（x 为 1， 2， 3，…）。

1．属性

计时器的标准属性有 Left、Name 和 Top。计时器还有以下一些其他属性，其中一个很重要的属性是 Interval。

（1）Interval 属性。该属性用于设置计时器的时间间隔。它的计时单位为 ms，其取值范围是 0～65 535。若该属性值为 0，则屏蔽计时器。计算计时器时间间隔的公式如下：

T= 1000/n

其中，T 是计时器间隔时间，n 是希望每秒发生计时器事件的次数。

例如，如果希望每秒钟发生一次计时器事件，则 Interval 属性设置为 1000。而如果希望每秒钟发生 10 次计时器事件，则 Interval 属性设置为 1000/10，即 100。

（2）Enabled 属性。该属性用于设置计时器起作用或不起作用。当该属性的值为 True 时，计时器将起作用，即会定时激发计时器事件；当该属性的值为 False 时，计时器将不起作用，即不会定时激发计时器事件。此时的效果与 Interval 属性值设置为 0 时相同。

2．事件

计时器对象在程序运行时不可见，因此不可能通过单击计时器对象来发生计时器事件。

计时器事件是按照它的 Interval 属性值有规律地发生，只要达到一定的时间间隔，就会激发计时器事件，即 Timer 事件。

3．方法

计时器对象没有相应的方法。

计时器控件只在设计时出现在窗体上。

例 6-13 用计时器设计一个时钟。首先建立一个计时器，其 Interval 属性设置为 1000；再建立一个标签，用来显示时间。运行界面如图 6-13 所示。

程序代码如下：

```
Private Sub Timer1_Timer（）
Label1.FontName = " roman "
Label1.FontSize = 30
Label1.Caption = Time$
End Sub
```

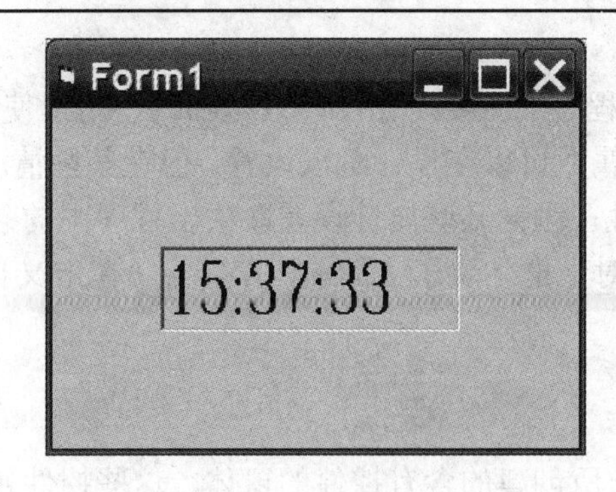

图 6-13 计时器设计的时钟

6.6 对话框

在 Visual Basic 中，对话框（Dialog Box）是一种特殊的窗体，它通过显示和获取信息与用户进行交流。尽管对话框有自己的特性，但从结构上看，对话框与窗体是类似的。

一个对话框可以是很简单的，也可以是很复杂的。简单的对话框可用于显示一段信息，并从用户那里得到简单的反馈信息。利用较复杂的对话框，可以得到更多的信息，或者设置整个应用程序的选项。使用过字处理软件（如 Word）或电子表格软件（如 Excel）的人常常碰到较为复杂的对话框，很多选项都可以通过这些对话框来设置。

在 Visual Basic 6.0 中，经常采用以下两种方式来建立：第一种，使用 MsgBox 函数或 InputBox 函数创建对话框。第二种，使用窗体创建自定义对话框。

6.6.1 分类和特点

1．分类

Visual Basic 中的对话框分为三种类型，即预定义对话框、自定义对话框和通用对话框。

预定义对话框也称为预制对话框，是由系统提供的。 Visual Basic 提供了两种预定义对话框，即输入框和信息框（或消息框），前者用 InputBox 函数建立，后者用 MsgBox 函数建立。

自定义对话框也称为定制对话框，这种对话框由用户根据自己的需要进行定义。输入框和信息框尽管很容易建立，但在应用上有一定的限制，很多情况下无法满足需要。用户可以根据具体需要建立自己的对话框。

通用对话框是一种控件，使用这种控件可以设计较为复杂的对话框。

2．特点

如前所述，对话框与窗体相类似，但对话框是一种特殊窗体，具有区别于一般窗体的不同属性，主要表现在以下几个方面：

（1）在一般情况下，用户没有必要改变对话框的大小，因此其边框是固定的。

（2）为了退出对话框，必须单击其中的某个按钮，而不能通过单击对话框外部的某个地方关闭对话框。

（3）在对话框中不能有最大化按钮（Max Button）和最小化按钮（Min Button），以免被意外地扩大或缩成图标。

（4）对话框不是应用程序的主要工作区，只是临时使用，使用后就关闭。

（5）对话框中控件的属性可以在设计阶段设置，但在某些情况下，必须在运行时期（即在代码中）设置控件的属性，因为某些属性设置取决于程序中的条件判断。

Visual Basic 的预定义对话框体现了上面前四个特点，在定义自己的对话框时，必须考虑到上述特点。

6.6.2 自定义对话框

自定义对话框就是用户所创建的含有控件的窗体，这些控件包括命令按钮和文本框等。它们可以为应用程序接收数据信息，也可以向用户提供相应的信息。通过设置窗体及其所含控件的属性值，可以自定义窗体的外观，也可以编写程序代码，在运行时显示对话框或改变其外观。

要创建自定义对话框，可以从新窗体着手，或者自定义现成的对话框。在一个工程中创建新的对话框，可按以下步骤执行：

（1）从【工程】菜单中选取【添加窗体】命令，或者在工具栏上单击【窗体】按钮，创建新的窗体。

（2）自定义窗体的外观。

（3）在【代码】窗口中自定义事件过程。

自定义对话框的外观可以灵活设置。它可以是固定的，也可以是可移动的，同时也可以包含不同类型的控件。

一般来说，用户响应对话框时，先提供信息，然后用“确定”或者“取消”命令按钮关闭对话框。对话框是临时性的，用户通常不需要对它进行移动、改变尺寸、最大化或最小化等操作，所以，随新窗体出现的可变尺寸边框类型、“控制”菜单框、“最大化”按钮以及“最小化”按钮等，在大多数对话框中都是不需要的。通过设置 BorderStyle、ControlBox、MaxButton 和 MinButton 属性，可以删除这些项目。

值得注意的是：如果删除“控制”菜单框（即窗体的 ControlBox 属性值设置为 False），则必须向用户提供退出该对话框的其他方法。实现的办法通常是在对话框中添加“确定”、“取消”或者“退出”命令按钮，并在隐藏或卸载该对话框的 Click 按钮事件中添加相应的指令代码。

例 6-14 创建一个应用程序，用自定义对话框测试用户的口令，用 MsgBox 函数产生提示窗口。

应用程序包含 Form1 和 Form2 两个窗体，其中，Form2 窗体是作为一个对话框，程序中各个对象属性见表 6-3。

将应用程序的启动窗体设置为 Form2，程序代码如下：

运行程序，先装入 Form2 窗体（自定义对话框），如图 6-14（1）所示，如果单击【取消】按钮，则会显示“提示窗口”，如图 6-14（2）所示。此时若单击【是】按钮，则退出应用程序；若单击【否】按钮，则回到如图 6-14（1）所示的窗口。

表 6-3 窗体、控件的属性及取值

对象	属性	取值
窗体	Name	Form1
	Caption	自定义对话框程序示例
窗体（自定义对话框）	Name	Form2
	Caption	测试口令窗口
标签	Name	Label1
	Caption	测试用户口令
标签	Name	Label2
	Caption	请输入口令
命令按钮	Name	Command1
	Caption	确定
命令按钮	Name	Command2
	Caption	取消
文本框	Name	Text1

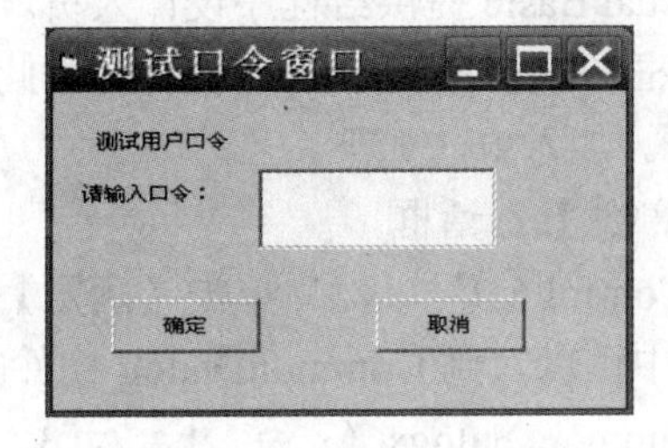

（1）Form2 窗体

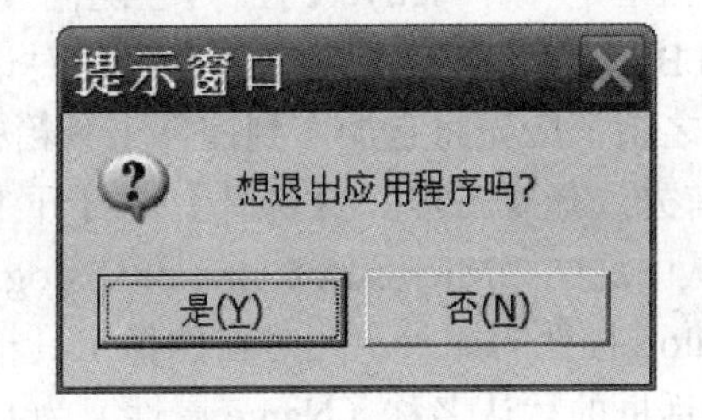

（2）Form1 窗体

图 6-14 自定义对话框程序运行界面

在如图 6-14（1）所示的口令输入框内输入口令，然后单击【确定】按钮，如果口令不对（口令为：1234），则显示警告窗口。如图 6-15（1）所示，单击【确定】按钮后，可重新输入口令；若输入口令正确，则卸载 Form2 窗体，装入 Forml 窗体，如图 6-15（2）所示。

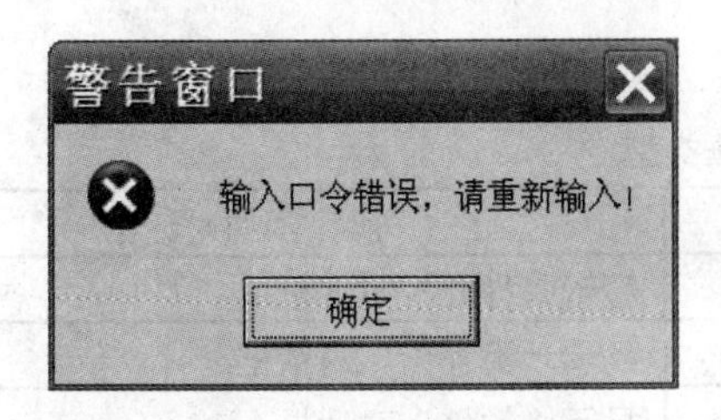

（1）警告窗口

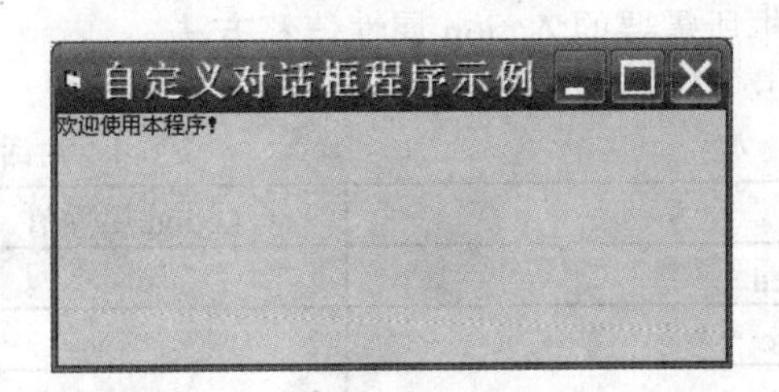

（2）返回窗体 Forml

图 6-15 自定义对话框程序运行结果

程序运行过程中，输入口令后，必须单击【确定】按钮以确认，可以在程序代码中加入文本框（口令输入框）的 KeyPress 事件代码，使用户输入口令后按 Enter 键即可。

```
Private Sub Text1_KeyPres（KeyAscii As Integer）
If KeyAscii=13 Then                    ' 如果按 Enter 键
Command1  Click                        ' 调用 Command1_Click 事件
End If
End Sub
```

在本例中，还可以限制用户输入口令的次数，即当连续几次输入不正确的口令后，应用程序将自动结束。

6.7 通用对话框控件

用 MsgBox 和 InputBox 函数可以建立简单的对话框，即信息框和输入框。如果需要，也可以用上面介绍的方法，定义自己的对话框。当自己定义的对话框较复杂时，将会花费较多的时间和精力。为此，Visual Basic 6.0 提供了通用对话框（CommonDialog）控件，用它可以定义较为复杂的对话框。

通用对话框是一种 ActiveX 控件，它随同 Visual Basic 提供给程序设计人员。一般情况下，启动 Visual Basic 后，在工具箱中没有通用对话框（CommonDialog）控件。因此在使用通用对话框控件之前，应先将它加入到控件工具箱中。加入方法如下：

（1）首先选择【工程】|【部件】，打开【部件】对话框。

（2）从中选中“Microsoft CommonDialog Control 6.0”，然后单击【确定】，即完成了 CommonDialog 控件的加入，此时在控件工具箱中可以找到 CommonDialog 控件的图标。

通用对话框的默认名称（Name 属性）为 CommonDialogx（x 为 1，2，3，…）。

通用对话框控件提供一组标准的操作对话框，进行诸如打开和保存文件、设置打印选项，以及选择颜色和字体等操作。设计时，先将该控件放在窗体上，此时通用对话框控件只显示成一个图标，该图标的大小不能改变（与计时器类似）。程序运行后，当相应的方法被调用时，将显示一个对话框或执行帮助引擎。

通用对话框控件通常显示的对话框包括：“打开”对话框、“另存为”对话框、“颜色”对话框、“字体”对话框和“打印”对话框。

对话框的类型可以通过 Action 属性设置，也可以通过相应的方法设置。表 6-4 列出了各类对话框所需要的 Action 属性值和方法。

表 6-4 对话框类型

方 法	Action 属性值	所显示的对话框
ShowOpen	1	显示“打开”对话框
ShowSave	2	显示“另存为”对话框
ShowColor	3	显示“颜色”对话框
ShowFont	4	显示“字体”对话框
ShowPrint	5	显示“打印”对话框
Showhelp	6	调用帮助引擎

如前所示，通用对话框 Name 属性的默认值为 CommonDialogx，在实际应用中，为了提高程序的可读性，最好能使 Name 属性具有一定的意义，如 GetFile、SaveFile 等。此外，每种对话框都有自己默认的标题，如“打开”、“保存”等。如果需要，可以通过 DialogTitle 属性设置有实际意义的标题。例如：

GetFile.DialogTitle=“选择要打开的位图文件”

当然，也可以在属性窗口中设置该属性。

下面将介绍如何建立 Visual Basic 提供的几种通用对话框，即文件对话框、颜色对话框、字体对话框和打印对话框。

6.7.1　文件对话框

文件对话框分为两种，即打开（Open）文件对话框和保存（Save As）文件对话框。

通用对话框的重要用途之一，就是从用户那里获得文件名信息。打开文件对话框可以让用户指定一个文件，由程序使用；而用保存文件对话框可以指定一个文件，并以这个文件名保存当前文件。

1．结构

从结构上看，“打开”与“另存为”对话框相类似。图 6-16 所示的是一个打开对话框，图中各部分的作用如下：

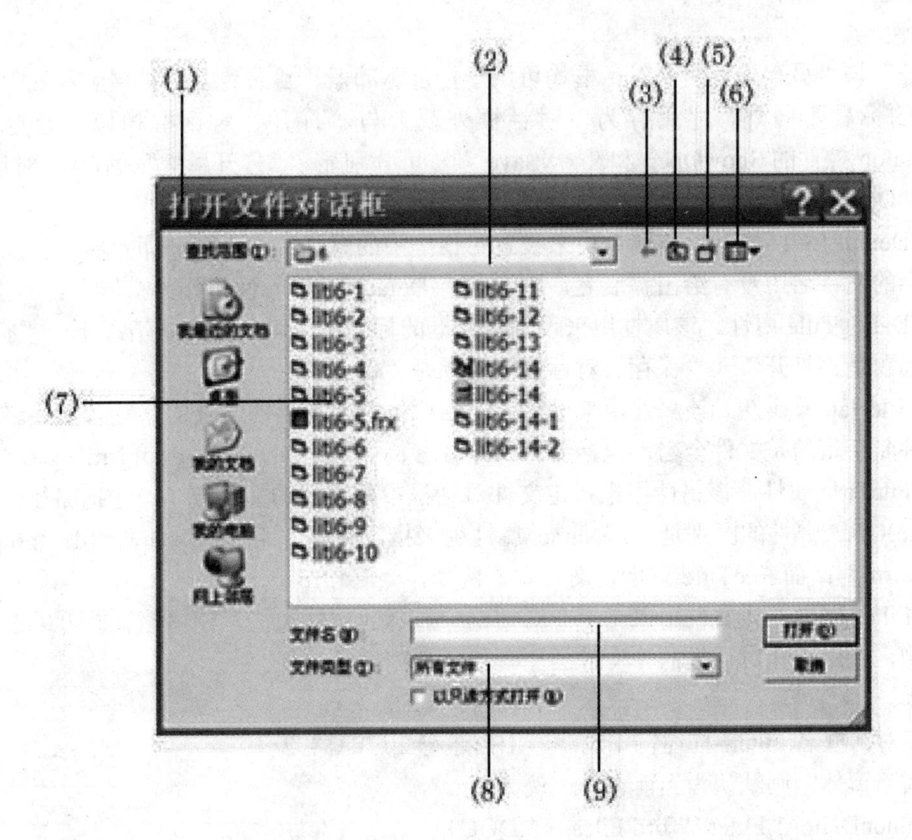

图 6-16　打开文件对话框

（1）对话框标题：即通用对话框标题，通过 DialogTitle 属性设置。

（2）文件夹：用来显示文件夹。单击右端的箭头，将显示驱动器和文件夹的列表，可以在该列表中选择所需要的文件夹。

（3）转到已访问的上一个文件夹：单击一次该按钮，即退到最近访问的一个文件夹。

（4）选择文件夹级别：单击一次该按钮，即回退一个文件夹级别。

（5）新文件夹：用来建立新文件夹。

（6）文件列表模式：选择是否以列表方式显示文件和文件夹。

（7）文件列表：在该区域显示的是“文件夹”栏内文件夹的子目录，列出了准备使用的文件或文件夹，单击其中的文件名，将选择该文件，所选择的文件名将在“文件名”栏内显示出来。如果当前显示的文件列表中没有所需要的文件，则可双击其中的文件夹显示下一级的文件或文件夹。

（8）文件类型：指定要打开或保存的文件类型，该类型由通用对话框的 Filter 属性确定。

（9）文件名：是所选择或输入的文件名。用“打开”或“保存”对话框均可以指定一个文件名，所指定的文件名在该栏内显示，单击“打开”或“保存”按钮后，将以该文件名打开或保存回文件。

在对话框的右下部还有两个按钮，即“打开”和“取消”按钮。在“保存”对话框中，“打开”按钮被“保存”取代。

2．属性

“打开”与“另存为”两个对话框均可用于指定驱动器、目录、文件扩展名和文件名。除对话框的标题不同外，“另存为”对话框外观上与“打开”对话框相似。通过使用 CommonDialog 控件的 ShowOpen 和 ShowSave 方法可分别显示“打开”和“另存为”对话框。

打开（Open）和保存（Save）对话框的共同属性如下：

（1）DefaultEXT 属性。该属性用来设置对话框中的默认文件类型，即扩展名。如果在打开或保存的文件名中没有给出扩展名，则自动将 DefaultEXT 属性值作为扩展名。

（2）DialogTitle 属性。该属性用来设置对话框的标题字符串。在默认情况下，“打开”对话框的标题是“打开”，“保存”对话框的标题是“保存”。

（3）FileName 属性。该属性用来设置或返回要打开或保存的文件的路径及文件名。这里的“文件名”指的是文件全名，包括盘符和路径。例如，“D：\VB\Forml.frm”。

（4）FileTitle 属性。该属性用来指定文件对话框中所选择的文件名（不包括路径）。该属性与 FileName 属性的区别是 FileName 属性用来指定完整的路径，例如，“d：\program files\vb\test.frm”；而 FileTitle 只指定文件名，例如，“test.frm”。

（5）Filter 属性。该属性用来指定在对话框中显示的文件类型。使用该属性可以设置多个文件类型，供用户在对话框的“文件类型”的下拉列表中选择。

格式为：

[窗体.]对话框名.Filter=描述符 1|过滤器 1|描述符 2|过滤器 2……

如果省略窗体，则默认为当前窗体。例如：

CommmonDialog1.Fliter=Word Files|（*.DOC）

执行该语句后，在文件列表栏内将显示扩展名为.DOC 的文件。再如：

CommmonDialog1.Filter=所有文件|（*.*）|文本文件|（*.TXT）执行该语句后，在文件类

型栏内将显示所有文件和扩展名为.TXT的文件类型。

（6）FilterIndex属性。该属性用来返回或设置“打开”或“另存为”对话框中的一个缺省的过滤器。用Filter属性设置多个过滤器后，每个过滤器都有一个值，第一个过滤器的值为1，第二个过滤器的值为2，…… 。用FilterIndex属性可以指定作为默认显示的过滤器。例如，要指定缺省的过滤器为第一个过滤器，则只需将FilterIndex属性设为1。

（7）CancelError 属性。该属性可以返回或设置一个值，该值指示当选取“取消”按钮时是否出错。如果该属性值为True，将显示出错信息。

（8）Flages属性。该属性为文件对话框设置选择开关，用来控制对话框的外观。

格式如下：

对象.Flags[=值]

其中，“对象”为通用对话框的名称；“值”是一个整数，可以使用三种形式，即符号常量、十六进制整数和十进制整数。文件对话框的Flags属性所使用的值见表6-5。

表6-5　文件对话框的Flags属性取值

常　数	值	描　述
CdlOFNAllowMultiselect	&H200	指定文件名列表框允许多重选择
CdlOFNCreatPrompt	&H2000	当文件不存在时，对话框要提示创建文件
CdlOFNFileMustExit	&H1000	指定只能输入文本框已经存在的文件名
CdlOFNLongNames	&H200000	使用长文件名
CdlOFNNoChangeDir	&H8	将对话框打开时的目录设置成当前目录
CdlOFNOvewritePromopt	&H2	使用“另存为”对话框
CdlOFNPathMustExist	&H800	只能输入有效路径

下面用一个“打开”对话框的例子来说明以上属性的应用。

例6-15　先选择【工程】|【部件】，打开【部件】对话框。从中选中“Microsoft CommonDialog Control 6.0”；然后单击【确定】，即把CommonDialog控件加载到工具箱，此时在控件工具箱中可以找到CommonDialog控件图标；接着添加控件到窗体；最后编写程序代码。

程序代码如下：

```
Private Sub Form_Load（）
CommonDialog1.DialogTitle = "打开文件对话框"    ' 设置对话框标题为"打开文件对话框"
CommonDialog1.Filter = "All files（*.*）|*.*|Text files（*.txt）|*.txt|Vbp Files（*.vbp）|*.vbp"    ' 设置文件过滤器
CommonDialog1.FilterIndex = 1    ' 设置文件过滤器的缺省值为"All files（*.*）"
CommonDialog1.ShowOpen    ' 显示打开的文件的名字与路径
```

```
MsgBox CommonDialog1.FileName                    '用信息框显示所选中的文件的路径
End Sub
```

程序运行结果如图 6-17 所示，如果选中一文件后，单击【打开】按钮，则将显示如图 6-17（1）所示的对话框。

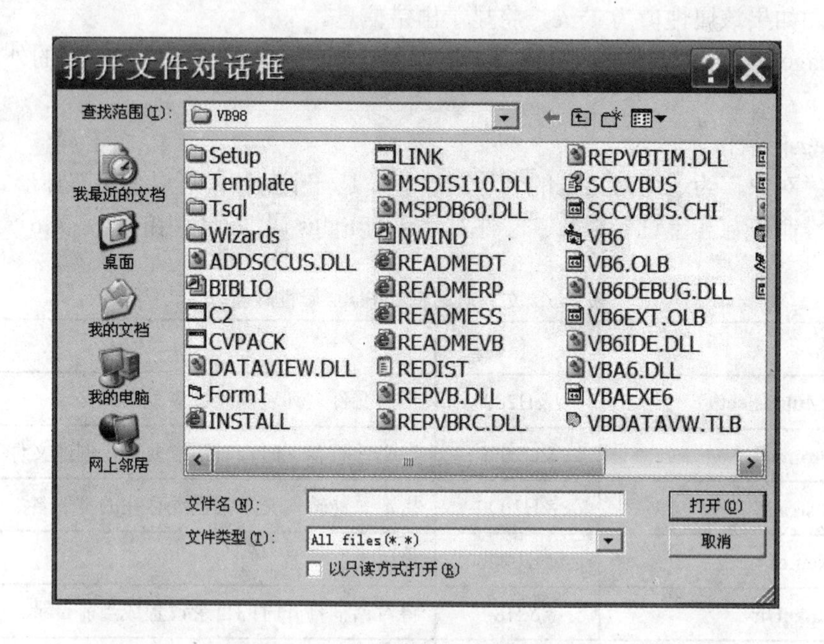

（1）打开对话框

（2）选中文件

图 6-17　打开文件对话框运行界面

6.7.2　颜色对话框

颜色对话框可以帮助用户选择颜色，选择时有两种方式：一种是在调色板中选择，另一种是自定义颜色。颜色对话框的大部分属性与“打开”和“保存”文件对话框相似。但是颜色对话框的 Flags 属性取值及含义与“打开”和“保存”文件对话框不一样。该属性的具体取值及含义如表 6-6 所示。

表 6-6　颜色对话框的 Flags 属性取值及含义

常　　数	取值	描　　述
CdlCCFullOpen	&H2	显示全部对话框，包括定义自定义颜色部分
CdlCCShowHelpButton	&H8	使对话框显示帮助按钮
CdlCCPreventFullOpen	&H4	使定义自定义颜色命令按钮无效并防止定义自定义颜色
CdlCCRCBInit	&H1	为对话框设置初始颜色值

另外，使用 OR 运算符可以为一个对话框设置多个标志。例如：

CommonDialog1.Flags=&H10& OR &H200&

而且，将所希望的常数值相加能产生同样的结果，下例与上例等价：

CommonDialog1.Flags=&H210&

使用颜色对话框时，应先设置 CommonDialog 控件中与颜色对话框相关的属性，然后使用 ShowColor 方法显示对话框，再使用 Color 属性检验所选颜色。

例 6-16　建立颜色对话框。

```
Private Sub Form_Load（）
CommonDialog1.CancelError = True                ' 将 Cancel 设置为 True
On Error GoTo errorline
CommonDialog1.Flags = cdlccOpen                 ' 为颜色对话框设置初始值
    CommonDialog1.ShowColor                     ' 显示颜色对话框
    BackColor = CommonDialog1.Color             ' 当用户按下确定键后，将窗体
                                                的背景色设置为用户所选的颜色
    Exit Sub
errorline:
    Exit Sub

End Sub
```

程序运行后，打开颜色对话框，如图 6-18 所示。

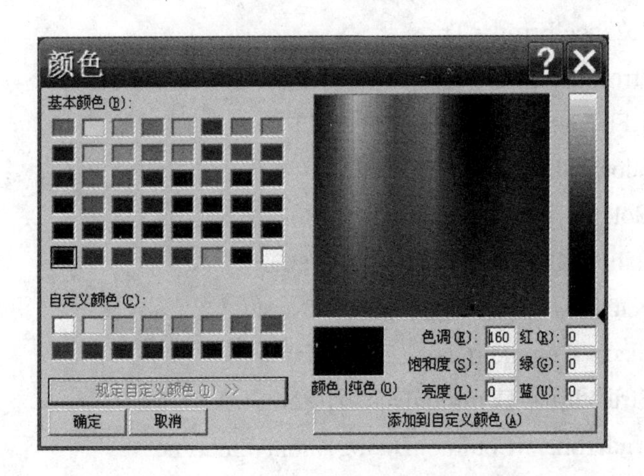

图 6-18　颜色对话框

6.7.3 字体对话框

在 Visual Basic 中，可以通过字体对话框对字体属性进行设置。使用 CommonDialog 控件的 ShowFont 方法可显示字体对话框。通过字体对话框，用户可以和方便地指定字体的大小、颜色、样式。

使用字体对话框时，首先要设置 CommonDialog 控件中的字体对话框的相关属性，然后使用 ShowFont 方法显示该对话框。一旦在字体对话框中作出了选择下列属性即包括了与该选择有关的信息，如表 6-7 所示。

表 6-7 字体对话框中的各项属性

属　性	含　义
Color	选定的颜色，Flags 属性设置为 CdlCFEffects
FontBold	是否选定了粗体
FontItalic	是否选定了斜体
FontStrikethru	是否选定了删除线，Flags 属性设置为 CdlCFEffects
FontUnderline	是否选定了下画线，Flags 属性设置为 CdlCFEffects
FontName	选定字体的名称
FontSize	选定字体的大小

另外，字体对话框的 Flags 属性与前面讲过的集中对话框不同。

（1）CdlCFApply：使对话框中的“应用”按钮有效。

（2）CdlCFForceFontExit：当用户选择一个并不存在的字体或样式时显示错误信息框。

（3）CdlCFBoth：是对话框里出可用的打印机和屏幕字体。

（4）CdlCFEffects：制定对话框允许删除线、下画线、颜色效果。

例 6-17 建立字体对话框。

程序代码如下：

```
Private Sub Form_Load（）
Text1.Text = "这是一个显示 Font 对话框的程序"
CommonDialog1.CancelError = True                        ' 将 Cancel 设置为
On Error GoTo errorline
CommonDialog1.Flags = cdlCFEffects Or cdlCFBoth         '为对话框设置初始
    CommonDialog1.ShowFont                              ' 显示字体对话框
    Text1.FontBold = CommonDialog1.FontBold
    Text1.FontItalic = CommonDialog1.FontItalic
    Text1.FontName = CommonDialog1.FontName
    Text1.FontSize = CommonDialog1.FontSize
    Text1.FontStrikethru = CommonDialog1.FontStrikethru
    Text1.FontUnderline = CommonDialog1.FontUnderline
    Text1.ForeColor = CommonDialog1.Color               '将文本框的字体设
```

```
    Exit Sub
errorline:
    Exit Sub

End Sub
```

程序运行后，打开字体对话框，如图 6-19 所示对话框。

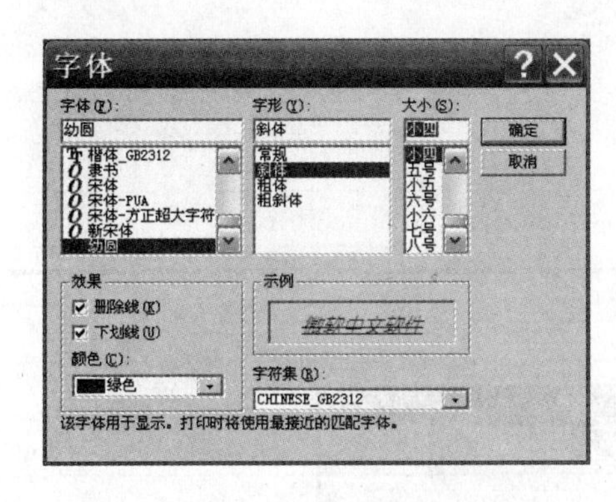

（1）选择字体对话框口

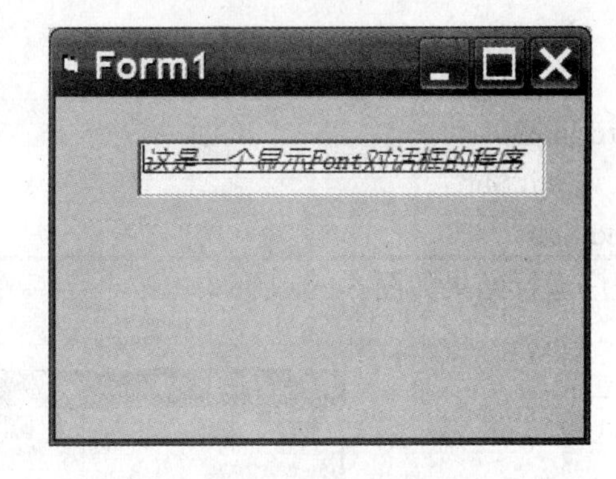

（2）设置字体结果

图 6-19　字体对话框

6.7.4　打印对话框

打印对话框可用来指定打印输出方式，可以指定被打印页的范围、打印质量、打印的份数。这个对话框还包含当前安装的打印机的信息，并允许配置或重新安装缺省打印机。

值得注意的是：这个对话框并不给打印机传送数据，只是指定希望打印数据的情况。如果 PrinterDefault 属性为 True，则可以使用 Printer 对象，按选定的格式打印数据。

使用 CommonDialog 控件的 ShowPrinter 方法，可在程序运行时显示“打印”对话框。一旦打印对话框中作出选择，下列属性即包括与该选择有关的信息。

表 6-8　打印机对话框属性

属　　性	指　定　内　容
Copies	打印的份数
Frontpage	开始打印页
ToPage	结束打印页
HDC	所选打印机的设备描述

例 6-18　建立打印对话框

程序代码如下：

```
Private Sub Form_Load（）
Dim beginpage， endpage， numcopies， i
CommonDialog1.CancelError = True                    ' 将 Cancel 设置为 True
```

```
On Error GoTo errorline
CommonDialog1.Flags = cdlCFEffects Or cdlCFBoth        为对话框设置初始值
    CommonDialog1.ShowPrinter
    beginpage = CommonDialog1.FromPage
    endpage = CommonDialog1.ToPage
    numcopies = CommonDialog1.Copies
    For i = 1 To numcopies
    Next i
    Exit Sub
errorline:
    Exit Sub
End Sub
```

程序运行结果如图 6-20 所示。

图 6-20 打印对话框运行界面

练习题

一、选择题

1. 以下能够触发文本框 Change 事件的操作是（ ）。

   A. 文本框失去焦点　B. 文本框获得焦点　C. 设置文本框的焦点　D. 改变文本框的内容

2. 为了在按下 Esc 键时执行某个命令按钮的 Click 事件过程，需要把命令按钮的一个属性设置为 True，这个属性是（ ）。

   A. Value　B. Default　C. Cancel　D. Enabled

3. 图像框有一个属性，可以自动调整图形的大小，以适应图像框的尺寸，这个属性是（ ）。

   A. Autosize　B. Stretch　C. AutoRedraw　D. Appearance

4. 在窗体上画一个文本框（其 Name 属性为 Text1），然后编写如下事件：

```
Private Sub Form_Load（）
Text1 = " "
Text1.SetFocus
For i = 1 To 10
Sum = Sum + i
Next i
Textl.Text = Sum
End Sub
```

上述程序的运行结果是（ ）。

A．在文本框 Text1 中输出 55　　B．在文本框 Text1 中输出 0

C．出错　　D．在文本框 Text1 中输出不定值

5．在程序运行期间，如果拖动滚动条上的滚动块，则触发的滚动条事件是（ ）。

A．Move　　B．Change　　C．Scroll　　D．GetFocus

6．为了暂时关闭计时器，应把计时器的某个属性设置为 False，这个属性为（ ）。

A．Visible　　B．Timer　　C．Enabled　　D．Interval

7．假定窗体有一个标签，名为 Label1，为了使该标签透明并且没有边框，则正确的属性设置为（ ）。

A．Label1.Backstyle=0
Label1.BorderStyle=O　　B．Label1.Backstyle=l
Label1.BorderStyle=1

C．Label1.Backstyle=True
Label1.Borderstyle=True　　D．Label1.BackStyle=False
Label1.BorderStyle=False

8．在窗体上画两个文本框（其名称分别为 Text1 和 Text2）和一个命令按钮（其名称为 Command1），然后编写两个事件过程：

```
Private Sub Command1_Click（）
Text1 = " Visual Basic 计算机程序设计 "
End Sub
Private Sub Text1_Change（）
Text2 = UCase（Text1.Text）
End Sub
```

程序运行后，单击命令按钮，则在 Text2 文本框中显示的内容是（ ）。

A．Visual Basic 计算机程序设计　　B．Visual Basic 计算机程序设计

C．VISUAL BASIC 计算机程序设计　　D．空字符串

9．在窗体上画一个名称为 List1 的列表框，以及一个名称为 Label1 的标签。列表框中显示若干城市的名称。当单击列表框中的某个城市时，在标签中显示所选中城市的名称。下列能正确实现上述功能的程序是（ ）。

A．
```
Private Sub List1_Click（ ）
Label1，Caption=List1.ListIndex
End Sub
```

B．
```
Private Sub List1_Click（）
Label1.Name=List1.ListIndex
End
```

C．
```
Private Sub List1_Click（ ）
Label1.Caption=Listl.
End Sub
```

D．
```
Private Sub List1_Click（）
Label1.Caption=List1.Text
End
```

10．在窗体上画一个文本框、一个标签和一个命令按钮，其名称分别为 Text1、Label1 和 Command1，然后编写如下两个事件过程：

```
Private Sub Command1_Click（）
a=InputBox（"请输入一个字符串"）
Text1.Text=a
End Sub
Private Sub Text1_Change（）
Label1.Caption=Ucase（Mid（Text1.Text，  8））
End Sub
```

程序运行后，单击命令按钮，将显示一个输入对话框，如果在该对话框中输入字符串“Visual Basic”，则在标签中显示的字符是（ ）。

A．visual basic　　B．VISUAL BASIC　　C．basic　　D．BASIC

11．在使用通用对话框控件时，如果同时设定了以下属性：DefaultExt="doc"，FileName="c：\filel.txt"，Fliter="应用程序|*.exe"，则显示打开文件对话框时，在“文件类型”下拉列表中默认的文件类型是（ ）。

A．应用程序|（*.exe）　　B．*.doc

C．*.txt　　D．不确定

12．为了使列表框中的项目分多列显示，需要设置的属性为（ ）。

A．Columns　　B．Style　　C．List　　D．MultiSelected

13．通过改变选项按钮（OptionButton）控件的（ ）属性值，可以改变按钮的选取状态。

A．Value　　B．Style　　C．Alignment　　D．Caption

14．用户在组合框中输入或选择的数据可以通过一个属性获得，这个属性是（ ）。

A．List　　B．ListIndex　　C．Text　　D．ListCount

15．以下叙述中错误的是（ ）。

A．在程序运行中，通用对话框是不可见的。

B．在同一程序中，用不同的方法（如 ShowOpen 或 ShowSave 等）打开的通用对话框具有不同的作用

C．通用对话框控件的 ShowOpen 方法，可以直接打开在该通用对话框中指定的文件

D．调用通用对话框控件的 ShowColor 方法，可以打开颜色对话框

二、填空题

1．在窗体上画两个文本框（名称分别为 Text1 和 Text2）和一个命令按钮（名称为 Command1），然后编写如下事件过程：

```
Private Sub Command1_Click（）
Text1=InputBox（“请输入身高”）
Text2=InputBox（“请输入体重”）
End Sub
```

程序运行后，如果单击命令按钮，将先后显示两个输入对话框，在两个输入对话框中分别输入 1.78 和 75，则两个文本框中显示的内容分别为________和__________。

2. 为了在运行期间把“d: \pic”文件夹下的图形文件 A. jpg 装入图片框 Picture1，所使用的语句为___________。

3．在窗体上画一个列表框、一个命令按钮和一个标签。程序运行后，在列表框中选择一个项目，然后单击命令按钮，即可将所选择的项目删除，并在标签中显示列表框当前的项目数，运行情况如图 6-21 所示。

下面是实现上述功能的程序，请填空。

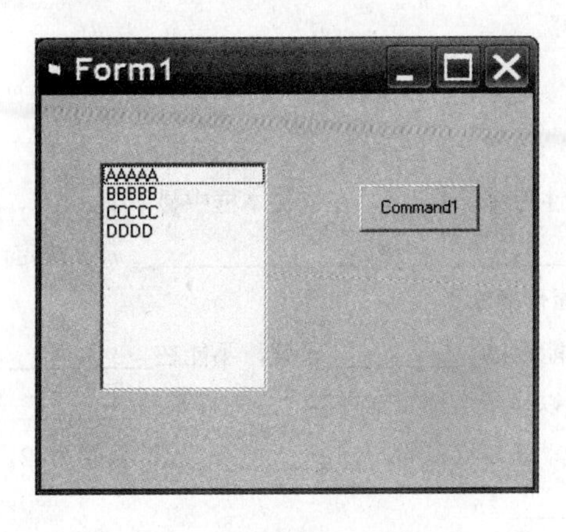

图 6-21　程序运行界面

```
Private Sub Form_Load（）
List1.AddItem  " AAAAA "
List1.AddItem  " BBBBB "
List1.AddItem  " CCCCC "
List1.AddItem  " DDDD "
End Sub
Private Sub Command_Click（）
Dim L As Integer
L=____________
List1.RemoveItem ____________
Label1.Caption= ____________
End Sub
```

4．设窗体上有一个名称为 CD1 的通用对话框、一个名称为 Text1 的文本框和一个名称为 C1 的命令按钮。程序的功能是单击 C1 按钮，可以弹出打开文件对话框，对话框的标题是“打开文件”，如果单击对话框上的“打开”按钮，则把选中的文件读入 Text1 中。下面给出了 C1 的 Click 事件过程，请填空完成这个过程。

```
Private Sub C1_Click（ ）
Dim n As Long
CD1.__________= " 打开文件 "
CD1.FlleName= "  "
CD1.__________= " 所有文件|*.*|文本文件|*.txt|word 文档|*.doc "
CD1.FiterIndex=2
CD1.____________
If CD1.FileName<> "  "  Then
Open____________ For____________ As #1
```

```
n=LOF（1）
Text1.Text=Input（n，1）
Close____________
End If
End Sub
```

5．假定一个文本框的Name属性为Text1，为了在该文本框中显示Hello！，所使用的语句为___________。

6．一个控件在窗体上的位置由___________和________________属性决定，其大小由_______________和____________________属性决定。

7．控件和窗体的Name属性只能通过__________设置，不能在___________期间设置。

8．为了使标签能自动调整大小以显示全部文本内容，应把标签的____________属性设置为True。

9．要想在文本框中显示垂直滚动条，必须把_____________属性设置为 2，同时还应把___________属性设置为____________________。

10．假定有一个文本框，其名称为Text1，为了使该文本框具有焦点，应该执行的语句是__________ 。

11．窗体、图片框或图像框中的图形通过对象的______________属性设置。

12．组合框有三种不同的类型，这三种类型是___________、___________和________，分别通过把属性_________设置为________、________、_________来实现。

13．建立打开文件、保存文件、颜色、字体、打印对话框所使用的方法分别为________、_________、_________、________和_________。如果使用Action属性，则应把该属性的值分别设置为__________、_________、_________、_________和_________。

14．在窗体上画一个列表框，然后编写如下两个事件过程：

```
Private Sub Form_Click（）
List1.RemoveItem 1
List1.RemoveItem 3
List1.RemoveItem 2
End sub
Private Sub Form_Load（）
List1.AddItem  " ItemA "
List1.AddItem  " ItemB "
List1.AddItem  " ItemC "
List1.AddItem  " ItemD "
List1.AddItem  " ItemE "
End sub
```

运行上面的程序，然后单击窗体，列表框中所显示的项目为___________。

15．在窗体上画一个名称为Command1的命令按钮和一个名称为Text1的文本框。程序运行后，Command1禁用（灰色）。当无论向文本框中输入任何字符时，命令按钮Command1均变为可用。请在空格处填上适当的内容，将程序补充完整。

```
Private Sub Form_Load（）
Command1.Enabled=False
End Sub
```

```
Private Sub Text1_______________()
Command1.Enabled=True
End Sub
```

三、编程题

1. 设计一个个人资料输入窗口，使用单选按钮选择“性别”，组合框列表选择“民族”和“职业”，检查框选择“爱好”，当单击“确定”按钮，列表框列出个人资料信息，程序运行界面如图 6-22 所示。

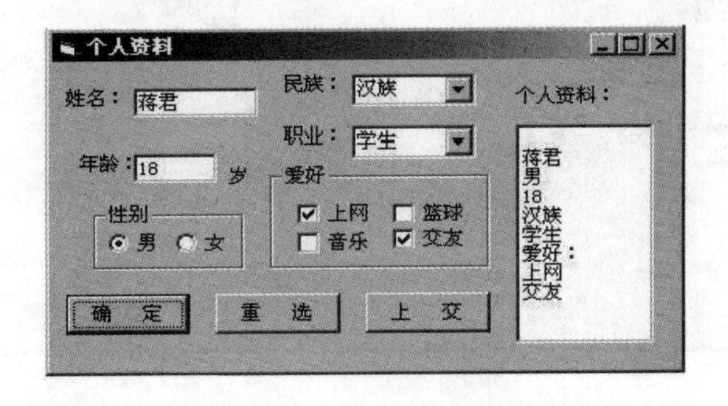

图 6-22 个人资料程序

2. 设计一个霓虹灯程序，利用时钟控件模拟霓虹灯的效果。程序运行后界面如图 6-23 所示。本例中将 7 个标签构成了一个控件数组。

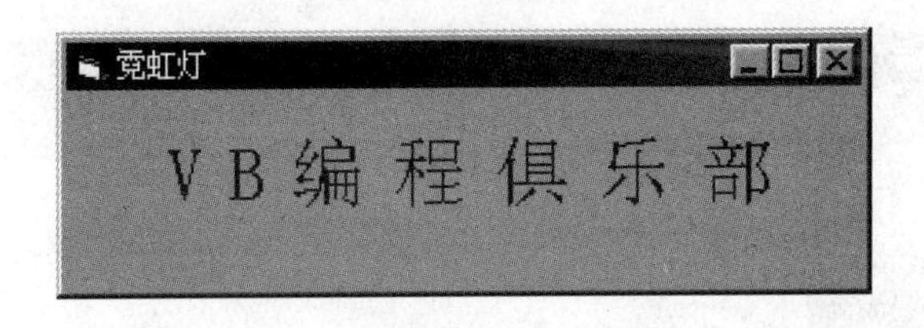

图 6-23 序运行后界面

3. 设计一个简易计算器，实现如图 6-24 所示功能。

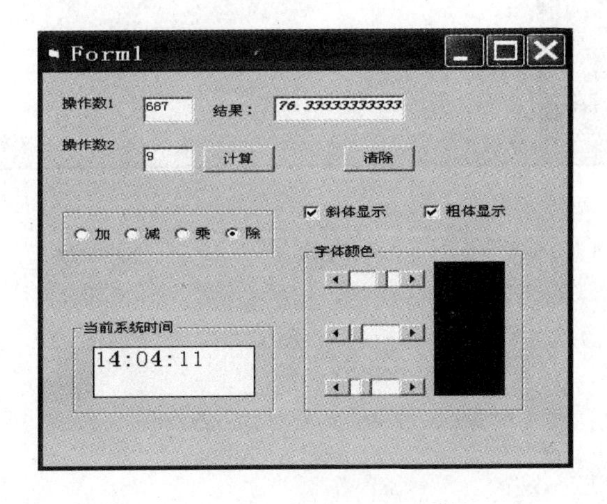

图 6-24 计算器运行界面

4．设计一个程序，窗体含有两个文本框 text1 和 text2，在 text1 中输入，只能输入数字。在第二个文本框输入时，把小写字母自动变成大写字母，而且只能输入字母。如图 6-25 所示。

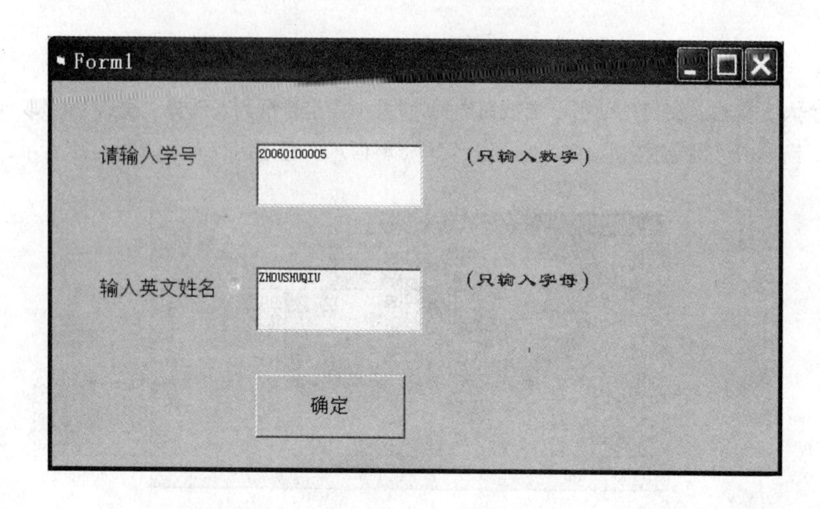

图 6-25 参考结果

5．设计一个简单的画板程序，可以根据选择的线型的粗细、颜色，用鼠标的左键模拟笔在绘图区随意绘图，程序运行效果如图 6-26 所示。

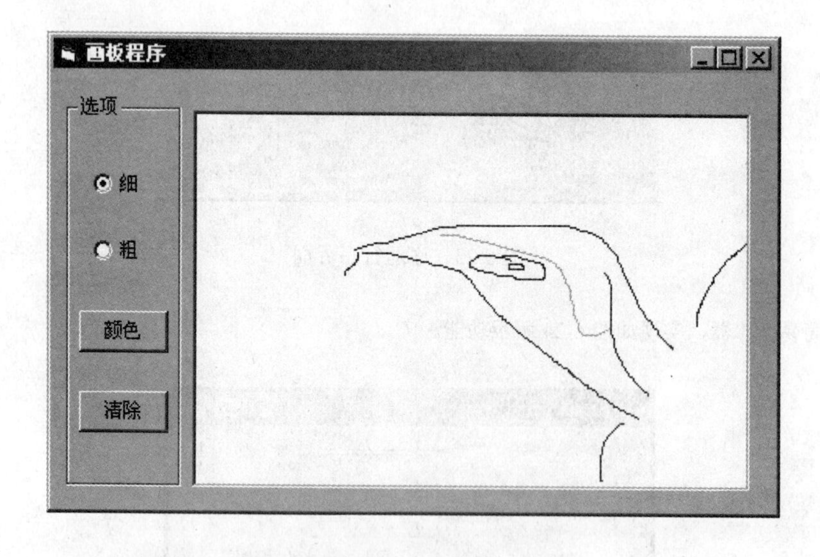

图 6-26 程序界面设计界面图

第7章 菜单界面设计

学习内容

菜单的设计
工具栏与状态栏设计

学习目标

掌握菜单编辑器的使用以及菜单项控件各个属性的含义和设置。了解菜单项的增减方法，掌握 PopupMenu 方法。掌握工具栏和状态栏的设计方法。

7.1 菜单设计

Windows 应用程序中一般都使用菜单。菜单的基本作用有两个：一是提供人机对话的界面，让用户直观地使用系统的各种功能；二是管理系统，控制各个功能模块的运行。

菜单可以分为弹出式菜单和下拉式菜单两种。

7.1.1 下拉式菜单

在 Visual Basic 编辑环境中，单击鼠标右键弹出的即为弹出式菜单；而单击“文件”菜单项显示的为下拉式菜单。下拉式菜单一般由多级组成，其顶层菜单是以菜单栏的形式显示在窗口标题栏的下边，当鼠标单击某个菜单项时，则下拉出下级子菜单，该子菜单中的某些菜单项（右端有向右的小箭头）又包含下一级子菜单。为了对菜单性质进行分类，子菜单区用分隔条将菜单项分成几部分。如图 7-1 所示。

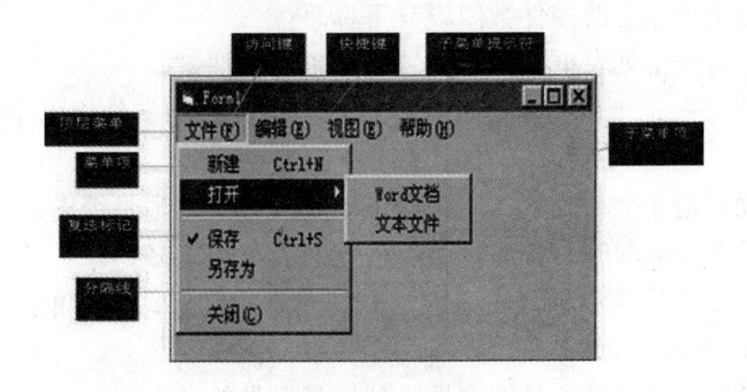

图 7-1 下拉式菜单

7.1.2 菜单编辑器

设计菜单需要使用菜单编辑器，菜单编辑器工具不在工具箱中，可以通过以下四种方式打开菜单编辑器：

（1）单击工具栏中的“菜单编辑器”按钮。

（2）单击“工具”菜单中的“菜单编辑器”菜单项。

（3）使用热键 Ctrl＋E。

（4）在需要建立菜单的窗体上单击右键，在弹出的对话框中选择“菜单编辑器”。打开后的菜单编辑器窗口如图 7-2 所示。

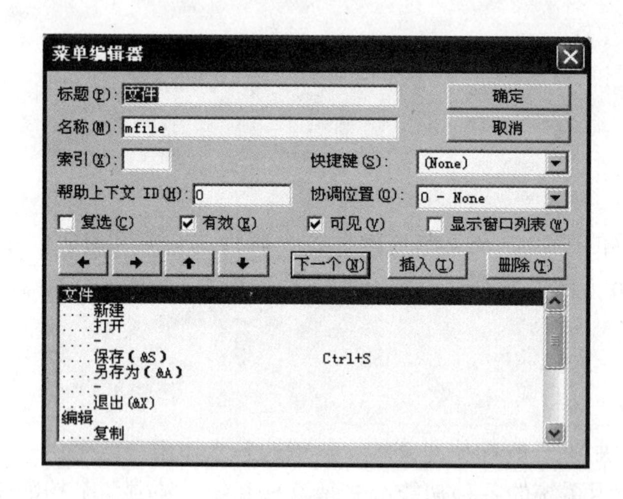

图 7-2　菜单编辑器

菜单编辑器分为三个部分，即数据区、编辑区和菜单项显示区。

1. 数据区

（1）标题：是一个文本框，用来输入所要建立某菜单的名字以及每个菜单项的标题，相当于控件的 Caption 属性。输入一个减号（-）可以在菜单中加入一条分隔线。

（2）名称：是一文本框，用来标注菜单项的控件名称，这个名称在编写程序时使用，相当于控件的 Name 属性。

（3）索引：为用户建立的控件数组设立下标。

（4）快捷键：是一个列表框，用来设置菜单项的快捷键。

（5）帮助上下文：是一个文本框，用以输入数值，帮助文件用这个值查找相应的帮助主题。

（6）协调位置：是一个列表框，用来确定菜单或者菜单项是否出现或在什么位置出现。

（7）复选：当选择该项时，相应的菜单项前面会出现“√”。

（8）有效：用以确认菜单项是否有效，默认是选中的，即有效的。无效的菜单项以灰色显示，不能接收用户的 Click 事件。

（9）可见：用以确认菜单项是否可见，默认是可见的。

（10）显示窗口列表：当该选项被选中时，将显示所有当前打开的系列子窗口，用于多文档的应用程序。

2．编辑区

编辑区有七个按钮，用来对输入的菜单项进行编辑。菜单项在数据区输入，在编辑区编辑，在菜单项显示区显示。

（1）“←”和“→”：用来产生或者取消内缩符号，确定菜单项的层次。

（2）“↑”和“↓”：用来调整菜单项的上下位置，可以上移或者下移菜单项。

（3）下一个：开始一个新的菜单项。

（4）插入：在选中菜单项的前面插入一个新菜单项。

（5）删除：删除选中的菜单项。

3．菜单项显示区

菜单项显示区位于菜单设计窗口的下部，用于显示输入的菜单项，并通过内缩符号（…）表明菜单项的层次。条形光标所在的菜单项是“当前菜单项”。

内缩符号由四个点组成：一个内缩符号表示一层，两个内缩符号表示两层……内缩符号最多可达5层，即20个点。如果一个菜单项没有内缩符号，那它就是顶层菜单项（即菜单标题）。

菜单编辑完成后，单击菜单编辑器的“确定”按钮，所设计的菜单就显示在当前窗体上。

例7-1　设计一个简易编辑器的菜单项，各个菜单项的属性见表7-1。

表7-1　菜单项的属性

菜单级别	菜单标题	名　称	内缩符号	访问键	热　键
顶级菜单1	文件	MnuFile	无	F	无
子菜单1	新建	mnuNew	1	N	Ctrl+N
子菜单2	打开	mnuOpen	1	O	Ctrl+O
子菜单3	-	Fg1	1		无
子菜单4	保存	mnuSave	1	S	Ctrl+S
子菜单5	另存为	mnuSaveAs	1	A	无
子菜单6	-	Fg2	1		无
子菜单7	退出	mnuExit	1	X	
顶级菜单2	编辑	mnuEdit	无	E	无
子菜单1	复制	mnuCopy	1	C	Ctrl+C
子菜单2	粘贴	mnuPaste	1	P	Ctrl+V
子菜单3	剪切	mnuCut	1	T	Ctrl+X
子菜单4	删除	mnuDel	1	D	Del
子菜单4	全选	mnuSelectAll	1	L	Ctrl+A
顶级菜单3	帮助	mnuHelp	无	H	无
子菜单1	帮助主题	mnuTopic	1	H	F1
子菜单2	关于	mnuAbout	1	A	无

具体步骤如下：

（1）单击“工具”菜单，打开菜单编辑器。

（2）在“标题”栏中输入“文件（&F）”，“名称栏”输入“MnuFile”。

（3）单击“下一个”按钮。

（4）标题栏中输入“新建（&N）”；“名称栏”输入“MnuNew”;“快捷键”选择“Ctrl+N”；单击右箭头“→”，使其成为顶层菜单“文件”的子菜单。

（5）单击“下一个”按钮。

（6）标题栏中输入“打开（&O）”；“名称栏”输入“MnuOpen”;“快捷键”选择“Ctrl+O”；这时可以发现，此菜单项已经自动仿照上面一个菜单项内缩了一级，不用再单击右箭头“→”，它已经成为顶层菜单“文件”的子菜单了。

（7）单击“下一个”按钮。

（8）标题栏中输入减号“-”；“名称栏”输入“Fg1”，这样，就设计成了一条分隔线。

……

以同样的步骤完成表 7-1 中其他菜单项的设计。

7.1.3 菜单的 Click 事件

每个菜单项包括顶层菜单项和子菜单项，都可以看成是一个控件，都可以接收 Click 事件，而且菜单控件只响应唯一的 Click 事件。每个菜单项都有一个名字，把该名字和 Click 放在一起就组成了该菜单的 Click 事件过程。

菜单设计完成后，窗体上显示出如图 7-3 所示的菜单。此时单击某个菜单项即可以进入代码编辑区，然后设计各菜单项的 Click 事件过程。

例 7-2 设计上例中简易编辑器各菜单项的 Click 事件。

设计完菜单界面后，在窗体上添加通用对话控件（CommonDialogBox）和丰富文本框控件（RichTextBox），这两个控件没有在工具箱中，需要通过打开“工程”菜单，“部件”子菜单，在“控件”选项中，选择复选框“Microsoft Common Dialog Control 6.0”和“Microsoft Rich Textbox Control 6.0”。添加控件后程序设计界面如图 7-3 所示。对于每个菜单编程如下：

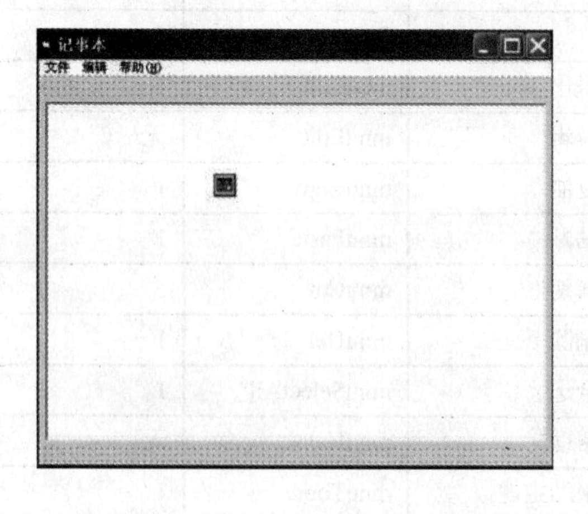

图 7-3 添加控件后程序设计界面

程序代码如下：

```
Private Sub Form_Load（）
StatusBar1.Panels.Item（1）= "正在运行中"
End Sub

Private Sub mnuCopy_Click（）
ClipboarD. Clear
ClipboarD. SetText RichTextBox1.SelText
End Sub

Private Sub mnuCut_Click（）
ClipboarD. Clear
ClipboarD. SetText RichTextBox1.SelText
RichTextBox1.SelText = " "
End Sub

Private Sub mnuDel_Click（）
RichTextBox1.SelText = " "
End Sub

Private Sub mnuExit_Click（）
End
End Sub

Private Sub mnuNew_Click（）
RichTextBox1.Text = " "
FileName = "未命名"
Me.Caption = FileName
End Sub

Private Sub mnuOpen_Click（）
CommonDialog1.Filter =
"Allfiles（*.*）|（*.*）|text（*.txt）|（*.txt）|picture（*.bmp;*.ico）|（*.bmp;*.ico）"
CommonDialog1.ShowOpen
RichTextBox1.Text = ""
FileName = CommonDialog1.FileName
RichTextBox1.LoadFile FileName
Me.Caption = "记事本：" & FileName
End Sub
```

```
Private Sub mnuPaste_Click（）
RichTextBox1.SelText = ClipboarD．GetText
End Sub

Private Sub mnuSave_Click（）
CommonDialog1.Filter = "allfiles（*.*）|*.*|text（*.txt）|*.txt"
CommonDialog1.ShowSave
FileName = CommonDialog1.FileName
RichTextBox1.SaveFile FileName
Me.Caption = "记事本" & FileName
End Sub

Private Sub mnuSaveAs_Click（）
CommonDialog1.Filter = "allfiles（*.*）|*.*|text（*.txt）|*.txt"
CommonDialog1.ShowSave
FileName = CommonDialog1.FileName
RichTextBox1.SaveFile FileName
Me.Caption = "记事本" & FileName
End Sub

Private Sub mnuSelectAll_Click（）
RichTextBox1.SelStart = 0
RichTextBox1.SelLength = Len（RichTextBox1.Text）
End Sub

Private Sub mnuTopic_Click（）
CommonDialog1.HelpCommand=cdlHelpContents
CommonDialog1.HelpFile= "D：\vb\Common\NoteBook.hlp"
CommonDialog1.ShowHelp
End Sub

Private Sub mnuAbout_Click（）
 MsgBox "记事本 版权所有（C）2010 zsq"， vbOKOnly， "关于"
End Sub
```

7.1.4 弹出式菜单

常见的弹出式菜单一般在单击右键后弹出，弹出的位置通常和鼠标单击的位置有关。弹出式菜单不同于下拉式菜单，它是通过 PopupMenu 方法弹出显示的，其格式为：

对象.PopupMenu 菜单名，Flags，X，Y，BoldCommand

说明：

（1）对象：可选项，表示窗体名。如果省略对象，则表示该弹出式菜单只能在当前窗体中显示。

（2）菜单名：是在菜单编辑器中定义的主菜单项名。

（3）Flags：可选项，用以指定弹出式菜单的显示位置和激活菜单的行为。设置弹出式菜单的位置，可以使用下面三个位置参数：

0-VbPopupMenuLeftAlign：X 坐标指定菜单左边位置，这是缺省值。

4-VbPopupMenuCenterAlign：X 坐标指定菜单中间位置。

8- VbPopupMenuRightAlign：X 坐标指定菜单右边位置。设置选择菜单命令的方式，有下面两个行为参数可供选择：

0-VbPopupMenuLeftButton：单击左键选择菜单命令，这是缺省值。

2-VbPopupMenuRighButton：单击右键选择菜单命令，用于构造特殊的菜单命令体系。

Flags 参数值可以是上面的两种参数之和，如 2＋8，若使用符号常量可用 OR 连接。

（4）X：指定显示弹出式菜单的横坐标。如果该参数省略，则弹出式菜单显示在鼠标的当前位置。

（5）Y：指定显示弹出式菜单的纵坐标。如果该参数省略，则弹出式菜单显示在鼠标的当前位置。

（6）Boldcommand：指定弹出式菜中的弹出式菜单控件的名字，用以显示为黑体正文标题。

为了显示弹出式菜单，通常把 PopupMenu 方法放在 MouseDown 事件中。

例 7-3 上例中简易编辑器设计鼠标右键的弹出菜单程序。

```
Private Sub RichTextBox1_MouseDown（Button As Integer，Shift As Integer，X As Single，
Y As Single）
    If Button = 2 Then
        PopupMenu mnuEdit          ' 弹出名称为 mnuEdit 的菜单
    End If
End Sub
```

7.2 工具栏

工具栏是一些常用菜单的图形按钮实现，工具栏为用户带来比用菜单更为快速的操作方式。可以通过 Active X 控件实现。

VB 中使用的控件有三类：标准控件、ActiveX 控件和可插入对象（如 Word 文档、Excel 工作表等，可当作控件使用）。Active X 控件是一段可重复使用的程序代码和数据。由 Active X 技术创建的，可以作为 VB 工具箱的扩充部分。Active X 控件以单独的文件存在（.ocx）。

为窗体添加工具栏，应使用工具条（ToolBar）控件和图像控件列表（ImageList）控件（不是标准控件）。

创建工具栏的步骤：

（1）添加 ToolBar 控件和 ImageList 控件；

（2）用 ImageList 控件保存要使用的图形；

（3）创建 ToolBar 控件，并将 ToolBar 控件与 ImageList 控件相关联，创建 Button 对象；编写 Button 的 Click 事件过程。

（4）单击工具栏控件时触发 Click 事件，单击工具栏上按钮时触发 ButtonClick 事件，并返回一个 Button 参数（表明按下哪个按钮）。

例 7-4　在上例中简易编辑器的基础上，增加一个工具栏，使之能快速提供"新建"、"打开"、"保存"、"复制"、"粘贴"、"删除"等按钮。

操作步骤如下：

（1）打开例 7-3 的应用程序。

（2）按上述创建 ImageList 的方法，在窗体上建立 ImageList1 控件，并从 microsoft visual studio\common\graphics\bitmaps\t1_W95 系统文件夹中取出图片文件 new、Open、save、paste、delete、delete、copy（本例采用这七个图片作为按钮的图形），并添加到该控件中。

（3）在窗体上建立 ToolBar1 控件，使之与 ImageList1 相关联，即在 ToolBar1 的右键属性页，选择"通用"选项中的图像列表为 ImageList1，如图 7-4 所示。

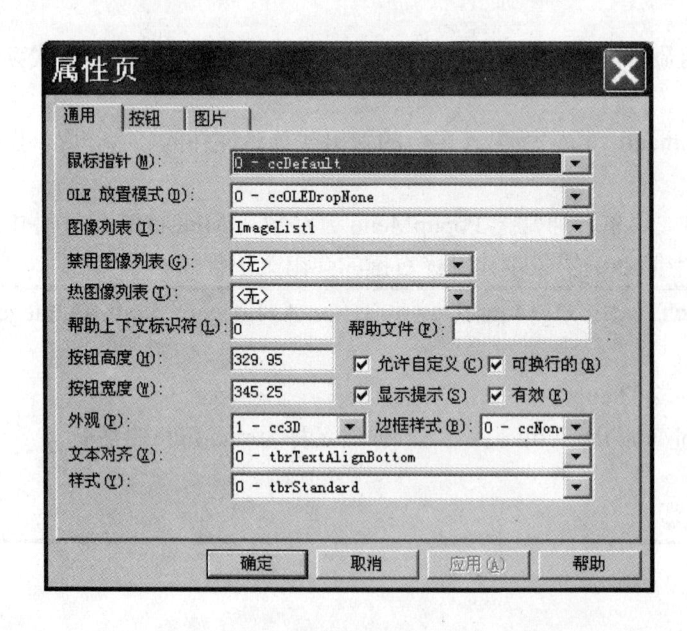

图 7-4　ToolBar1 控件与 ImageList1 相关联

（4）然后在 ToolBar1 控件中添加关键字分别为 new、Open、save、paste、cut、delete、copy 的七个按钮，并分别取用 ImageList1 中的七个图片，即在按钮属性页中，选取图像索引与按钮索引一致即可，如图 7-5 所示。

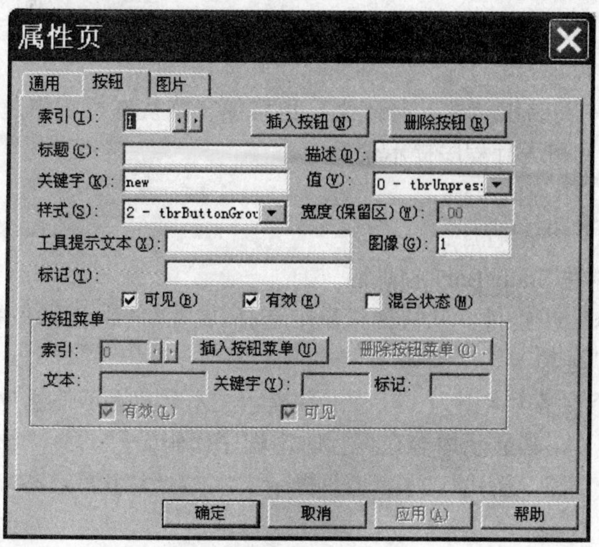

属性页

通用 按钮 图片

索引(I): 1 插入按钮(N) 删除按钮(R)

标题(C): 描述(D):

关键字(K): new 值(V): 0 - tbrUnpres:

样式(S): 2 - tbrButtonGrou 宽度(保留区)(W): .00

工具提示文本(X): 图像(G): 1

标记(T):

可见(B) 有效(E) 混合状态(M)

按钮菜单

索引: 0 插入按钮菜单(U) 删除按钮菜单(O)

文本: 关键字(Y): 标记:

有效(L) 可见

确定 取消 应用(A) 帮助

图 7-5 图像索引与按钮索引一致

（5）在原有程序代码的基础上，增加以下的 ButtonClick 事件过程代码：

```
Private Sub Toolbar1_ButtonClick（ByVal Button As MSComctlLiB．Button）
On Error Resume Next
Select Case Button.Key
Case " new "
mmnew_Click
Case " Open "
mmOpen_Click
Case " paste "
mmpaste_Click
Case " copy "
mmcopy_Click
Case " save "
mmsave_Click
Case " delete "
mmdel_Click
Case " cut "
mmcut_Click
End Select
End Sub
```

7.3 状态栏

状态栏（StatusBar）通常位于窗体的底部，主要用于显示应用程序的各种状态信息。

StatusBar 控件由若干个面板（Panel）组成，每一个面板包含文本和图片。StatusBar 控件最多能分成 16 个 Panel 对象。

例 7-5　在上例中简易编辑器的基础上，再增加一个状态栏，使之能快速提供“系统时间”、“大写键状态”和运行程序提示信息。

操作步骤如下：

（1）打开例 7-4 的应用程序。

（2）在窗体上创建 StatusBar1 控件。

（3）右击 StatusBar1 控件，从快捷菜单中选择“属性”命令，系统弹出“属性页”对话框。

（4）单击“窗格”选项卡。

（5）设置第 1 个窗格（索引为 1），“工具提示文本”为“提示信息”，“样式”为“0-sbrText”（即显示文本和位图），其显示内容在运行时由程序代码设置。

（6）设置第 2 个窗格（索引为 2），“工具提示文本”为“大小写状态”，“样式”为“1-sbrCaps”（即显示大小写状态）。

（7）设置第 3 个窗格（索引为 3），其“工具提示文本”为“时间”，“样式”为“5-sbrTime”（即按系统格式显示时间）。单击“确定”按钮。

（8）要在运行中使第 1 个窗格显示“正在运行中”，可在 Form_Load（）事件过程中加入如下代码：

```
Private Sub Form_Load（）
        StatusBar1.Panels.Item（1）=  " 正在运行中 "
End Sub
```

练习题

一、选择题

1．如果要在菜单中添加一条分隔线，则应将其 Caption 属性设置为（　）。

A．*　　B．-　　C．%　　D．#

2．如果有一菜单项 MenuOpen，在运行时若要使该菜单项失效，下面语句中正确的是（　）。

A．MenuOpen.Enabled = True　　B．MenuOpen.Enabled = False

C．MenuOpen.Visible = True　　D．MenuOpen.Visible = False

3．有下面程序代码

```
Private Sub Text1_MouseDown（Button As Integer， Shift As Integer， X As Single， Y As Single）
    If Button = 2 Then
        PopupMenu mEdit
        End If
End Sub
```

关于这段代码，下列叙述中正确的是（　）。

A．单击鼠标左键时，弹出名为 mEdit 的菜单　　B．单击鼠标右键时，弹出名为 mEdit 的菜单

C．单击窗体的任意位置时，会弹出菜单　　D．参数 X、Y 指明文本框在窗体中的位置

4．VB 工程包含多种类型的文件其中最常用的文件是：工程文件，窗体文件和标准模块文件，下列各项描述

中（　）是对标准模块文件的正确描述。

A．包含与该工程有关的全部文件、对象以及所设置的环境选项的信息

B．包含窗体及其控件有关属性的文本描述、常量或变量的声明，以及窗体内的过程代码等

C．通常用来定义供其他窗体或模块引用的全局常量、变量、过程等

D．包含无须重新编辑代码便可以改变的位图、字符串和其他数据

5．以下叙述中错误的是（　）。

A．在同一窗体的菜单项中，不允许出现标题相同的菜单项

B．在菜单的标题栏中，“&”所引导的字母指明了访问该菜单项的访问键

C．程序运行过程中，可以重新设置菜单的 Visible 属性

D．弹出式菜单也在菜单编辑器中定义

6．下列不能打开菜单编辑器的操作是（　）。

A．按 Ctrl＋E　　B．单击工具栏中的“菜单编辑器”按钮

C．执行“工具”菜单中的“菜单编辑器”命令　　D．按 Shift＋ Aft＋ M

7．以下关于菜单的叙述中，错误的是（　）。

A．在程序运行过程中可以增加或减少菜单项

B．如果把一个菜单项的 Enabled 属性设置为 False，则可删除该菜单项

C．弹出式菜单在菜单编辑器中设计

D．利用控件数组可以实现菜单的增加或减少

8．以下叙述中错误的是（　）。

A．下拉式菜单和弹出式菜单都用菜单编辑器建立

B．在多窗体程序中，每个窗体都可以建立自己的菜单系统

C．除分隔线外，所有菜单项都能接收 Click 事件

D．如果把一个菜单项的 Enabled 属性设置为 False，则该菜单项不可见

9．设菜单中有一个菜单项为“Open”。若要为该菜单命令设计访问键，即按下 Alt 及字母 O 时，能够执行“Open”命令，则在菜单编辑器中设置“Open”命令的方式是（　）。

A．把 Caption 属性设置为＆Open　　B．把 Caption 属性设置为 O＆pen

C．把 Name 属性设置为＆Open　　D．把 Name 属性设置为 O＆pen

10．菜单控件能够响应的事件是（　）。

A．Click 事件　　B．DoubleClick 事件　　C．MouseDown 事件　　D．MouseUp 事件

二、填空题

1．菜单项控件只能触发____________事件。

2．局变量必须在____________模块中定义，所使用的语句为____________。

3．为了把一个窗体定义为子窗体，必须把它的____________属性设置为 True。

4．在菜单编辑器中建立了一个菜单，名为 Pmenu，用下面的语句可以把它作为弹出式菜单弹出，请填空。

Form1.______ Pmenu

5．如果要将某个菜单项设计为分隔线，则该菜单项的标题应设置为_____。

6．在菜单编辑器中建立一个菜单，其主菜单项的名称为 mnuEdit，Visible 属性为 False，程序运行后，如果用鼠标右键单击窗体，则弹出与 mnuEdit 相应的菜单。以下是实现上述功能的程序，请填空。

Private　Sub　Form1____________（Button　As　Inteqer，　Shift　As　Integer，　x　As　Single，

```
Y As Single)
If Button=2 Then
__________ mnuEdit
End If
End Sub
```

7．激活菜单项可以使用访问键，就是按______和菜单项中加下画线的字母。

8．菜单项显示区位于菜单设计窗口的下部，用于 ________的菜单项，并通过内缩符号（...）表明菜单项的层次。

9．每个菜单项都有一个名字，把该名字和 Click 放在一起就组成了该菜单的_______事件过程。

10．状态栏通常位于窗体的底部，主要用于显示_______________状态信息。

三、编程题

1．设计一个简单的计算器，要求输入两个数，分别计算它们的和、差、积、商。

（1）主菜单栏有“计算加减”、“计算乘除”、“清除退出”三个主菜单项。

（2）“计算加减”有“加”（快捷键 Ctrl＋A）、“减”（快捷键 Ctrl＋B）两个子菜单项。

（3）“计算乘除”有“乘”、“除”两个快捷键。

（4）“清除退出”有“清除”（访问键 C）、“退出”（访问键 Q）。

2．修改上题，使得当两个文本框中有一个为空白时，“加”、“减”、“乘”、“除”各菜单项是无效的。

3．修改上题，插入常用工具栏和状态栏，按钮图标自行设计。

4．设计一个 VB6.0 的编程练习程序。

（1）主菜单栏有“课堂练习”、“课后练习”、“帮助指导”、“关于”四个主菜单项。

（2）“课堂练习”和“课后练习”均由“开发环境”、“程序设计基础”、“数据输入输出”、“分支结构”、“循环结构”、“数组”、“过程”、“常用控件”、“菜单界面设计”、“文件管理”等子菜单项构成。

（3）“帮助指导”有“程序运行结果”和“源程序代码” 两个子菜单项。

（4）“关于”有版本信息弹出对话框。

以上个菜单项的访问键和快捷键自行设计。

第8章 文件管理

学习内容

文件的结构与分类
文件操作语句和函数
顺序文件
随机文件
文件系统控件
文件基本操作

学习目标

掌握顺序文件、随机文件的基本操作，了解文件的作用、种类、结构和用途。掌握 OPEN 语句，了解与文件相关的函数。掌握常用的文件系统控件。

8.1 文件概述

文件是在逻辑上具有完整意义的信息（程序和数据）集合。在计算机系统中，除了应用程序产生的文档或表格（如 Word 和 Excel 软件）被定义为文件外，任何输入输出设备都被当作文件进行处理。这样，计算机便可以以统一的方式处理所有的输入输出操作。

8.1.1 文件结构

文件本身实际上就是包括一系列定位在磁盘上的相关字节。当应用程序访问一个文件时，必须假定字节表示什么（字符、数据记录、整数、字符串等）。

为了有效地存取数据，数据必须以特定的方式存放，这种特定的方式称为文件结构。Visual Basic 文件由记录组成，记录由字段组成，字段由字符组成。

字符是文件的基本单位，可以是数字、字母、特殊符号等。西文字符存放在一个字节中，中文字符存放在两个字节中，但是，Visual Basic 都将其记为一个字符。

一组相关的字符称作一个域或者字段。一个域表示一项数据，例如，表 8-1 中，姓名“李丽红”是一个域。一组相关的域则组成记录，例如，表 8-1 中，每个人的姓名、学号、科目、成绩构成一个记录。一个文件由一个以上的记录构成，例如，成绩表文件中有 50 个人的成绩，每个人的成绩信息是一个记录，50 个记录构成一个文件。

表 8-1 成绩表中个人成绩记录

姓　名	学　号	科　目	成　绩
李丽红	01090801001	计算机应用基础	87

8.1.2 文件的分类

根据数据的存取方式和结构，可以将文件分为顺序文件和随机文件；根据数据性质，文件可分为程序文件和数据文件；根据数据的编码方式，文件可以分为 ASCII 文件和二进制文件。

1．顺序文件和随机文件

顺序文件中的记录一个接一个地存放。顺序文件只提供第一个记录存放的位置，要寻找其他记录，必须从文件头开始，顺序读取后续记录，直至找到要查找的记录。其结构相对比较简单，只要把数据记录一个接一个地写到文件中即可，但维护起来比较困难，为了修改文件中的某个记录，必须读入整个文件到内存，修改后再重新写入磁盘。

顺序文件占用的空间少，容易使用，但是它在存取、增减数据上的不方便使得该类型文件只适用于有一定规律且不需要经常修改的数据。

随机存取文件又称为直接存取文件，简称为随机文件或直接文件。随机文件中每个记录的长度是固定的，记录中每个域的长度也是固定的。随机文件的每个记录都有一个对应的记录号，在读写文件时，根据提供的记录号，就能直接读写对应的记录。而无须从第一个记录开始顺序查找。因此可以对随机文件中的不同记录同时进行读写操作，以加快对文件的处理速度。

随机文件存取数据灵活方便，易于修改，速度较快，但是，空间占用较大，且数据的组织较为复杂。

在 Visual Basic 中，针对上述两类文件，提供了三种文件访问的类型：

（1）顺序访问方式———适用于读写连续块中的文本文件。

（2）随机访问方式———适用于读写有固定长度记录结构的文本文件或二进制文件。

（3）二进制访问方式———适用于读写有任意结构的文件。

2．程序文件和数据文件

程序文件存放的是计算机可以执行的程序，包括源文件和可执行文件。在 Visual Basic 中，扩展名为*.exe、*.frm、*.vbp、*.vbg、*.bas、*.cls 等的文件都是程序文件。

数据文件是指存放普通数据信息的文件，如扩展名为*.doc、*.xls、*.dat、*.wav、*.rm 等的文件都属于数据文件，它们需要通过程序来存取和管理。

3．ASCII 文件和二进制文件

ASCII 文件又称文本文件，它以 ASCII 编码方式保存文件。这类文件可以用字处理软件来建立和修改，保存时按纯文本方式保存。

二进制文件是以二进制方式保存的文件，它不能用字处理软件进行编辑，但占用的空间较小。

8.2　文件的打开与关闭

在 Visual Basic 中，对文件的处理一般需要经历打开、操作、关闭三个步骤。

第 1 步，打开/建立文件。

任何类型的文件必须打开/建立之后才能使用。若要操作的文件已经存在，则打开该文件；若要操作的文件不存在，则建立一个新文件。

第 2 步，操作文件。

文件被打开/建立之后，就可以对文件进行所需的操作，例如，读出、写入、修改文件数据等操作。其中，将数据从计算机的内存传输到外存的过程称为写操作，而从外存传输到内存的过程称为读操作。

第 3 步，关闭文件。

当对文件操作好之后，就应该将文件关闭。

Visual Basic 中对文件的操作由相关的语句和函数实现，本节主要介绍文件的打开、关闭和相关处理操作。

8.2.1　文件的打开/建立

在对文件进行任何操作之前，都必须打开或建立文件。在 Visual Basic 中，用 Open 语句实现打开或建立一个文件。

Open 语句的一般格式为：

Open（文件名）［For 方式」［Access 存取类型］[锁定] As[#]文件号［Len=记录长度］

说明：

（1）文件名：包含路径（驱动器和文件夹）的文件名，是一个字符串。文件名有两种写法：一种是用字符串直接写出，如“C：\VB\A．dat”；另一种是先将字符串存入变量，如。c$=“C：\VB\A．dat”，再在＜文件名＞位置处填入 c。

（2）For 方式：指明文件的输入、输出方式，有如下形式：

① Input：指定顺序输入方式。

② Output：指定顺序输出方式。

③ Append：指定顺序输出方式。但是，与 Output 的不同之处在于，用该模式打开文件时，文件指针被定位在文件末尾。若对文件执行写操作，则写入的数据追加到原来文件数据的后面。

④ Random：指定随机存取方式，在没有指定方式的情况下，文件默认以该方式打开。若该模式下没有 Access 子句，则 Open 语句在执行时按下列顺序打开文件：读/写、只读、只写。

⑤ Binary：指定二进制方式文件。若该模式下没有 Access 子句，则打开文件的类型与 Random 模式相同。

（3）存取类型：指定文件的访问方式。若要打开的文件已经由其他过程打开，则不允许指定访问类型，否则 Open 语句运行失败，并返回出错信息。文件的访问方式可以是下列类型之一：Read（只读）、Write（只写）或 Read Write（读写）。其中，Read Write（读写）

类型只对随机文件、二进制文件，以及用 Append 方式打开的文件有效。

（4）锁定：在多用户或多进程环境下，该参数用来限制其他用户或进程对已经打开的文件进行读写操作。该参数可选的类型如下：

① Shared：允许机器上的任何进程都可以对该文件进行读写操作。

② Lock Read：不允许其他进程读该文件。只有该文件没有被其他进程以 Read 方式访问时，才能使用这种锁定。

③ Lock Write：不允许其他进程写该文件。只有该文件没有被其他进程以 Write 方式访问时，才能使用这种锁定。

④ Lock Read Write：不允许其他进程读写该文件。在默认情况下，认为文件是 LockRead Write。

（5）文件号：一个取值范围在 1～511 之间的整数（或整型表达式）。文件号和一个具体的文件相关联。其他语句或函数可以通过文件号与对应文件发生联系。

（6）记录长度：是一个小于等于 32767 字节的正整数（或整型表达式）。当访问随机文件时，它指示文件的记录长度；当访问顺序文件时，它指示缓冲字符数；当访问二进制文件时，该子句被忽略。

（7）使用 Binary、Input 和 Random 模式时，可以不必关闭文件，而用不同的文件号打开相应文件；而在 Append 和 Output 模式下，必须先关闭文件，才能重新打开文件。

（8）Open 语句兼有建立新文件和打开一个已存在文件的功能。若以 Input 模式打开一个文件，而该文件不存在时，则产生“文件未找到”的错误；若以 Output、Append、Random 模式打开一个文件，而该文件不存在时，则建立一个新文件。

例 8-1 几个打开文件操作的例子。

1．按顺序方式打开或建立文件

（1）建立并打开一个新的数据文件。

Open " test.txt " For Output As#1

（2）如果 test.txt 文件已经存在，打开已存在的文件，新写入的数据将覆盖原有数据。

Open " test.txt " For Output As#l

（3）打开已存在的文件，新写入的数据追加在原有数据之后，若文件不存在，则以 Append 模式建立一个新文件。

Open " test.txt " For Append As# 1

（4）打开已存在的数据文件，以便后续读出记录。

Open " test.txt " For Input As#l

2．按随机方式打开或建立文件

（1）建立或打开一个文件。

Open " test.txt " For Random As#l

（2）打开一个已有的文件。

Open " c：\test\test.txt " For Random As# 1

或者

Filename$=" c：\test\test.txt " ' 将文件名赋予一个字符串变量

Open Filename For Random As#1 ' 打开文件

8.2.2 文件的关闭

一般，文件使用完之后，都要将其关闭。在 Visual Basic 中，可以用 Close 语句来关闭一个已打开的文件。

Close 语句的一般格式为：

Close〔［#］文件号〕〔，［#〕文件号〕

说明：

（1）文件号：Close 语句后面跟的是要关闭的文件所对应的文件号，可以同时关闭一个或多个文件，文件号之间由逗号隔开。若省略 Close 后面的参数，则关闭所有由 Open 语句打开的文件。

（2）Close 语句将文件缓冲区中的内容写到文件中，并释放分配的文件号，以便给其他 Open 语句使用。

（3）程序在结束时将自动关闭所有打开的文件。

例如，假设已经用 Open 语句打开了 test.txt 文件：

Open " test.txt " For Random As# 1

则可以用下面的语句关闭该文件：

Close #1

8.3 文件操作语句和函数

由于访问随机文件和顺序文件有所不同，因此下面介绍的函数或语句都是通用的，不同类型的文件所特有的操作方式在后面的章节中再陆续介绍。

8.3.1 文件指针

对文件的各种操作，都需要对文件的读写位置进行定位。文件在用 Open 语句打开后，会自动生成一个隐含的文件指针。除了用 Append 模式打开的文件，其文件指针指向文件的末尾外，用其他模式打开的文件，其文件指针都指向文件头。当完成一个读写操作后，文件指针自动移到下一个读写操作的起始位置。文件指针的移动量由 Open 语句和读写语句中的参数共同决定。在顺序文件中，文件指针的移动量是它所读写的字符串的长度。而在随机文件中，文件指针的最小移动单位是一个记录的长度。

在 Visual Basic 中，与文件指针相关的语句为 Seek。

Seek 语句的一般格式为：

Seek[#］文件号，位置

Seek 语句用来设置文件中下一个读或写的位置。

说明：

（1）文件号：含义同前。

（2）位置：一个取值范围在 1～（2^{31}-1）之间的数（或数值表达式），用来指定下一次读写操作的起始位置。

（3）对于 Output、Input 和 Append 方式打开的文件，“位置”是从文件头到“位置”之间的字节数，即下次读写操作的起始位置。文件第一个字节的位置是 1。对于 Random 方式打开的文件，“位置”指的是记录号。

（4）在 Get 或 Put 语句中定义的文件指针位置优先于 Seek 语句定义的指针位置。

（5）当位置值为 0 或负数时，将产生出错信息“错误的记录号”。当位置值标识在文件末尾之后时，对文件执行写操作将扩展该文件。

除了 Seek 语句之外，Visual Basic 还提供了一个 Seek（）函数，用于文件指针操作。

Seek（）函数的一般格式为：

Seek（文件号）

该函数返回文件指针的当前位置，其返回值在 1～（2^{31}-1）范围内。

说明：

（1）Seek 语句和 Seek（）函数的区别如表 8-2 所示。

表 8-2　Seek 语句和 Seek（）函数的区别

文件类型	Seek 语句	Seek（）函数
顺序文件	将文件指针移动到所指定的字节位置上	返回下次要进行的读写操作的位置信息
随机文件	将文件指针移动到一个记录的开头	返回下一个记录号

（2）在 Random 方式下返回的是下一个要读写的记录号；在 Binary、Output、Append 和 Input 方式下返回的是下次读写操作开始的字节位置，第一个字节的位置是 1，第二个字节的位置是 2，依此类推。

8.3.2　FreeFile 函数

FreeFile（）函数返回一个在程序中没有使用过的文件号。在程序中如果需要打开多个文件，使用该函数得到一个未用的文件号，可以避免文件号的冲突。

FreeFile（）函数的一般格式为：

FreeFile［（文件号范围）］

其中，“文件号范围”是可选参数，该参数是变体类型。当它的值为 0 时，FreeFile（）函数返回的文件号在 1～255 范围内；当它的值为 1 时，FreeFile（）函数返回的文件号在 256～511 范围内，其默认值为 0。

例 8-2　用 FreeFile 函数获得一个文件号。

程序代码如下：

```
Private Sub Form_Click（）
Filename=InputBox（"请输入要打开或新建的文件名"）
Filenum=FreeFile
Open FileName$ For Append As Filenum
Print FileName$; "对应的文件号为#"；Filenum
Close # Filenum
End Sub
```

上述过程将要打开或新建的文件的文件名赋予字符串变量 FileName$，通过 FreeFile 函数获得一个未使用的文件号，赋给变量 Filenum。程序运行后，在输入对话框中输入“test.txt”，单击“确定”按钮，程序输出如下：

test.txt 对应的文件号为#1

8.3.3 Loc 函数

Loc 函数用来返回指定文件的当前读写位置。

Loc 函数的一般格式为：

Loc（文件号）

说明：

（1）对于随机文件，该函数返回的是最后一次进行读写操作的记录号。

（2）对于顺序文件，该函数返回的是从该文件被打开以来读或写的记录个数，一个记录是一个数据块。

（3）对于二进制文件，该函数返回最后一次读写的字节位置。

8.3.4 LOF 函数

LOF 函数用来返回文件所包含的字节数。

LOF 函数的一般格式为：

LOF（文件号）

说明：

（1）该函数用于确定一个已被打开的文件的大小。若要获得一个未被打开的文件的大小，则用 FileLen（）函数。

（2）在 Visual Basic 中，文件的基本单位是记录，每个记录的默认长度为 128 个字节，所以对于由 Visual Basic 创建的数据文件，该函数返回的是 128 的倍数，但不一定是文件的实际字节数。例如，设某个文件的实际长度是 385（128×3+1）个字节，用 LOF（）函数返回的字节数是 512（128×4）个字节。但是，对于用其他编辑软件或字处理软件建立的文件，该函数的返回值是实际分配的字节数，即文件的实际长度。

8.3.5 EOF 函数

EOF 函数用来测试文件是否结束，其返回值为逻辑值。

EOF 函数的一般格式为：

EOF（文件号）

说明：

（1）在文件输入期间，该函数可以用来避免“输入超出文件末尾”的错误。

（2）EOF（）函数在检测到文件结束时，返回 True，否则返回 False。

（3）在 Random 或 Binary 访问模式下，如果最后执行的 Get 语句没有读到一个完整的记录，则返回 True，否则返回 False。

（4）若文件以 Output 方式打开，则 EOF（）函数永远返回 True。

8.4 顺序文件

顺序文件的操作有两种，即读和写。往顺序文件中写数据，Visual Basic 提供了两个语句：

Print 语句和 Write 语句。而读数据，有两个语句和一个函数：Input 语句、Line Input 语句和 Input（）函数。

8.4.1 写操作

1．Print 语句

Print 语句的功能是将数据写入文件中。

Print 语句的一般格式为：

Print #文件号，［[spc（n）|Tab（n）］［表达式列表］［；|，］］

其中，“文件号”为 Open 语句中使用的文件号，其他参数的含义和 Print 方法是一样的。若省略可选项，即“Print #文件号”，则为写一个空行。

说明：

（1）Print #语句中的表达式之间可用分号或逗号隔开，分别对应紧凑格式和标准格式。

（2）Print #语句只是将数据送到缓冲区，并不保证将数据写入磁盘文件。只有出现下列情况之一才写盘：

①关闭文件（Close）。

②缓冲区已满。

③缓冲区未满，但执行下一个 Print #语句。

例 8-3 用 Print #语句将数据写入文件中。

程序代码如下：

```
Private Sub Form_Click（）
Open "e：\test.txt" For Output As #1
sname = InputBox（"请输入姓名："，"数据输入"）
snum = InputBox（"请输入学号："，"数据输入"）
saddr = InputBox（"请输入联系方式："，"数据输入"）
Print #1，sname，snum，saddr
Print #1，
Print #1，sname; snum; saddr
Print #1，
Print #1，Chr（34）; sname; Chr（34），Chr（34）; snum; Chr（34），Chr（34）; saddr; Chr（34）
Close # 1
End Sub
```

上述程序首先打开一个 test.txt 文件，文件号为 1，接着输入姓名、学号和联系方式三个数据，然后程序用 Print #1 语句将输入的三个数据分别以标准输入格式（逗号隔开）、紧凑输入格式（分号隔开）以及加双引号输出。对于双引号（""）的输入使用 Chr$（34）。每个格式输出之间输出一个空白行（Print #1，）。若 Print #语句省略输出参数列表，则在文件中输出一个空白行。

2．Write 语句

Write 语句的功能是向顺序文件中输出数据。

Write 语句的一般格式为：

Write #文件号，[表达式列表]

说明，

（1）通常用 Input #从文件读出 Write #写入的数据。

（2）如果省略表达式列表，则输出空行，多个表达式之间可用空格、分号或逗号隔开。空格和分号等效。

（3）使用 Write 语句时，文件必须以 Output、Append 方式打开。

（4）Write 语句和 Print 语句的主要区别是：用 Write 语句向文件写入的数据，在数据项之间自动插入逗号，若为字符串数据，则给字符串加上双引号。

例 8-4　用 Write 语句在磁盘上建立一个数据文件。

程序代码如下：

```
Private Sub Form_Click（）
Dim i As Integer
i = 1
Open " e：\temp.txt " For Append As #1
question = InputBox（" 完成？（Y/N）"）
While UCase（question）<> " Y "
   sname = InputBox（" 请输入姓名："）
   Write #1， i， sname
   question = InputBox（" 完成？（Y/N）"）
   i = i + 1
 Wend
  Close #1
End
End Sub
```

上述程序首先建立或打开一个名为 temp.txt 的文件，然后在该文件中按照输入的次序，将输入的名字排序，直到对“完成？（Y/N）”的回答为“Y”。

可以用操作系统中自带的“记事本”程序查看用 Print #语句输出的文件与用 Write#语句输出的文件之间的区别。

例 8-5　在磁盘上建立一个名为 grade.txt 的文件，文件中的记录包括：学号、姓名、成绩三个字段。

（1）建立标准模块，定义记录类型。（通过菜单中【工程】|【添加模块】命令）

程序代码如下：

```
Type Student
ID As Integer
Name As String * 10
Grade As Single
End Type
```

将上述模块存盘，文件名为“LT11-5.bas”。

（2）在窗体层（*.frm）中添加如下代码：

Option Base 1

（3）在窗体事件过程中添加如下代码：

```
Private Sub Form_Click（）
Static stud（）As Student
Open  " e：\grade.txt "  For Output As #1
N = InputBox（" 请输入学生人数：" ）
ReDim stud（N）As Student
For i = 1 To N
stud（i）.ID = InputBox（" 请输入学生学号： " ）
stud（i）.Name = InputBox（" 请输入学生姓名： " ）
stud（i）.Grade = InputBox（" 请输入学生年级： " ）
Write #1， stud（i）.ID， stud（i）.Name， stud（i）.Grade
Next i
Close #1
End
End Sub
```

保存上述程序。程序在 LT11-5.bas 中定义了一个名为 Student 的记录类型，然后在程序中声明了一个 Student 类型的数组 Stud（），数组的大小未定。在程序运行时，根据输入的学生数量，重新定义 Stud（）数组的大小。通过从键盘上输入的数据，将记录写到磁盘文件上。程序执行后，可以用字处理软件查看文件的内容。

8.4.2 读操作

对顺序文件的读操作可以通过 Input #语句、Line Input #语句或 Input（）函数实现。

1．Input #语句

Input 语句的主要功能是从顺序文件中读取数据项，并把这些数据项赋给程序变量，遇到逗号，便认为是数据项的结束。

Input #语句的一般格式为：

Input #文件号，变量表

说明：

（1）文件中数据项的类型应与 Input #语句中变量的类型匹配。

（2）为了能够用 Input #语句将文件的数据正确读入到变量中，在将数据写入文件时，要使用 Write #语句，而不使用 Print #语句。使用 Write #语句可以确保将各个单独的数据域正确分隔开。

（3）Input #语句也可用于随机文件。

例 8-6 将例 8-5 中建立的 grade.txt 文件读入内存，并在窗体上显示。

本程序中的标准模块与例 8-5 中的“LT11-5.bas”相同，窗体层代码也相同。窗体事件过程如下：

```
Private Sub Form_Click ()
Static stud () As Student
Open "e:\grade.txt" For Input As #1
n = InputBox ("输入学生数:")
ReDim stud (n) As Student
FontSize = 12
Print "学号"; Tab (10); "姓名"; Tab (20); "成绩"
Print
For i = 1 To n
Input #1, stud (i) .ID, stud (i) .Name, stud (i) .Grade
Print stud (i) .ID; Tab (10); stud (i) .Name; Tab (20); stud (i) .Grade
Next i
Close #1
End Sub
```

上述过程首先打开 grade.txt 文件，在循环体中，用 Input #语句读入学生的数据，并在窗体上显示。

2. Line Input #语句

Line Input #语句的功能是从已打开的顺序文件中读取一个完整的行，并把它赋给一个字符串变量。

Line Input #语句的一般格式为：

Line Input #文件号，字符串变量

说明：

（1）“字符串变量”是一个字符串简单变量名，也可以是一个字符串数组元素名，用来接收从顺序文件中读出的字符行。

（2）Line Input #语句一次从文件中读一行字符，直到它遇到回车（chr（13））或换行（chr（10））。当遇到回车换行时，则跳过，而不是将其附加到字符串上。

（3）Line Input #语句与 Input #语句功能类似，不同点在于：Input #语句读取的是文件中的数据项，Line Input #语句读取的是文件的一行。

（4）Line Input #语句也可以用于随机文件。

例 8-7 将一个已存在的磁盘文件读入到内存中，并在文本框中显示，然后将文本框中显示的内容存储到另一个磁盘文件中。

已有的磁盘文件名为“songci.txt”。其内容如下：

水调歌头

苏轼

明月见时有？把酒问青天。

不知天上宫阙，今夕是何年？

我欲乘风归去，又恐琼楼玉宇，高处不胜寒。

起舞弄清影，何似在人间？

转朱阁，低绮户，照无眠。

不应有恨，何事长向别时圆？

人有悲欢离合，月有阴晴圆缺，此事古难全。

但愿人长久，千里共婵娟。

在窗体上建立一个文本框，将文本框的 MultiLine 属性设为 True。然后编写以下窗体事件过程：

```
Private Sub Form_Click（）
  Open  " e：\songci.txt "  For Input As #1
  Text1.FontSize = 16
  Text1.FontName =  " 华文新魏 "
  Do While Not EOF（1）
  Line Input #1， content$
  total = total + content + Chr（13）+ Chr（10）
  Loop
  Text1.Text = total
  Close #1
  Open  " e：\songcibak.txt "  For Output As #1
  Print #1，  Text1.Text
  Close #1
End Sub
```

上述程序打开一个磁盘文件 songci.txt，用 Line Input #语句将文件内容一行一行地读到变量 total 中，并加上回车换行符。然后在文本框中显示读出的信息，并将文本框中的内容存储到 songcibak.txt 文件中。

3．Input（）函数

Input（）函数返回从指定文件中读出的 n 个字符的字符串。

Input（）函数的一般格式为：

Input（n， #文件号）

说明：

（1）通常用 Print #或 Put 将 Input（）函数读出的数据写入文件。Input（）函数只用于以 Input 或 Binary 模式打开的文件。

（2）与 Input #语句不同，Input（）函数返回它所读出的所有字符，包括逗号、回车符、空白列、换行符、引号和前导空格等。

例 8-8　从文件中查找指定的字符串。

本例主要通过 Input（）函数将要查找的文件内容一起读入内存，然后再查找和匹配所检索的字符。程序如下：

```
Private Sub Form_Click（）
strsearch = InputBox（ " 请输入查找字符串： " ）
Open  " e：\string.txt "  For Input As #1
result = Input（LOF（1）， 1）
Close #1
```

```
y = InStr（1,  result,  strsearch）
If y <> 0 Then
Print " 找到字符：" ; strsearch
Else
Print " 没有发现所找字符! "
End If
End Sub
```

上述程序将 string.txt 文件整体读入内存，存储到 result 变量中。然后用 Instr 函数查找所需的字符串。

8.5 随机文件

随机文件的记录具有固定长度，对随机文件的操作必须提供记录号 n，通过计算：记录 n 的地址=（n-1）×记录长度，得到文件记录与文件头的相对地址。所以在用 Open 语句打开文件时，必须指定记录长度，求随机文件记录长度可用函数 Len（）。

Len（）函数的一般格式为：

Len（记录类型变量）

写入或读出记录中的字段时，所对应的变量要和字段的类型以及长度相匹配。

8.5.1 写操作

随机文件的写操作和顺序文件类似，只是随机文件一般将要写入的记录的各个字段放在一起，构成一个用户自定义的记录类型，并指定记录的长度。

一般，随机文件的写操作通过 Put 语句实现。Put 语句的主要功能是将一个变量的内容送入文件号所指定文件的记录号的记录中。

Put 语句的一般格式为：

Put #文件号，［记录号］，变量

说明：

通常用 Get 将 Put 写入的文件数据读出来。文件中的第一个记录或字节位于位置 1，第二个记录或字节位于位置 2，依此类推。如果省略记录号，则将上一个 Get 或 Put 语句之后的（或上一个 Seek 函数指出的）下一个记录或字节写入。所有用于分界的逗号都必须罗列出来。例如：

Put # 4，，FileBuffer

随机文件的写操作可以分为以下四步：

（1）定义数据类型。随机文件由固定长度的记录组成，每个记录含有若干字段。

记录类型用 Type…End Type 定义。

（2）打开随机文件。随机文件的打开应当使用 For Random 参数，这样打开的随机文件既可以读，也可以写。

打开随机文件的一般格式为：

Open（文件名）For Random As #文件号[Len=记录长度]

如果省略“Len=记录长度”，则记录的默认长度为 128 字节。

（3）用 Put 语句将内存中的数据写入磁盘。

（4）关闭文件。

8.5.2 读操作

从随机文件中读取数据的操作与写文件操作步骤类似。随机文件的读操作可以用 Get 语句实现。Get 语句的功能是把由“文件号”所指定的磁盘文件中的数据读到“变量”中。

Get 语句的一般格式为：

Get #文件号，[记录号]，变量

说明：

通常用 Put 将 Get 读出的数据写入一个文件。文件中第一个记录或字节位于位置 1，第二个记录或字节位于位置 2，依此类推。若省略记录号，则会读出紧随上一个 Get 或 Put 语句之后的下一个记录或字节（或读出最近一个 Seek（）函数指出的记录或字节）。所有用于分界的逗号都必须罗列出来，例如：

Get # 4，，　FileBuffer

例 8-9　建立一个随机文件，并用顺序方式和记录号随机存取方式读取该文件。在标准模块中定义下面的记录类型：

```
Type post
sname As String * 10
age As Integer
gender As String
addr As String * 30
End Type
```

在窗体通用声明字段定义记录类型变量和其他变量：

```
Dim postrecord As post
Dim recordnum As Integer
Dim pos As Integer
```

下面的过程用于数据输入，并将输入数据写到磁盘上：

```
Sub file_write（）
Do
   postrecorD．sname = InputBox（" 输入姓名： "）
   postrecorD．age = InputBox（" 请输入年龄： "）
   postrecorD．gender = InputBox（" 请输入年级： "）
   postrecorD．addr = InputBox（" 请输入地址： "）
   recordnum = recordnum + 1
   Put #1，  recordnumber，  postrecord
   inquiry$ = InputBox（" 是否继续?（Y/N） "）
Loop Until UCase（inquiry）=  " N "
End Sub
```

建立好随机文件之后，就可以从文件中读取数据。一般，从随机文件中读取数据的方法有两种：一是顺序读取；二是通过记录号读取。前一种访问方式由于只能从文件的开头进行逐个访问，因而速度较慢。

顺序读取文件操作，其过程如下：

```
Sub file_read_sequence（）
Cls
FontSize = 12
For i = 1 To recordnum
    Get #1， i， postecord
    Print postrecorD．sname， postrecorD．age， postrecorD．gender， postrecorD．addr，
Loc（1）
Next i
End Sub
```

通过记录号读取文件的操作过程如下：

```
Sub file_read_random（）
Cls
FontSize = 12
getmore = True
Do
 recordn = InputBox（"输入要定位的记录号："）
 If recordn ＜ recordnum And recordn ＞ 0 Then
 Get #1， recordn， postrecord
 Print postrecorD．sname; Tab（5）; postrecorD．age; Tab（5）; postrecorD．gender; Tab
（5）; postrecorD．addr; Tab（5）; Loc（1）
 MsgBox "单击确定，继续."

ElseIf recordn = 0 Then
getmore = False
Else
 MsgBox "无效的值，请重新输入!"
End If
 Loop While getmore
 End Sub
```

上述随机读取文件的操作过程在输入的记录号为 0 时，终止查找过程。

上面介绍的三个过程分别用来建立文件、顺序读取文件和随机读取文件。在下面的窗体事件中调用这三个过程：

程序代码如下：

```
Private Sub Form_Click（）
Open "e：\post.txt" For Random As #1 Len = Len（postrecord）
recordnum = LOF（1）/ Len（postrecord）
newline = Chr（13）+ Chr（10）
mg$ = "1.create a file"
mg$ = mg$ + newline + "2.create file in sequence mode"
mg$ = mg$ + newline + "3.create file in random mode"
mg$ = mg$ + newline + "4.delete a record"
mg$ = mg$ + newline + "0.quit the program"
mg$ = mg$ + newline + newline + "请输入一个数字："
begin:
chosen = InputBox（mg）
Select Case chosen
  Case 0
    Close #1
    End
    Case 1
      file_write
    Case 2
      file_read_sequence
      MsgBox "单击确定，继续."
    Case 3
    file_read_random
    Case 4
    p = InputBox（"请输入要删除的记录号："）
    delete_record （p）
    End Select
    GoTo begin
End Sub
```

上述程序运行后，单击窗体则弹出如图 8-1 所示的对话框，要求输入 0～4 进行选择。选项 0：退出程序；选项 1：建立文件；选项 2：顺序读取文件；选项 3：随机方式读取文件；选项 4：删除记录。

8.5.3 增加记录

在随机文件中增加记录就是在文件的末尾追加记录。增加记录时首先找到文件尾部，然后将要追加的记录写到其后。

在例 8-9 中，file_write 过程既可以建立一个文件，也可以增加记录。当建立好一个文件之后，再次选择选项 1，则可以添加记录。

8.5.4 删除记录

在随机文件中，删除一个记录实际上是将下一个记录复制到要删除的记录位置上，后面所有记录依次前移。下面是删除记录的操作过程：

```
Sub delete_record（position As Integer）
repeat：
Get #1， position + 1， postrecord
If Loc（1）＞ recordnum Then GoTo finish
Put #1， position， postrecord
position = position + 1
GoTo repeat
finish：
recordnum = recordnum - 1
End Sub
```

将上述过程添加到例 8-9 的程序中，这时再运行例 8-9 的程序，选择选项进行删除记录操作，程序运行结果如图 8-1 所示。

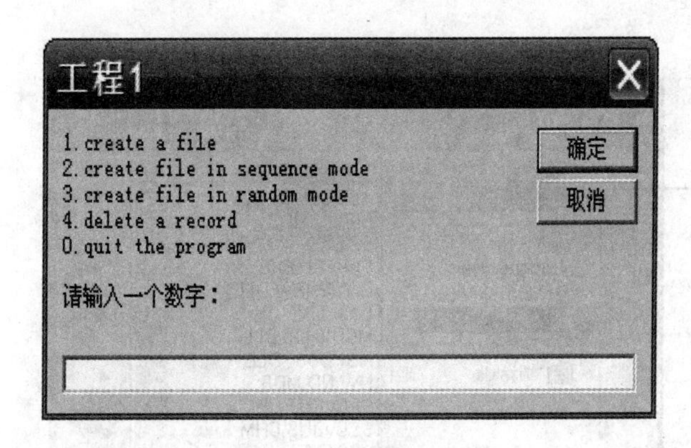

图 8-1 输入对话框

8.6 文件系统控件

为了管理计算机系统中的文件，Visual Basic 提供了驱动器列表框（Drive ListBox）、目录列表框（Dir ListBox）和文件列表框（File ListBox）三个控件。通过这三个控件可以方便地指定文件、目录和驱动器名，也可以方便地查看系统的磁盘、目录和文件等信息。

图 8-2 是在工具箱中三个文件系统控件的图标样式。

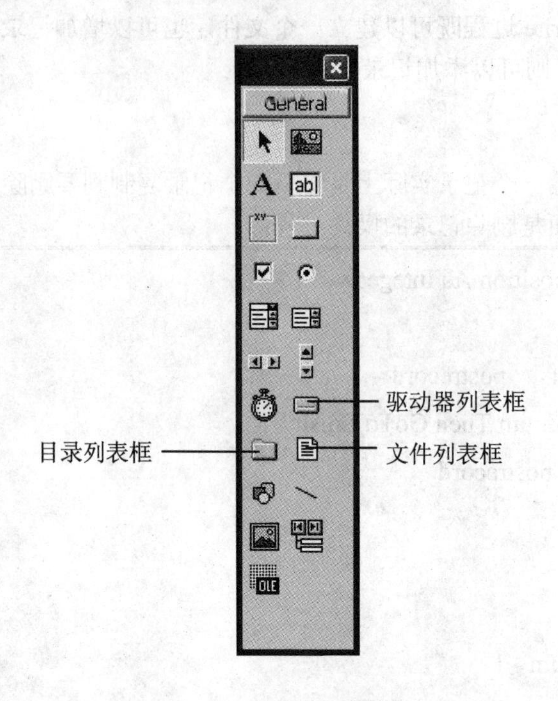

图 8-2 文件系统控件图标

文件系统控件可以组合在一起使用，也可以单独使用。图 8-3 表示三个文件系统控件组合在一起使用的情况。

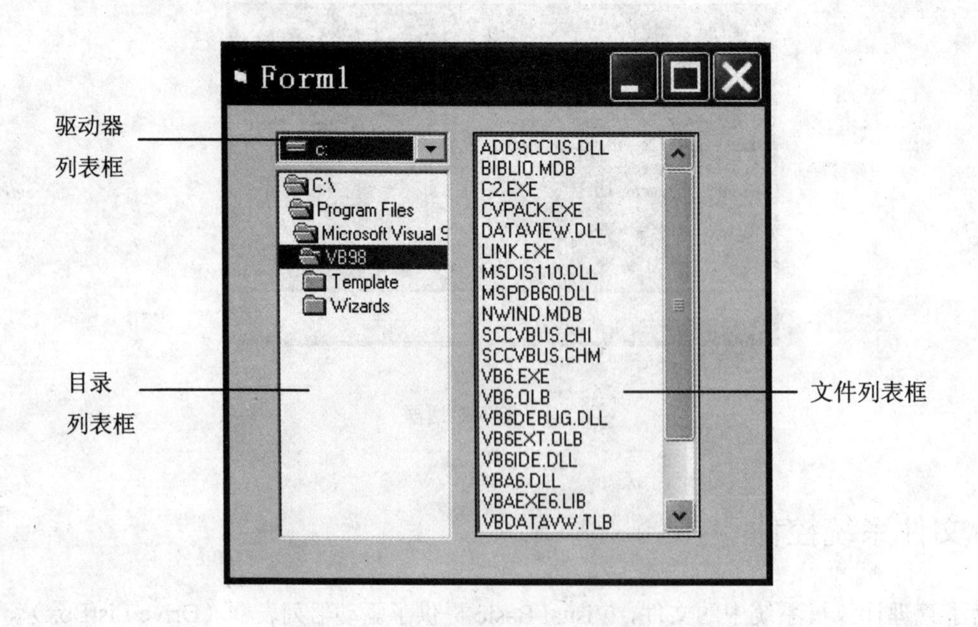

图 8-3 三个文件系统控件组合使用

8.6.1　驱动器列表框

驱动器列表框是下拉式列表框。缺省情况下，在用户系统上显示当前驱动器。在驱动器列表框获得焦点时，用户可输入任何有效的驱动器标识符，或者单击驱动器列表框右侧的箭头来选择有效的驱动器。单击列表框右端向下箭头时，则显示出计算机上所有驱动器的名称。若用户选定了新的有效驱动器，这个驱动器将出现在列表框的顶端。

驱动器列表框、目录列表框和文件列表框等文件系统控件具有许多标准属性，例如，除FontBold、FontName、Height、Left等属性外，还有一个Drive属性，用来设置和返回所选择的驱动器名。Drive属性只能在程序代码中设置，不能在属性窗口中设置。

驱动器列表框的Drive属性设置格式为：

驱动器列表框名称.Drive［=驱动器名］

其中，驱动器名是指定的驱动器，缺省值为当前驱动器。

应用程序可通过下面简单的赋值语句指定出现在列表框顶端的驱动器，例如：

Drive1.Drive= " c\ "

每次重设Drive属性时，会引发Change事件，假设驱动器列表框的名称为Drivel，则其过程的开头为Drive1_Change（）。

8.6.2　目录列表框

目录列表框从最高层目录开始显示当前驱动器上的目录结构。初建立时，当前目录名被突出显示，它和在目录层次结构中比它更高层的目录一起向根目录方向缩进。在目录列表框中当前目录下的子目录也缩进显示。双击某个子目录，就可以把它变成当前目录。

在目录列表框中只能显示当前驱动器上的目录，若要显示其他驱动器上的目录，则需要改变路径，重新设置目录列表框的Path属性。Path属性可用于目录列表框和文件列表框。

Path属性的格式为：

［窗体.］目录列表框 |文件列表框.Path［= " 路径 " ］

其中，窗体是指目录列表框所在的窗体，若省略不写，则认为是当前窗体。若路径省略，则默认为当前路径。

目录列表框中的每个目录都关联一个整型标识符，可用它来标识单个目录。Path 属性（Dirl.Path）指定的目录的ListIndex值为-1，紧邻其上的目录的ListIndex值为-2，再上一个目录的ListIndex值为-3，依此类推。Dirl.Path的第一个子目录的ListIndex值为0。如图8-4所示，若第一级子目录有多个目录，则每个目录的ListIndex值按1，2，3，…的顺序依次排列。

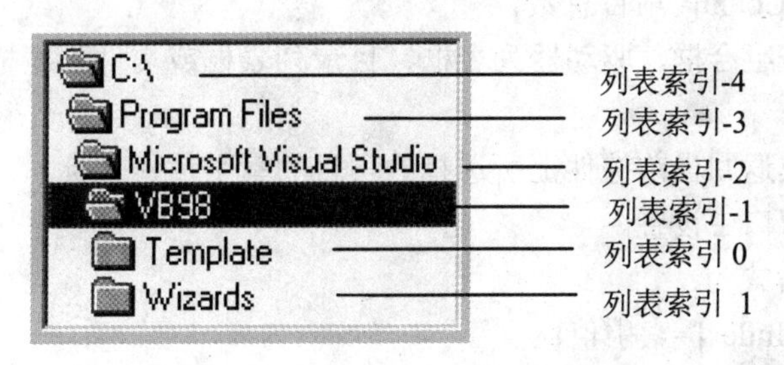

图8-4　目录列表框所显示的目录结构

Path 属性只能在程序代码中设置，不能在属性窗口中设置。当改变 Path 属性时，会引发 Change 事件。而对文件列表框而言，Path 属性改变时，会引发 Path_Change 事件。

目录列表框的 ListCount 属性返回当前扩展目录下的目录数目，而不是目录列表框中的目录总数。

8.6.3 文件列表框

通过前面介绍的驱动器列表框和目录列表框可以指定当前的驱动器和目录，而文件列表框在运行时显示由 Path 属性指定的包含在目录中的文件。可用下列语句在当前驱动器上显示当前目录中的所有文件：

Filel.Path=Dirl.Path

和文件列表框相关的属性，主要包括以下几种：

1．Pattern 属性

可以通过设置 Pattern 属性来显示某一类型的文件。Pattern 属性可以在程序代码或属性窗口中设置。在默认情况下，Pattern 的属性值为“*.*”，即显示所有文件。

例如，设置 Pattern 属性为*.frm 后，将只显示这种扩展名的文件。

File1. Pattern= " *.frm "

Pattern 属性也接受由分号分隔的列表。例如，下列代码行将显示所有扩展名为.frm 和.bas 的文件：

Filel.Pattern＝ " *.frm；*.bas "

Visual Basic 支持“？”通配符。例如，Filel.Pattern= " ???.txt " 将显示所有文件名包含三个字符且扩展名为“.txt”的文件。

当 Pattern 属性改变时，将引发 Pattern_Change 事件。

2．Filename 属性

该属性用来在文件列表框中设置或返回某一选定的文件名称。

Filename 属性的格式为：

[窗体.][文件列表框名.] Filename［=文件名］

其中，文件名可以带有路径，也可以有通配符，因此可用来设置 Drive、Path 或 Pattern 属性。

3．ListCount 属性

该属性返回控件内所列项目的总数，它不能在属性窗口中设置，只能在程序代码中使用。

ListCount 属性的格式为：

[窗体.]控件名.ListCount[=项目总数]

其中，控件可以是组合框、驱动器列表框、目录列表框或文件列表框。

4．ListIndex 属性

该属性用于设置或返回当前控件上所选择的项目的索引值（下标）。它只能在程序代码中使用，不能在属性窗口中设置。

ListIndex 属性的格式为：

[窗体.]控件名.ListIndex[=索引值]

其中，控件可以是组合框、列表框、驱动器列表框、目录列表框或文件列表框。在文件列表框中，第一项的索引值为 0，第二项为 1，依此类推。若没有选中任何项，则 ListIndex 的值为-1。

5．List 属性

该属性可以设置和返回列表框中的某一项目。List 属性中存储了文件列表框中的所有项目，构成一个数组，下标从 0 开始。

List 属性的格式为：

[窗体.]控件名.List（索引）[=字符串表达式]

其中，控件可以是组合框、列表框、驱动器列表框、目录列表框或文件列表框。

例 8-10　输出文件列表框 File1 中的所有项目：

程序代码如下：

```
For i=0 to Filel.ListCount
Print File1.List（i）
Next i
```

上述例子中，Filel.ListCount 表示文件列表框中所有文件的总数，Filel.List（i）表示文件列表框中的每个文件项。

一般来说，当双击文件列表框中的某个可执行文件时，就可以执行该文件，该功能可以在文件列表框接收到双击事件（DblClick）后，通过 Shell 函数来实现。

例如，双击文件列表框中的可执行文件时，则执行该文件。相应代码为：

```
Private Sub File1_Db1Click（）
X=Shell（File1.FileName，1）
End Sub
```

该程序段中的 FileName 是文件列表框中被选择的可执行文件的名字。

8.6.4　文件系统控件的组合使用

在实际应用程序中，往往需要组合使用文件系统控件来同步显示信息，即改变驱动器列表中的驱动器，则在目录列表框中显示对应驱动器下的目录，而在文件列表框中同步显示目录列表框当前目录下的文件。文件系统控件的组合使用，也可以看成是一种同步操作。

假设有缺省名为 Drivel、Dirl 和 Filel 的驱动器列表框、目录列表框和文件列表框，则同步事件可能按如下顺序发生：

（1）用户选定 Drivel 列表框中的驱动器。

（2）生成 Drivel_Change 事件，更新 Drivel 的显示，以反映新驱动器。

（3）编写 Drivel_Change 事件过程，将新选定项目（Drivel.Drive 属性）赋予 Dirl 列表框的 Path 属性，代码如下：

```
Private Sub Drivel_Change（）
Dirl.Path=Drivel.Drive
End Sub
```

（4）Path 属性的改变将触发 Dirl_Change 事件，并更新 Dirl 的显示，以反映新驱动器的当前目录。

（5）Dirl_Change 事件过程将新路径（Dirl.Path 属性）赋予 File 列表框的 Filel.Path 属性，

代码如下：

```
Private Sub Dirl_Change（）
Filel.Path=Dirl.Path
End Sub
```

（6）Filel.Path 属性的改变将触发更新 Filel 列表框中显示，以反映 Dirl 路径的变更。

8.7 文件的基本操作

文件的基本操作指的是文件的删除、复制、移动、重命名等。在 Visual Basic 中，这些基本操作可以通过相应的语句来完成。

8.7.1 删除文件

删除文件可以用 Kill 语句。

Kill 语句的一般格式为：

Kill 文件名

其中，文件名可以含有路径，而且 Kill 语句支持使用通配符来指定多个文件。例如：

Kill " *.txt "

将删除当前目录下所有扩展名为“.txt”的文件。

8.7.2 复制文件

复制文件可以用 FileCopy 语句。

FileCopy 语句的一般格式为：

FileCopy 源文件名，目标文件名

说明：

（1）“源文件名”和“目标文件名”可以含有驱动器和路径信息，但不能含有通配符。

（2）如果想要对一个已打开的文件使用 FileCopy 语句，则会产生错误。

（3）Visual Basic 没有提供专门的语句或函数来移动文件，但是将 Kill 语句和 FileCopy 语句联合使用，可以实现移动文件的操作。

8.7.3 文件重命名

将已存在的文件、文件夹或目录进行重命名，可以用 Name 语句。

Name 语句的一般格式为：

Name 原文件名 As 新文件名

说明：

（1）“原文件名”和“新文件名”都是字符串表达式，可以包含目录或文件夹，以及驱动器。“新文件名”所指定的文件名不能存在。

（2）在一般情况下，“原文件名”和“新文件名”必须在同一驱动器上。如果“新文件名”指定的路径存在并且与“原文件名”指定的路径不同，则 name 语句将把文件移到新的目录下，并更改文件名。

如果“新文件名”与“原文件名”指定的路径不同，但文件名相同，则 name 语句将把文件移到新的目录下，且保持文件名不变。例如：

Name " c：\dos\unzip.exe " As " c：\windows\unzip.exe "

这条语句是将 unzip.exe 文件从 dos 目录下移到 windows 目录下，保持文件名不变，dos 目录下的文件删除。

将原文件从 dos 目录下移动到 windows 下并重新命名。例如：

Name " c：\dos\unzip.exe " As " c：\windows\dounzip.exe "

（3）Name 语句不能创建新的文件、目录或文件夹。在一个已打开的文件上使用 Name 语句，将会产生错误。在改变名称之前，必须先关闭该文件。Name 语句的参数不能包括通配符。

（4）使用 Name 语句可以移动文件，不能移动目录，但可以对目录进行重命名。例如：

Name " c：\temp "　As　" c：\tempnew "

练习题

一、选择题

1．以读文件方式打开顺序文件“hello.txt”的正确语句是（　　）。

A．Open　" hello.txt "　For Input As #1　　B．Open　" hello.txt "　For Read As #1

C．Open　" hello.txt "　For Output As #1　　D．Open　" hello.txt "　For Random As #1

2．向随机文件中写数据，正确的语句是（　　）。

A．Put #1，　，　varTeacherRec　　B．Print #1，　，　varTeacherRec

C．Write #1，　，　varTeacherRec　　D．Get #1，　，　varTeacherRec

3．下面访问模式不是 VB6.0 提供的访问模式是（　　）。

A．顺序访问模式　　B．随机访问模式　　C．动态访问模式　　D．二进制访问模式

4．以随机访问方式将一条记录写入文件的语句是（　　）。

A．Get #文件号，　记录号，　变量名　　B．Put #文件号，　记录号，　变量名

C．Get #文件号，　变量名，　记录号　　D．Put #文件号，　变量名，记录号

5．下列叙述不正确的是（　　）。

A．驱动器列表框是一种能显示系统中所有有效磁盘驱动器的列表框

B．驱动器列表框的 Drive 属性只能在运行时被设置

C．从驱动器列表框中选择驱动器能自动变更系统当前的工作驱动器

D．要改变系统当前的工作驱动器需要使用 ChDrive 语句

6．执行语句 Open　" address.txt "　For Random As #1 Len = Len（Ren）后，对文件 address.txt 能够执行的操作是（　　）。

A．只能读，不能写　　B．只能写，不能读

C．能读能写　　D．不能读，不能写

7．设有语句

Open " c：\Test.Dat "　For Output As #l

以下叙述中错误的是（　　）。

A．该语句打开 C 盘根目录下一个已存在的文件 Test.Dat

B．该语句在 C 盘根目录下建立一个名为 Test.Dat 的文件

C．该语句建立的文件的文件号为 1

D．执行该语句后，就可以通过 Print #语句向文件 Test.Dat 中写入信息

8．以下能判断是否到达文件尾的函数是（　　）。

A．BOF　　B．LOC　　C．LOF　　D．EOF

9．以下关于文件的叙述中，错误的是（　　）。

A．顺序文件中的记录一个接一个地顺序存放

B．随机文件中记录的长度是随机的

C．执行打开文件的命令后，自动生成一个文件指针

D．LOF 函数返回给文件分配的字节数

10．在窗体上画一个命令按钮，然后编写如下代码：

```
Private Type Record
ID As Integer
Name As String * 20
End Type

Private Sub Command1_Click（）
Dim Maxsize， Nextchar， Mychar
Open "c：\temp.txt" For Input As #1
Maxsize = LOF（1）
For Nextchar = Maxsize To 1 Step -1
Seek #1， Nextchar
Mychar = Input（1， #1）
Next Nextchar
Print EOF（1）
Close #1
End Sub
```

程序运行后，单击命令按钮，其输出结果为（　　）。

A．True　　B．False　　C．0　　D．Null

二、填空题

1．Visual Basic 提供的对数据文件的三种访问方式为随机访问方式、__________和二进制访问方式。

2．以下程序的功能是：把当前目录下的顺序文件 smtextl.txt 的内容读入内存，并在文本框 Textl 中显示出来。请填空。

```
Private Sub Command1_Click（）
Dim inData As String
Text1.Text = ""
Open ".\smtext1.txt" ____________________ As #1
Do While ________________
Input #l， inData
```

```
Textl.Text = Text1.Text & inData
Loop
Close #1
End Sub
```

3. 文件根据数据性质，可分为______________文件和________________文件。
4. 文件的打开和关闭语句分别是_______________和_______________。
5. 当用______________方式打开文件时，如果对文件进行写操作，则写入的数据附加到原来文件的后面。
6. 在窗体上画一个驱动器列表框、一个目录列表框和文件列表框，其名称分别为 Drive1、Dir1 和 File1。为了使它们同步操作，必须触发______________事件和_____________事件，在这两个事件中执行的语句分别为___________和______________。
7. 下面程序的功能是在 C 盘当前文件夹下建立一个名为 StuDatA. txt 的顺序文件。要求用 InputBox 函数输入 32 名学生的学号（StuNo）、姓名（StuName）和英语成绩（StuEng）。阅读程序并补充完整。

```
Private Sub Form_Load（）
For i=1 to 32
StuNo=InputBox（"请输入学号"）
StuName=InputBox（"请输入姓名"）
StuEng=InputBox（"请输入英语成绩"）
____________________
Next i
End Sub
```

8. 假设随机文件的记录长度为 100，则第 10 个记录与该文件第 1 个记录的相对地址为_______。
9. 将已存在的文件、文件夹或目录进行重命名，可以用_______语句。
10. 为了管理计算机系统中的文件，Visual Basic 提供了__________、_________和________三个控件。通过这三个控件可以方便地指定文件、目录和驱动器名，也可以方便地查看系统的磁盘、目录和文件等信息。

三、编程题

1. 编写程序，按下列格式显示成绩单，并将结果输出到一个名为 chengji.txt 的文件中。

学号	姓名	成绩
001	李明初	89
002	张思然	75
003	刘历历	96
004	王强	70

2. 从上面编程题 1 生成的 chengji.txt 文件中读入每个学生的成绩，计算其平均值（保留小数点后 1 位），并将计算结果存入另一个文件中。
3. 根据练习 1 中的 chengji.txt 文件，按照成绩从高到低排序输出，并将结果存入另一个文件中。
4. 按练习 1 中的 chengji.txt 文件，编写一个查询程序，根据输入的学号，检索与之相应的成绩记录，并输出。
5. 分别按照顺序读取文件方式和随机（通过记录号）读取文件方式，输出练习 1 中的 chengji.txt 文件。
6. 在练习 1 中建立的 Chengji.txt 文件基础上，增加以下记录：

学号	姓名	成绩
005	李思宇	77

006　　孟然　　85

并将修改后的文件输出。

7．在练习 1 中建立的 chengji.txt 文件基础上，删除以下记录：

学号	姓名	成绩
004	土强	70

8．实现一个如图 8-5 所示的驱动器列表框、目录列表框和文件列表框同步的程序。当右下角中文件类型改变时，文件列表框中只显示指定类型的文件。其中，指定的文件类型有所有文件（*.*）、文本文件（*.txt, *.doc）和可执行文件（*.exe）。

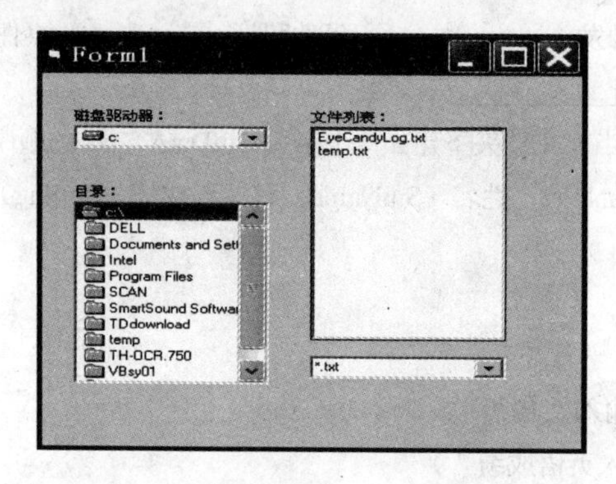

图 8-5　程序界面

第9章 键盘与鼠标事件过程

学习内容

键盘事件：KeyPress、KeyDown 与 KeyUp
鼠标事件： MouseDown、MouseUp 和 MouseMove
鼠标光标拖放：DragDrop

学习目标

掌握 KeyPress、KeyDown、KeyUp、MouseDown、MouseUp 和 MouseMove 的发生和处理操作，了解鼠标光标的形状与设置方法以及拖放的实现方法。

9.1 键盘事件

键盘是计算机的标准输入设备。键盘事件就是由键盘输入产生的。通常情况下，键盘可以响应三种不同的键盘事件：KeyDown、KeyUp 和 KeyPress 事件。

9.1.1 KeyPress 事件

当用户按下或松开键盘上的某个键时，将会发生一个 KeyPress 事件。该事件可用于窗体和大多数标准控件。严格来讲，当按下某个键时，所触发的是拥有输入焦点（ Focus）的那个控件的 KeyPress 事件。在某一时刻，输入焦点只能位于某一控件上，如果窗体上没有活动的或可见的控件，则输入焦点位于窗体上。当一个控件或窗体拥有输入焦点时，该控件或窗体将接收从键盘输入的信息。例如，假定一个文本框拥有输入焦点，则从键盘上输入的任何字符都将在文本框中回显。

KeyPress 事件能检测的键一般包括：键盘上的字母键、数字键、标点符号键以及 Enter、Tab、Backspace 等特殊键。但是，对于其他一些功能键（如 F1、F2 键）、编辑键（如 Delete 键）和定位键却无法响应。

KeyPress 事件的基本语法格式如下：

Private Sub Object_KeyPress（KeyAscii As Integer）

其中，Object 是一个接收键盘事件的对象，例如，Text1_KeyPress。参数 KeyAscii 用来返回一个所按键的 ASCII 码值，例如，按下字母“a”，参数 KeyAscii 的值为 97；再如，按下字符“A”，参数 KeyAscii 的值为 65。另外，KeyAscii 参数通过引用传递，对它进行改变可以给对象发送一个不同的字符。将 KeyAscii 改变为 0 时可取消击键，这样对象便接收不到字符。

值得注意的是：具有焦点的对象将接收该事件。在默认情况下，控件的键盘事件优先于窗体的键盘事件，因此在发生键盘事件时，总是先激活控件的键盘事件。如果希望窗体先接收键盘事件，则必须把窗体的 KeyPreview 属性设为 True，否则不能激活窗体的键盘事件。这里所说的键盘事件包括 KeyPress、KeyDown 和 KeyUp。

用户利用所按键的 ASCII 码值可以做各种操作。例如，可以使用下列表达式将 KeyAscii 参数转换为一个字符：

Chr（KeyAscii）

也可以通过下面的表达式获取一个字符的 ASCII 码：

KeyAskii= ASC（ " A " ）

此时 KeyAscii 的值是 65。

例 9-1　如图 9-1 所示，设计一个程序，窗体含有两个文本框 text1 和 text2，在 text1 中只能输入数字。在第二个文本框输入时，把小写字母自动变成大写字母，而且只能输入字母。

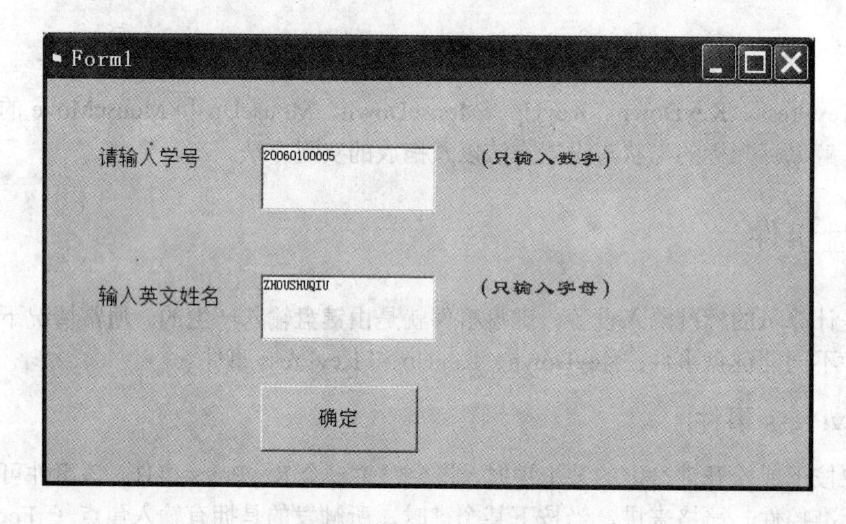

图 9-1　KeyPress 事件举例

程序代码如下：

```
Private Sub Text1_KeyPress（KeyAscii As Integer）
If KeyAscii ＜ 48 Or KeyAscii ＞ 57 Then
KeyAscii = 0
End If
End Sub

Private Sub Text2_KeyPress（KeyAscii As Integer）
If （KeyAscii ＜ Asc（ " A " ）Or KeyAscii ＞ Asc（ " Z " ））And （KeyAscii ＜ Asc
（ " a " ）Or KeyAscii ＞ Asc（ " z " ））Then
KeyAscii = 0
```

```
End If
If KeyAscii >= Asc（"a"）And KeyAscii <= Asc（"z"）Then
KeyAscii = KeyAscii - Asc（"a"）+ Asc（"A"）
End If

End Sub
```

设计一个简易 26 个英文字母的指法练习程序。

（1）窗体设计。在窗体 Form1 上设置控件 Label1，Label2，Label3 分别用于随机产生的英文字母显示，设置计时器控件 Timer1，Timer2 分别用于控制字母移动动画和练习时间。并设置命令按钮控件 command1 用于控制联系的开始和结束。

（2）属性设置。

对　象	属　性	值
Form1	Caption	指法练习
	KeyPreview	True
Command1	Caption	开始
Label1	Caption	" "
Label2	Caption	" "
Label3	Caption	" "
Timer1	Inteval	15
Timer2	Inteval	60000

（3）程序代码如下：

```
Private Sub Form_KeyPress（KeyAscii As Integer）
m = m + 1
If Chr（KeyAscii）= Label1.Caption Then Label1.Caption = " "： n = n + 1
If Chr（KeyAscii）= Label2.Caption Then Label2.Caption = " "： n = n + 1
If Chr（KeyAscii）= Label3．Caption Then Label3．Caption = " "： n = n+1
End Sub

Private Sub Timer1_Timer（）
Randomize
If Label1.Caption = " " Then
Label1.Top= orm2.Height-Label1.Height： Label1.Caption = Chr（CInt（Rnd * 26 + 97））
Else
Label1.Top = Label1.Top - 10
End If
If Label2.Caption = " " Then
Label2.Top=Form2.Height-Label2.Height： Label2.Caption = Chr（CInt（Rnd * 26 + 97））
Else
Label2.Top = Label2.Top - 10
```

```
End If
If Label3.Caption = " " Then
Label3.Top=Form2.Height- Label3.Height:  Label3.Caption = Chr（CInt（Rnd * 26 + 97））
Else
Label3.Top = Label3．Top - 10
End If
If Label1.Top<=0 Then Label1.Top = Form2.Height - Label1.Height
If Label2.Top<=0 Then Label2.Top = Form2.Height - Label2.Height
If Label3.Top<=0 Then Label3．Top = Form2.Height - Label3．Height
End Sub

Private Sub Timer2_Timer（）
command1_Click
End Sub

Private Sub command1_Click（）
If command1.Caption = "开始" Then
Timer1.Enabled = True:  Timer2.Enabled=True:  command1.Caption = "结束"
Else
Timer1.Enabled = False:  Timer2.Enabled=False
If m > 0 Then
Print "击键次数：";m & "次"
Print "正确率为：" & n / m * 100 & "%"
End If
End If
End Sub
```

9.1.2 KeyDown 和 KeyUp 事件

与 KeyPress 事件不同，KeyDown 和 KeyUp 事件是对键盘击键的最低级的响应，它报告了键盘本身的物理状态，而 KeyPress 并不反映键盘的直接状态。换言之，KeyDown 和 KeyUp 事件返回的是“键”，而 KeyPress 事件返回的是“字符”的 ASCII 码。例如，当按下字母键“A”时，KeyDown 所得到的 KeyCode 码（KeyDown 事件的参数）与按字母键“a”是相同的，都是 65。

当用户按下键盘的任意一个键时，都会引发 KeyDown 事件；同样，当用户松开键盘上的任意一个键时，都会引发 KeyUp 事件。需要指出的是，上述情况必须是当对象获得焦点时才成立。与 KeyPress 事件不同，KeyDown 和 KeyUp 事件可以识别标准键盘上的大多数键，如功能键、编辑键、定位键以及数字小键盘上的键等。

KeyDown 和 KeyUp 事件的语法结构分别为：

Private Sub 对象名称_KeyDown（KeyCode As Integer， Shift As Integer）

Private Sub 对象名称_KeyUp（KeyCode As Integer， Shift As Integer）

KeyCode 参数返回所按物理键的代码值；Shift 参数返回一个整数值，指示 Shift、Ctrl 和 Alt 键的状态。

KeyCode 参数是一个键代码，例如，VbKeyF1（F1 键）或 VbKeyHome（Home 键）。要指定代码，可使用对象浏览器中的 Visual Basic 对象库里的常数。KeyCode 是以“键”为准，而不是以“字符”为准。对于有上档字符和下档字符的键，其 KeyCode 为下档字符的 ASCII 码。表 9-1 列出了部分字符的 KeyCode 和 KeyAscii。

表 9-1 KeyCode 和 KeyAscii

键（字符）	KeyCode	KeyAscii
A	65	65
a	65	97
B	66	66
b	66	98
5	53	53
%	53	37
1（大键盘上）	49	49
1（数字键盘上）	97	49

Shift 参数是在该事件发生时响应 Shift、Ctrl 和 Alt 键的状态的一个整数。Shift 参数是一个位域，它用最少的位响应 Shift 键（第 0 位）、Ctrl 键（第 1 位）和 Alt 键（第 2 位）。这些位分别对应于值 1、2 和 4，即 Shift 键为 001、Ctrl 键为 010、Alt 键为 100。可通过对一些、所有或无位的设置来指明有一些、所有或零个键被按下。例如，如果 Ctrl 和 Alt 两个键都被按下，则 Shift 参数的值为这两个参数值之和，即 Shift 的值为 6（二进制表示为 110）。因此，Shift 参数共可取八种值，见表 9-2。

表 9-2 Shift 参数的取值

二进制	十进制	代表键状态
000	0	没有按下转换键
001	1	按下 Shift 键
010	2	按下 Ctrl 键
011	3	按下 Shift+Ctrl 组合键
100	4	按下 Alt 键
101	5	按下 Shift+Alt 组合键
110	6	按下 Ctrl+Alt 组合键
111	7	按下 Shift+Ctrl+Alt 组合键

9.2 鼠标事件

鼠标同样也是计算机的标准输入设备。当程序运行时，单击鼠标就会触发 Click 事件，双击鼠标就会触发 DblClick 事件。这两个事件是 Visual Basic 中最常用的事件，使用它们可以完成许多功能。但是在有些情况下，还需要对鼠标的指针位置和状态变化作出响应，这就需要使用 MouseDown、MouseUp 和 MouseMove 事件。当按下鼠标，产生该对象的 MouseDown 事件；松开鼠标，产生该对象的 MouseUp 事件；拖动鼠标，则产生该对象的 MouseMove 事件。当然，鼠标必须位于该对象内。鼠标事件处理过程一般都使用相同的格式和参数。

9.2.1 MouseDown 和 MouseUp

MouseDown 和 MouseUp 事件的一般格式如下：

Private Sub 对象名称_MouseDown（Button As Integer，Shift As Integer， X As Single，Y As Single）

Private Sub 对象名称_MouseUp（Button As Integer，Shift As Integer， X As Single，Y As Single）

参数 Button 表示哪一个鼠标键按下或释放。Button 也是一个位域参数，一共占 3 位，由低到高分别表示鼠标左键（第 0 位）、右键（第 1 位）和中键（第 2 位）。每一位都有 0 和 1 两种取值，分别代表键的释放和键的按下。例如，同时按下鼠标左键和右键，则 Button 值为 3（二进制表示为 011）。

在 Visual Basic 中，同样经常使用一些常数来表示 Button 的二进制值，见表 9-3。

表 9-3 Button 取值

二进制	十进制	代表键的含义
000	0	无按键
001	1	按下左键
010	2	按下右键
011	3	按下左键和右键
100	4	按下中键
101	5	按下左键和中键
110	6	按下右键和中键
111	7	同时按下左键、右键和中键

由于 MouseDown 和 MouseUp 事件无法检测是否同时按下了两个以上的键，因此其 Button 参数值表示当前事件中哪一个鼠标键被按下或释放，其取值只有 3 种，即 001、010 和 100；而 MouseMove 事件，则可响应表中列出的任一种状态。

参数 Shift 表示当鼠标按下或释放时 Shift、Ctrl 和 Alt 键的状态，其取值和含义都与前面的键盘事件相同。

参数 X 和 Y 用来表示当前鼠标指针的位置，即分别代表指针的横坐标和纵坐标。

例 9-2 用 Move 方法移动窗体上的图片：在窗体上按下左键，图片框的左上角移到当前鼠标指针所在位置；按下右键，则图片框的中心移到当前鼠标指针所在位置。

程序代码如下：

```
Private Sub Form_MouseDown（Button As Integer， Shift As Integer， X As Single， Y As Single）
    If Button = 1 Then                  ' 按下左键
        Picture1.Move X， Y
    End If
    If Button = 2 Then                  ' 按下右键
      Picture1.Move （X - Picture1.Width / 2），（Y - Picture1.Height / 2）
    End If
End Sub
```

9.2.2 MouseMove

MouseMove 事件的一般格式如下：

Private Sub 对象名称_MouseMove（Button As Integer，Shift As Integer， X As Single，Y As Single）

其参数的含义与 MouseDown 和 MouseUp 的相同。

例 9-3　设计绘图程序如图 9-2 所示，在窗体上按下鼠标左键细线绘图，按下鼠标右键粗线绘图，并显示当前鼠标坐标位置。

图 9-2　绘图程序运行界面

在当前窗体上设计两个标签控件（Label1，Label2）用于显示当前鼠标坐标。程序设计如下：

程序代码如下：

```
Dim x0 As Integer， y0 As Integer
Private Sub form_mousedown（button As Integer， shift As Integer， x As Single， y As Single）
Dim k As Integer
x0 = x： y0 = y： Line （x0， y0）-（x， y）
End Sub
```

```
Private Sub form_mousemove（button As Integer， shift As Integer， x As Single， y As Single）
If button = 1 Then Line -（x， y）
If button = 2 Then Circle （x， y）， 25： Circle （x， y）， 30： Circle （x， y）， 35： Circle （x， y）， 40
Label1.Caption = Str（x）： Label2.Caption = Str（y）
End Sub
Private Sub form_resize（）
Label1.Top = Form1.ScaleTop + Form1.ScaleHeight - Label1.Height
Label2.Top = Form1.ScaleTop + Form1.ScaleHeight - Label2.Height
End Sub
```

9.2.3 拖放操作 DragDrop

所谓拖放，就是用鼠标从屏幕上把一个对象从一个地方“拖拉”（Drag）到另一个地方再放下（Drop）。Visual Basic 提供了让用户自由拖放某个控件的功能。

拖放的一般过程是：把鼠标光标移到一个控件对象上，按下鼠标键，不要松开，然后移动鼠标，对象将随鼠标的移动而在屏幕上拖动，松开鼠标键后，对象即被放下。通常把原来位置的对象叫做源对象，而拖动后放下的位置的对象叫做目标对象。在拖动过程中，被拖动的对象变为灰色。

1．与拖放相关的属性

（1）DragMode 属性。该属性用来设置自动或人工（手动）拖放模式，取值有两种：0和 1。在默认情况下，该属性值为 0（人工方式）。为了能对一个控件执行自动拖放操作，必须把它的 DragMode 属性设置为 1，此时该对象不再接收 Click 事件和 MouseDown 事件。该属性可以在属性窗口中设置，也可以在程序代码中设置。例如：

Picture1.DragMode=1

注意：DragMode 属性是一个标志，而不是逻辑值，不能把它设置为 True 或 False。

（2）DragIcon 属性。在拖动一个对象的过程中，并不是对象本身在移动，而是移动代表对象的图标。也就是说，一旦要拖动一个控件，这个控件就变成了一个图标，等放下后，又恢复为原来的控件。DragIcon 属性含有一个图片或图标的文件名，在拖动时作为控件的图标。例如：

Picture1.DragIcon=LoadPicture（“c：\vb98\graphics\icons\computer\pointer10.ico”）

即用图标文件“Pointer10.ico”作为图片框 Picture1 的 DragIcon 属性。当拖动该图片框时，图片框变成由 pointer10.ico 所表示的图标。

2．与拖放相关的事件

与拖放有关的事件是 DragDrop 和 Dragover。

（1）DragDrop 事件。当把控件（图标）拖到目的地后，如果松开鼠标键，则产生一个DragDrop 事件。

DragDrop 事件的事件过程格式为：

```
Private Sub object_DragDrop（Source As Control，X As Single，Y As Single）
……
End Sub
```

其中，Object为对象名（即Name值）。该事件过程含有三个参数。参数Source是一个对象变量，其类型为Control，该参数含有被拖动对象的属性。例如：

If source.Name＝“Folder” Then……

用来判断被拖动对象的Name属性是否为“Folder”。参数X、Y是松开鼠标键放下对象时鼠标光标的位置。

（2）DragOver事件。Dragover事件用于图标的移动。当拖动对象越过（悬停）一个控件时，产生Dragover事件。Dragover事件的事件过程格式为：

```
Private　Sub object_DragOver（Source As Control，X As Single，Y As Single，State As Integer）
……
End Sub
```

该事件过程有四个参数，其中，Source参数的含义同前；X、Y是拖动时鼠标光标的位置；State参数是一个整数值，可以取以下三种值：

0—鼠标光标正进入目标对象的区域。

1—鼠标光标正退出目标对象的区域。

2—鼠标光标正位于目标对象的区域之内。

值得注意的是：以上介绍的拖放属性和拖放方法都是作用在源对象上的，但这两个事件都是发生在目标对象上的。当源对象被拖动到某个对象上时，在该对象上便引发DragOver事件；当源对象被投放到目标对象上，即释放鼠标，或在程序中采用Drag方法结束拖动并投放控件时，便在目标控件上引发DragDrop事件。在这两种事件引发的同时，系统自动将源对象作为Source参数传递给事件过程，可通过程序的设计对源对象进行一些操作和判别，同时鼠标指针的位置及拖放过程的参数也传递给事件过程，供程序识别和使用。

3．与拖放相关的方法

与拖放有关的方法有Move和Drag。

Drag方法的格式为：

控件.Drag　整数

不管控件的DragMode属性如何设置，都可以用Drag方法来人工启动或停止一个拖放过程。“整数”的取值为0、1或2，其含义分别为取消拖放、允许拖放或结束拖放。

（1）自动拖放。下面通过一个简单的例子来说明如何实现自动拖放操作，步骤如下：

首先，在窗体上建立一个图片框，并用DragIcon属性装入一个图标文件。然后，在属性窗口中找到DragMode属性，将其值由默认的“0－Manual”改为“1－Automatic”。设置完上述属性后，运行该程序，即可自由地拖动图片框。但是，当松开鼠标键时，被拖动的控件又回到原来的位置，原因是，Visual Basic不知道把控件放到什么位置。最后，在程序代码窗口中的“对象”框中选择“Form”，在“过程”框中选择“DragDrop”，并编写如下事件过程：

```
Private Sub Form_DragDrop（Source As Control， X As Single； Y As Single）
Picture1.Move  X，  Y
End Sub
```

上述过程中的“Picture1.Move　X，　Y”语句的作用是将源对象（Picture1）移动（Move）到鼠标光标（X，Y）处。

（2）手动拖放。前面介绍的拖放称为自动拖放，因为 DragMode 属性被设置为“1—Automatic”。只要不改变该属性，随时都可以拖拉控件。与自动拖放不同，手动拖放不必把 DragMode 属性设置为“1—Automatic”，保持默认的“0—Manual”，而且可以由用户自行决定何时拖拉，何时停止。例如，当按下鼠标键时开始拖拉，松开键时即停止拖放。如前所述，按下和松开鼠标键分别产生 MouseDown 和 MouseUp 事件。

前面介绍的 Drag 方法可以用于手动拖放。当该方法的操作值为 1 时可以拖放指定的控件；为 0 或 2 时停止，如为 2，则在停止拖放后产生 DragDrop 事件。Drag 方法与 MouseDown、MouseUp 事件过程结合使用，可以实现手动拖放。

为了试验手动拖放，可以按如下步骤操作：

首先，在窗体上建立一个图片框（Picture1），装入一个图标。其次，设置图片框的 DragIcon 属性。再次，用 MouseDown 事件过程打开拖拉开关，程序代码如下：

```
Private Sub Picture1_MouseDown（Button As Integer， Shift As Integer， X As Single， Y As Single）
Picture1.Drag 1
End Sub
```

然后，关闭拖拉开关，停止拖拉，并产生 DragDop 事件，程序代码如下：

```
Private Sub Picture1_MouseUp（ Button As Integer， Shift As Integer， X As Single，Y as Single）
Picture1.Drag 2
End Sub
```

最后，编写　DragDrop 事件过程，程序代码如下：

```
Prvate Sub Form_DragDrop（Source As Control， X As Single， Y As Single）
Source.Move（X Source.Width/2），（Y Source.Height/2）
End Sub
```

关闭拖拉开关（用 Drag 2）后，将停止拖拉，并产生 DragDrop 事件，即在松开鼠标键后，把控件放到鼠标光标位置。在一般情况下，鼠标光标所指的是控件的左上角，而在该过程中，鼠标光标所指的是控件的中心。

例 9-4　假定窗体上有图片框 Picture1，装有某个图形，它能作为源对象被拖放到窗体的某个地方，如图 9-3 所示。如果图片框被拖动到“取消拖放”的标签（Label1）上方，则取消施放操作。

首先把 Picture1.DragMode 设置为 1，并设置图片框的 DragIcon 属性，使得拖动图片框时随指针移动的是代表图片框的一个边框。

程序代码如下：

```
Private Sub Form_DragDrop（Source As Control， X As Single， Y As Single）
    ' Source 表示源对象；（X，Y）表示鼠标指针位置
    ' 图片框被拖动到窗体的指定位置上，且中央落在鼠标指针位置上
Source.Move（ X-Source.Width/ 2），（ Y-Source.Height/ 2）
End Sub

Private Sub Label1_DragOver（Source As Control，X As Single，Y As Single，State As Integer）
Source.Drag 0   ' 取消拖放
End Sub
```

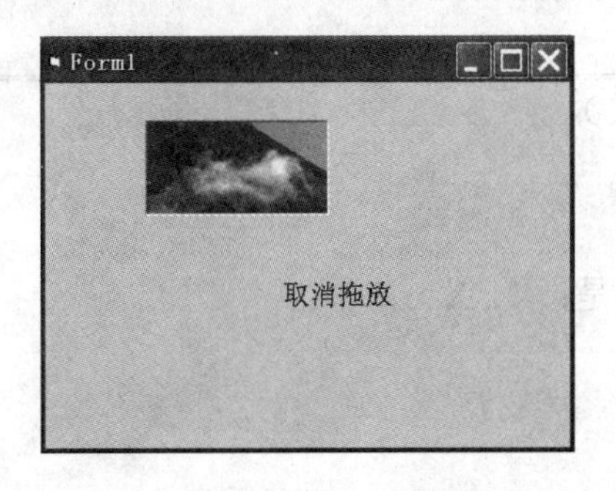

图 9-3　拖放举例

如果将 DragMode 属性设置为 0（Manual），表示启用手工拖放模式。此时，必须在对 MouseDown 事件过程中用 Drag 方法启动“拖”操作，程序代码如下：

```
Private Sub Picture1_MouseDown（Button As Integer， Shift As Integer， X As Single， Y As Single）
Picture1.Drag 1                    ' 开始拖放操作
End Sub
```

9.3　鼠标光标

在使用 Windows 及其应用程序时可以看到，当鼠标光标位于不同的窗口内时，其形状是不一样的。有时呈箭头，有时是十字，有时是竖线等。在 Visual Basic 中，也可以通过属性设置来改变鼠标光标的形状。

9.3.1　MousePointer 属性

鼠标光标的形状可以通过 MousePointer 属性来设置，该属性可以在属性窗口中设置，也可以在程序代码中设置。

MousePointer 的属性是一个整数，可以取 0，1，2，…，15。当某个对象的 MousePointer 属性被设置为某个值时，鼠标光标在该对象内就以相应的形状显示。例如，假定一个文本框的 MousePointer 属性被设置为 3，则当鼠标光标进入该文本框时，鼠标光标为“I”形；假如

设置为 1，则鼠标光标呈箭头形；假如设为 2，则鼠标光标呈十字形。但在文本框之外，鼠标光标保持为默认形状。

9.3.2 设置鼠标光标形状

1．通过程序代码设置

在程序代码中设置 MousePointer 属性的一般格式为：

[对象.] MousePointer=设置值

其中，对象可以是复选框、组合框、命令按钮、标签、图片框等控件。若省略对象，则默认为当前窗体，例如，MousePointer=X，即为当前窗体（Form1）MousePointer 属性设置为 X 的值。

例 9-5 编写程序，显示鼠标光标的形状。

程序代码如下：

```
Private Sub Form_Click（）
Static X As Integer
Cls
Print " 鼠标现在的属性是： " ; X
MousePointer = X
X = X + 1
If X = 15 Then X = 0
End Sub
```

程序运行后，在窗体内每单击一次窗体，就变换一种鼠标形状，依次显示 15 种不同的形状。

2．通过属性窗口设置

单击属性窗口的 MousePointer 属性条，然后单击设置框右端向下的箭头，将下拉显示 MousePointer 的 15 个属性值。单击某个属性，即可把该值设置为当前活动对象的属性。

3．自定义鼠标光标

如果把 MousePointer 属性设置为 99，则可通过 MouseIcon 属性定义自己的鼠标光标。

有以下两种方法：

（1）在属性窗口中，首先把 MousePointer 属性设置为“99－Custom”，然后设置 MouseIcon 属性，把一个图标文件赋给该属性（与设置 Picture 属性的方法相同）。

（2）用程序代码设置，可先把 MousePointer 属性设置为 99，然后再用 LoadPicture 函数把一个图标文件赋给 MouseIcon 属性。例如：

```
Form1.MousePolnter= 99
Form1.MouseIcon=LoadPicture（ " c:\vb98\graphics\icons\arrows\pointer02.ico " ）
```

练习题

一、选择题

1．以下叙述中不正确的是（ ）。

A. 在KeyUp和KeyDown事件过程中，从键盘输入的A和a被视作相同的字母（具有相同的KeyCode）

B. 在KeyUp和KeyDown事件过程中，将键盘上的“1”和右侧小键盘上的“1”视作不同的数字（具有不同的KeyCode）

C. 在KeyPress事件过程中不能识别键盘上的按下和释放

D. 在KeyPress事件过程中不能识别回车键

2. 在窗体上画一个名称为Text1的文本框，然后编写如下事件过程：

```
Private Sub Text1_KeyPress（KeyAscii As Integer）
Dim Str1 As String
Str1 = Chr（KeyAscii）
KeyAscii = Asc（UCase（Str1））
Text1.Text = String（2， KeyAscii）
End Sub
```

程序运行后，从键盘上直接输入字母“b”，则在文本框中显示的内容是（　）。

A. bb　　B. bbb　　C. BBB　　D. BB

3. 阅读程序：

```
Dim S AS Boolean
Function func（x As Integer）As Integer
Dim g As Integer
If X<20 Then
Y=X
Else
Y=20+X
End If
Func=Y
End Function
Private Sub Form_MouseDown（Button As Integer， Shift As Integer， X As Single，
Y As  Single）
S=False
End Sub
Private Sub Form_MouseUp（Button As Ineger， Shift As Integer。 X As Single， Y As Single）
S=True
End Sub
Private Sub Command_Click（）
Dim intNum As Integer
IntNum=InputBox（" "）
If S Then
Print func（intNum）
End If
End Sub
```

程序运行后，单击命令按钮，将显示一个输入对话框，如果在输入对话框中输入 20，则程序的输出结果为（ ）。

A．0　　B．20　　C．40　　D．无任何输出

4．对窗体编写如下事件过程：

```
Private Sub Form_MouseDown（Button As Integer； Shift As Integer， X As Single，
Y As Single）
If Button=2 Then
Print " AAAAA "
End If
End Sub
Private Sub Form_MouseUp(Button As Integer， Shift As Integer， X As Single， Y As Single）
Print " BBBBB "
End Sub
```

程序运行后，如果单击鼠标右键，则输出结果为（ ）。

A．AAAAA
BBBBB　　B．BBBBB　　C．AAAAA　　D．BBBBB
AAAAA

5．Visual Basic 没有提供下列（ ）事件。

A．MouseDown　　B．MouseUp　　C．MouseMove　　D．MouseExit

6．编写如下事件过程：

```
Private Sub Form_MouseDown（Button As Integer， Shift As Integer， X As Single，Y As Single）
If Button=2 And Button=6 Then
Print " BBBBB "
End If
End Sub
```

程序运行后，为了在窗体上输出 BBBBB，应执行的操作为（ ）。

A．同时按下 Shift 键和鼠标左键　　B．同时按下 Shift 键和鼠标右键

C．同时按下 Ctrl、Alt 键和鼠标左键　　D．同时按下 Ctrl、Alt 键和鼠标右键

7．把窗体的 KeyPreview 属性设置为 True，然后编写如下过程：

```
Private Sub Form_KeyDown（KeyCode As Integer， Shift As Integer）
Print Chr（ KeyCode）
End Sub
Private Sub Form_KeyUp（KeyCode As Integer； Shift As Integer）
Print Chr（KeYCode+2）
End Sub
```

程序运行后，如果按"A"键，则输出结果为（ ）。

A．A
A　　B．A
B　　C．A
C　　D．A
D

8．编写如下两个事件过程：

```
Private Sub Form_KeyDown（KeyCode As Integer， Shift As Integer）
```

```
Print Chr（KeyCode）
End Sub
Private Sub Form_KeyPress（KeyAscii As Integer）
Print Chr（KeyAscii）
End Sub
```

在一般情况下（即不按住 Shift 键和锁定大写），运行程序，如果按“A”键则程序的输出是（　）。

A．A
　a　　B．a
　A　　C．A
　A　　D．a
　a

9．键盘不可以响应事件是（　　）。

A．KeyDown　　B．KeyUp　　C．KevPress　　D．DblClick

10．松开鼠标，会产生该对象的（　）事件。

A．MouseUp　　B．MouseDown　　C．MouseMove　　D．MouseOver

二、填空题

1．在窗体上画一个文本框和两个命令按钮，编写程序如下：

```
Private Sub Form_Load（）
Text1.Text= " "
Form1.KeyPreview=False
End Sub
Private Sub Command1_Click（）
KeyPreview= Not KeyPreview
Print
End Sub
Private Sub Command2_Click（）
Text1.SetFocus
Print
End Sub
Private Sub Form_KeyPress（KeyAsii As Integer）
Print Ucase（Chr（KeyAscii））
End Sub
Private  Sub  Text1_KeyPress（ KeyAscii  As  Integer）
Print Chr（KeyAscii）
KeyAscii =0
End sub
```

阅读上面程序，理解每个事件过程的操作，然后填空。

（1）程序运行后，直接从键盘上输入 abcdef，程序的输出是________________。

（2）程序运行后，单击命令按钮 1，然后从键盘上输入 abcdef，程序的输出是____________。

（3）程序运行后，单击两次命令按钮 1，再单击一次命令按钮 2，然后从键盘上输入 abcdef，程序的输出是____________________________。

（4）程序运行后，单击一次命令按钮 1，再单击一次命令按钮 2，然后从键盘上输入 abcdef，程序的输出是______________________________。

（5）程序运行后，单击两次命令按钮，然后从键盘上输入 abcdef，程序的输出是______________。

2．把窗体的 KeyPreview 属性设置为 True，并编写如下两个事件过程：

```
Private Sub Form_KeyDown（KeyCode As Integer; Shift As Integer）
Print KeyCode,
End Sub
Private Sub Form_KeyPress（KeyAscii As Integer）
Print KeyAscii
End Sub
```

程序运行后，如果按下“A”键，则在窗体上输出的数值为______________和______________。

3．在窗体上画两个文本框，其名称分别为 Text1 和 Text2，然后编写如下事件过程：

```
Private Sub Form_Load（）
Show
Text1.Text=" "
Text2=" "
Text2.SetFocus
End Sub
Private Sub Text2_KeyDown（KeyCode As Integer, Shift As Integer）
Text1.Text=Text1.Text+Chr（KeyCode-4）
End Sub
```

程序运行后，如果在 Text2 文本框中输入 efghi，则 Text1 文本框中的内容为______________。

4．为了定义自己的鼠标光标形状，首先应该把___________属性设置为___________，然后把属性设置为___________一个图标文件。

5．在键盘事件 KeyDown 和 KeyUp 事件过程中，当事件参数 Shift 的值为___________、___________、___________时，分别代表的是_______________、_______________、_______________键。

6．在 MouseDown 事件和 MouseUp 事件过程中，当参数 Button 的值为___________、___________、_______________时，分别代表了鼠标的_______________、_______________、_______________键。

7．在执行 KeyPress 事件过程中，KeyAscii 是所按键的___________值。对于有上档字符和下档字符的键，当执行 KeyDown 事件过程时，KeyCode 是______________字符的______________值。

8．通常情况下，键盘可以响应三种不同的键盘事件：______________、______________和______________事件。

9．为了能对一个控件执行自动拖放操作，必须把它的__________属性设置为 1，此时该对象不再接收 Click 事件和 MouseDown 事件。

10．当程序运行时，单击鼠标就会触发_______事件，双击鼠标就会触发________事件。

三、编程题

1．利用鼠标事件在窗体上输出信息。要求：如果按着鼠标右键移动鼠标，则可在窗体上输出“欢迎光临”，否则不输出；如果双击窗体，则清屏。

2．在窗体上画一个列表框（名称为 List1）和一个文本框（名称为 Text1），编写窗体的 MouseDown 事件。程序运行后，如果用鼠标左键单击窗体，则从键盘上输入要添加到列表框中的项目（内容任意，不少于三个）；如果用鼠标右键单击窗体，则从键盘上输入要删除的项目，将其从列表框中删除。

3．在窗体上画两个文本框，然后编写程序。程序运行后，如果在第一个文本框中输入ABCD或abcd，则在第二个文本框中显示EFGH。

4．在窗体上画一个文本框，然后编写程序，当按下Alt键或Shift键和F5键时，在窗体上显示“再见”。

5．在窗体上画一个文本框、一个图片框和一个命令按钮。编写程序，使得当鼠标光标位于不同的控件或窗体上时，鼠标光标具有不同的形状，此时如果按下鼠标右键，则显示相应信息。例如，当鼠标光标移到图片框上时，如果按下鼠标右键，则用一个信息框显示：“现在鼠标光标位于图片框中”。要求：在文本框和窗体上的鼠标光标使用系统提供的光标形状，而图片框和命令按钮上的鼠标光标使用自定义的形状。

第10章 多重窗体程序设计

学习内容

建立多重窗体应用程序
多重窗体程序的执行与保存
Visual Basic 工程结构
选择循环与 Do Events 语句

学习目标

掌握建立、保存多重窗体的方法，了解多重窗体程序设计的特点。掌握窗体加载、卸载、显示、隐藏的一般方法以及标准模块和窗体模块的基本概念。

10.1 窗体的各种操作

简单 Visual Basic 应用程序通常只包括一个窗体，称为单窗体程序。但在实际应用中，特别是对于较复杂的应用程序，单一窗体往往不能满足需要，必须通过多重窗体（Multi-Form）来实现。多重窗体程序中的每个窗体都可以有自己的界面和程序代码，完成不同的操作。

在多重窗体程序中，要建立的界面由多个窗体组成，在设计之前应先建立好窗体。多重窗体的程序代码是针对每个窗体编写的，因此，也与单一窗体程序设计中的代码编写类似，但应注意各个窗体之间的相互关系。

在单窗体程序设计中，所有的操作都在一个窗体中完成，不需要在多个窗体间进行切换。而多重窗体实际上是单一窗体的集合，要建立多重窗体的应用程序，首先必须掌握有关窗体的各种操作，如添加窗体、删除窗体、显示窗体、隐藏窗体、加载窗体、卸载窗体、启动窗体等。

10.1.1 添加窗体

在一个工程中，可以有多个窗体，要添加一个窗体，有如下三种方法：

（1）单击工具栏上的【添加窗体】按钮。

（2）执行【工程】菜单中的【添加窗体】命令。

（3）右击“工程资源管理器”，在弹出的菜单中选择【添加】命令，然后在下一级菜单中选择【添加窗体】命令。

10.1.2 删除窗体

要从“工程资源管理器”中删除窗体有两种方法：

（1）选定要删除的窗体，执行【工程】菜单中的【移除窗体】命令。

（2）右击要删除的窗体，在弹出的菜单中选择【移除窗体】命令。

10.1.3 加载窗体

要在应用程序中加载窗体，可使用 Load 语句。

Load 语句一般格式为：

Load 窗体名称

Load 语句的功能是：把一个窗体装入内存，但不能显示出来，若要显示出来，则需用 Show 方法。此时，可以引用窗体中的控件及各种属性，但由于窗体没有显示出来，不能执行给窗体中的控件（如文本框）设置焦点等操作。“窗体名称”是窗体的 Name 属性。

10.1.4 卸载窗体

在应用程序中，要卸载窗体，需使用 Unload 语句。

Unload 语句一般格式为：

Unload 窗体名称

该语句与 Load 语句的功能相反，它消除内存中指定的窗体。

10.1.5 显示窗体

在应用程序中，显示窗体要用 Show 方法。

Show 方法一般格式为：

[窗体名称.] Show [模式]

Show 方法用来显示一个窗体。如果省略“窗体名称”，则显示当前窗体。参数“模式”用来确定窗体的状态，可以取两种值，即 0 和 1（不是 False 和 True）。当“模式”值为 1（或常量 vbModal）时，表示窗体是“模态型”窗体。在这种情况下，鼠标只在此窗体内起作用，不能到其他窗口内操作，只有在关闭该窗口后才能对其他窗口进行操作。当“模式”值为 0（或省略“模式”值）时，表示窗体为“非模态型”窗口，不用关闭该窗体就可以对其他窗口进行操作。

Show 方法兼有装入和显示窗体两种功能。也就是说，在执行 Show 时，如果窗体不在内存中，则 Show 自动把窗体装入内存，然后再显示出来。

10.1.6 隐藏窗体

在应用程序中，要隐藏窗体，可使用 Hide 方法。

Hide 方法一般格式为：

[窗体名称.] Hide

Hide 方法将使窗体隐藏，即不在屏幕上显示，但仍在内存中，因此，它与 Unload 语句的作用是不一样的。

在多窗体程序中，经常要用到关键字 Me，它代表的是程序代码所在的窗体。例如，假定建立了一个窗体 Form1，则可通过下面的代码使该窗体隐藏：

Form1.Hide

它与下面的代码等价：

Me.Hide

值得注意的是："Me.Hide"必须是 Form1 窗体或其控件的事件过程中的代码。

例 10-1 使用多窗体统计一个学生的政治、高数、计算机、英语 4 门课的平均成绩和总成绩。

1．界面设计

添加三个窗体（Form1，Form2，Form3），三个窗体的界面设计如图 10-1 所示。

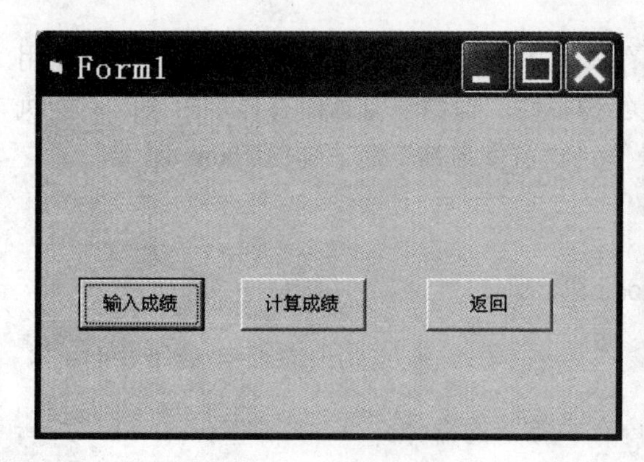

（1）Form1 窗体

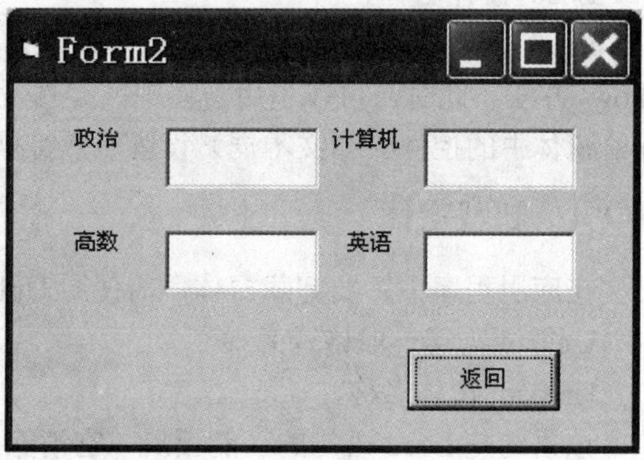

（2）Form2 窗体

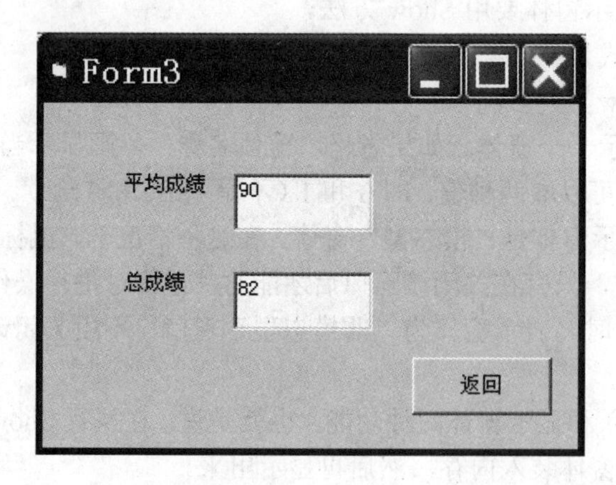

（3）Form3 窗体

图 10-1 三个窗体的界面设计

2．代码编写

由于学生成绩需要全局变量保存，再增加一个标准模块，并添加代码如下：

```
Public szz,  sgs,  syy,  svb      ' 用于保存学生的四门课程成绩
```

窗体 Form1 的代码如下：

```
Private Sub Command1_Click（）
Form1.Hide
Form2.Show
End Sub
Private Sub Command2_Click（）
Form1.Hide
Form3．Show
End Sub
Private Sub Command3_Click（）
End
End Sub
```

窗体 Form2 的代码如下：

```
Private Sub Command1_Click（）
szz = Val（Text1.Text）
sgs = Val（Text2.Text）
svb = Val（Text3.Text）
syy = Val（Text4.Text）
Form2.Hide
Form1.Show
End Sub
```

窗体 Form3 的代码如下：

```
Private Sub Command1_Click（）
Form3.Hide
Form1.Show
End Sub

Private Sub Form_Activate（）
Dim stotal As Single
stotal = szz + sgs + svb + syy
Text1.Text = stotal / 4
Text2.Text = stotal
End Sub
```

10.2 多重窗体的执行与保存

程序运行后，首先显示的窗体，默认的是 Form1，即从该窗体开始执行程序。但 Visual Basic 怎么知道是从哪个窗体开始执行呢？

10.2.1 指定启动窗体

在单一窗体程序中，程序的执行没有其他选择，即只能从这个窗体开始执行。多重窗体程序由多个窗体构成，究竟先从哪一个窗体开始执行呢？Visual Basic 中规定，对于多窗体程序，必须指定其中一个窗体为启动窗体；如果未指定，就把设计时的第一个窗体作为启动窗体。在以前的设计中，我们没有指定启动窗体，但由于首先设计的是 Form1 窗体，因此自动把该窗体作为启动窗体。

只有启动窗体才能在运行程序时自动显示出来，而其他窗体必须通过 Show 方法才能看到。

启动窗体通过【工程】菜单中的【工程属性】命令来指定。执行该命令后，将打开“工程属性”对话框，单击该对话框中的“通用”选项卡，将显示如图 10-2 所示的对话框。

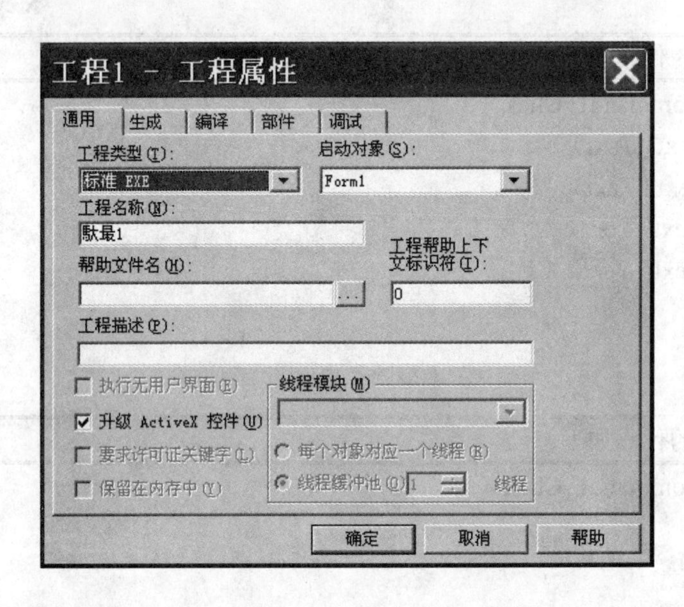

图 10-2 工程属性对话框

单击“启动对象”栏右端的箭头，将下拉显示当前工程中所有窗体的列表。此时条形光标位于当前启动窗体上。如果需要改变启动对象，则单击欲作为启动窗体的名字，然后单击“确定”按钮，即可把所选择的窗体设置为启动窗体。

10.2.2 多窗体程序的存取

单窗体程序的保存比较简单，通过【文件】菜单中的【保存工程】或【工程另存为】命令，可以对窗体文件以.frm 为扩展名存盘，对工程文件以.vbp 为扩展名存盘；而多重窗体程序的保存要复杂一些，因为每个窗体要作为一个文件保存，所有窗体要作为一个工程文件保存。

1．保存多重窗体程序

为了保存多重窗体程序，通常需要以下两步：

（1）在“工程资源管理器”中选择需要保存的窗体，如“Form1”，然后执行【文件】菜单中的【Forml.frm 另存为】命令，打开“文件另存为”对话框。用该对话框把窗体保存到磁盘文件中。在“工程资源管理器”窗口中列出的每个窗体或标准模块，都必须分别存入磁盘。窗体文件的扩展名为.frm，标准模块文件的扩展名为.bas。如前所述，每个窗体通常用该窗体的Name属性值作为文件名存盘。当然，也可以用其他文件名存盘。

（2）执行【文件】菜单中的【工程另存为】命令，打开“工程另存为”对话框，把整个工程以.vbp为扩展名存入磁盘。

在执行上面两个命令时，都要显示一个对话框，在对话框中输入要存盘的文件名及其路径。如果不指定文件名和路径，工程文件将以“工程1.vbp”作为默认文件名存入当前目录。此外，窗体文件或工程文件存盘后，如果经修改再存盘，则可以执行【文件】菜单中的【保存工程】命令。执行该命令后，不显示对话框，窗体文件和工程文件直接以原来命名的文件名存盘。如果是第一次保存窗体文件或工程文件，则当执行“保存窗体”或“保存工程”命令时将分别打开“文件另存为”或“工程另存为”对话框。

如果窗体文件和工程文件都是第一次保存，则可直接执行【文件】菜单中的【保存工程】命令，它首先打开“文件另存为”对话框，分别把各个窗体文件存盘，最后打开“工程另存为”对话框，将工程文件存盘。

2．装入多窗体程序

保存文件通过以上两步实现，而打开（装入）文件的操作比较简单，即执行【文件】菜单中的【打开工程】命令，此时将显示“打开工程”对话框（“现存”选项卡），在对话框中输入或选择工程文件（.vbp）名，然后单击“打开”按钮，即可把属于该工程的所有文件（包括.frm和.bas文件）装入内存。在这种情况下，如果对工程中的程序或窗体进行修改后需要存盘，则只需执行【文件】菜单中的【保存工程】命令即可。

如果选择“打开工程”对话框中的“最新”选项卡，则会列出最近编写的工程文件，此时可以选择要打开的工程文件，然后单击“打开”按钮。

在执行“打开工程”命令时，如果内存中有修改的文件（窗体文件、模块文件或工程文件），则显示一个对话框，提示保存。

Visual Basic可以记录最近存取过的工程文件，这些文件名位于【文件】菜单的底部（【退出】命令之上）。打开【文件】菜单后，只要单击所需要的文件名，即可打开相应的文件。

3．多窗体程序的编译

编译生成可执行文件（.exe），而可执行文件总是针对工程建立的。因此，多窗体程序的编译操作与单窗体程序是一样的。也就是说，不管一个工程包括多少窗体，都可以通过【文件】菜单中的【生成xxx.exe】命令生成可执行文件（这里的xxx是工程的名字），它可以在Windows下直接执行。

10.3　Visual Basic工程结构

模块（module）是相对独立的程序单元。在Visual Basic中主要有三种模块，即窗体模块、标准模块和类模块。类模块主要用来定义类和建立ActiveX组件。

在传统的程序设计中，编程者对程序的执行顺序是比较明确的。但是，在Visual Basic中，程序的执行顺序不太容易确定，也就是说，很难勾画出程序的执行“轨迹”。但从大的方面来说，还是“有序可循”的。

10.3.1 标准模块

标准模块也称全局模块或总模块，由全局变量声明、模块层声明及通用过程等几部分组成。其中，全局声明放在标准模块的首部，因为每个模块都可能要求具有唯一名字的自己的全局变量。全局变量声明总是在启动时执行。

模块层声明包括在标准模块中使用的变量和常量。

当需要声明的全局变量或常量较多时，可以把全局声明放在一个单独的标准模块中。这样的标准模块只含有全局声明，而不含任何过程，因此，Visual Basic 解释程序不对它进行任何指令解释。这样的标准模块在所有基本指令开始之前进行处理。在标准模块中，全局变量用 Public 声明，模块层变量用 Dim 声明。

标准模块不属于任何窗体，但可以指定窗体的内容，可以在标准模块中建立新的窗体，然后在窗体模块中对窗体进行处理。

在大型应用程序中，主要操作在标准模块中执行，窗体模块用来实现与用户之间的通信。但在只使用一个窗体的应用程序中，全部操作通常用窗体模块就能实现。在这种情况下，标准模块不是必需的。

标准模块通过【工程菜单】中的【添加模块】命令来建立和打开。一个工程文件可以有多个标准模块，也可以把原有的标准模块加入工程中。当一个工程中含有多个标准模块时，各模块中的过程不能重名。当然，一个标准模块内的过程也不能重名。标准模块的扩展名为.bas。

Visual Basic 通常从启动窗体指令开始执行。在执行启动窗体的指令前，不会执行标准模块中的 Sub 或 Function 过程，只能在窗体指令（窗体或控件事件过程）中调用。

在标准模块中，还可以包含一个特殊的过程，即 Sub Main 过程。

10.3.2 窗体模块

窗体模块包括三部分内容，即声明部分、通用过程部分和事件过程部分。在声明部分中，用 Dim 语句声明窗体模块所需要的变量，因而其作用域为整个窗体模块，包括该模块内的每个过程。

注意：在窗体模块代码中，声明部分一般放在最前面，而通用过程部分和事件过程部分的位置没有严格限制。

在声明部分执行之后，Visual Basic 在事件过程部分查找启动窗体中的 Sub Form_load 过程。这是在把窗体装入内存时所发生的事件。如果存在这个过程，则自动执行它。执行完 Sub Form_Load 过程之后，如果窗体模块中还有其他事件过程，则暂停程序的执行，并等待激活事件过程。

窗体模块中的通用过程可以被本模块或其他窗体模块中的事件过程调用。窗体文件的扩展名为.frm。

在窗体模块中，可以调用标准模块中的过程，也可以调用其他窗体模块中的过程，被调用的过程必须用 Public 定义为公用过程。标准模块中的过程可以直接调用，但如果要调用其他窗体模块中的过程，则必须加上过程所在的窗体的名字，其格式为：

窗体名.过程名（参数表列）

10.3.3　Sub Main 过程

在一个含有多个窗体或多个工程的应用程序中，有时需要在显示多个窗体之前对一些条件进行初始化，这就需要在启动程序时执行一个特定的过程。在 Visual Basic 中，这样的过程称为启动过程，命名为 Sub Main。它类似于 C 语言中的 Main 函数。

1．Sub Main 过程的建立

Sub Main 过程位于标准模块中，一个过程可以包含若干标准模块，但 Sub Main 过程只能有一个。在标准模块中，建立 Sub Main 过程的方法是：执行【工程】菜单中的【添加模块】命令，打开标准模块窗口，在该窗体中输入：

Sub Main

再按回车，则显示为：

Sub Main（）

End Sub

然后将要执行的程序代码填入首尾两行代码之间。

2．Sub Main 过程的功能

Sub Main 过程的主要功能是做应用程序的初始化工作。例如：

```
Sub Main（）
Tm=Hour（Time）
If Tm<=12 Then
Form1.Show
Else
Form2.Show
End If
End Sub
```

该过程先对应用程序做初始化，然后判别 Tm 的值，若小于等于 12，则显示 Form1 窗体，否则显示 Form2 窗体。

3．Sub Main 过程的启动

因为 Sub Main 过程的主要功能是做应用程序的初始化工作，因此执行应用程序后，总希望先执行它。也就是说，把它作为启动过程。但它不同于 C 语言的 Main 函数，不能被自动识别，必须通过与设置“启动窗体”类似的方法把它指定为启动过程。操作步骤如下：

（1）执行【工程】菜单中的【工程属性】命令。

（2）选择“通用”选项卡。

（3）在“启动对象”列表中，选取 Sub Main。

（4）单击“确定”按钮。

10.4　闲置循环与 DoEvents 语句

Visual Basic 是事件驱动型的语言。在一般情况下，只有发生事件时才执行相应的程序。也就是说，如果没有事件发生，则应用程序将处于“闲置”（Idle）状态。另一方面，当 Visual

Basic 执行一个过程时，将停止对其他事件（如鼠标事件）的处理，直至执行完 End Sub 或 End Function 指令。也就是说，如果 Visual Basic 处于“忙碌”状态，则事件过程只能在队列中等待，直到当前过程结束。

为了改变这种执行顺序，Visual Basic 提供了闲置循环（Idle loop）和 DoEvents 语句。

所谓闲置循环，就是当应用程序处于闲置状态时，用一个循环来执行其他操作。简言之，闲置循环就是在闲置状态下执行的循环。但是，当执行闲置循环时，将占用全部 CPU 时间，不允许执行其他事件过程，使系统处于无限循环中，没有任何反应。为此，Visual Basic 提供了一个 DoEvents 语句。当执行闲置循环时，可以用它把控制权交给周围环境使用，然后回到原来程序继续执行。

DoEvents 既可以作为语句，也可以作为函数使用。

DoEvents 语句一般格式为：

［窗体号=］DoEvents ［（）］

当作为函数使用时，DoEvents 返回当前装入 Visual Basic 应用程序工作区的窗体号。如果不想使用这个返回值，则可随便用一个变量接收返回值。例如：

Dummy = DoEvents（）

当作为语句使用时，可省略前、后的可选项。

在窗体上画一个命令按钮，然后编写如下事件过程：

```
Private Sub Command_Click（）
For i=1 To 2000000000
X= DoEvents
For j=1 To 1000
Next j
Cls
Print i
Next i
End Sub
```

运行上面的程序，单击命令按钮，将在窗体左上角显示循环控制变量（i&）的值。由于增加了延时循环，该程序的运行需要较长的时间。加入“x=DoEvents”后，可以在执行循环的过程中进行其他操作，例如，重设窗口大小、把窗体缩为图标、结束程序或运行其他应用程序等。如果没有 DoEvents，则在程序运行期间不能进行任何其他操作。

可以看出，DoEvents 给程序执行带来了一定的方便，但是，不能不分场合地使用。在某些情况下，应用程序的某些关键部分可能需要独占计算机时间，以防止被键盘、鼠标或其他程序中断，这时就不能使用 DoEvents 语句。例如，当程序从调制解调器接收信息时，就不能使用 DoEvents 语句。

例 10-2 编写程序，试验闲置循环和 DoEvents 语句。按以下步骤操作：

（1）在 Forml 窗体上建立三个命令按钮（Command1，Command2，Command3），设计好的窗体如图 10-3 所示。

图 10-3 闲置循环设计界面

（2）执行【工程】菜单中的【添加模块】命令，打开标准模块窗口，编写如下程序：

程序代码如下：

```
Sub main（）
Form1.Show
Do While DoEvents（）
   If Form1.Command2.Left  <= Form1.Left Then
   Form1.Command2.Move Form1.Command2.Left + 200
   Beep
   Else
   Form1.Command2.Left = Form1.Left
   End If
 Loop
End Sub
```

（3）对 Forml 窗体编写如下程序：

程序代码如下：

```
Private Sub Command1_Click（）
FontSize = 18
Print  "程序正在执行中…"
For i = 1 To 100000000
x = i * 2
Next i
Print  "程序在执行完毕！"
End Sub

Private Sub Command3_Click（）
End
End Sub
```

（4）把 Sub Main 设置为启动过程。

程序运行后，没有事件发生，进入闲置循环，使标有“闲置时移动”的命令按钮右移，并发出声响。如果单击标有“单击此按钮”的命令按钮，则有事件发生，“闲置循环”按钮暂停移动，在窗体上显示相应的信息，然后“闲置时移动”按钮接着移动。如果单击“退出”命令按钮，则退出程序。运行情况如图 10-4 所示。

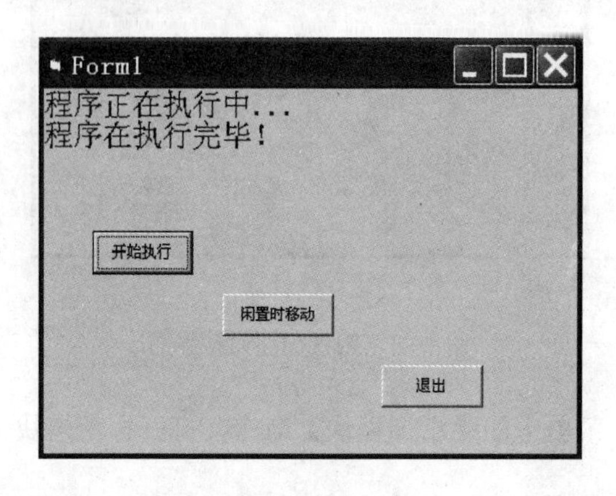

图 10-4　闲置循环运行界面

在程序运行过程中，命令按钮 2 暂停移动的时间由命令按钮 1 的单击事件过程中的循环终值决定。

练习题

一、选择题

1．下列操作中不能向工程中添加窗体的命令是（　　）。

A．执行【工程】菜单中的【添加菜单】命令

B．单击工具栏上的“添加窗体”按钮

C．右击窗体，在弹出的菜单中选择【添加窗体】命令

D．右击“工程资源管理器”，在弹出的菜单中选择【添加】命令，然后在下一级菜单中选【添加窗体】命令

2．当一个工程含有多个窗体时，其中的启动窗体是（　　）。

A．启动 Visual Basic 时建立的窗体　　B．第一个添加的窗体

C．最后一个添加的窗体　　D．在“工程属性”对话框中指定的窗体

3．以下叙述中错误的是（　　）。

A．一个工程只能有一个 Sub Main 过程

B．窗体的 show 方法的作用是将指定的窗体装入内存并显示窗体

C．窗体的 Hide 方法和 Unload 方法的作用完全相同

D．若工程文件中有多个窗体，可以根据需要指定一个窗体为启动窗体

4．为了保存一个 Visual Basic 应用程序，应当（　　）。

A．只保存窗体文件（.frm.）

B．只保存工程文件（.Vbp）

C．分别保存工程文件和标准模块文件（.bas）

D．分别保存工程文件、窗体文件和标准模块文件

5．以下叙述中错误的是（　）。

A．一个工程文件可以包含多个窗体文件

B．在一个窗体文件中用 Private 定义的通用过程能被其他窗体调用

C．在设计 Visual Basic 应用程序时，窗体、标准模块、类模块等需要分别保存为不同类型的磁盘文件

D．全局变量必须在标准模块中定义

二、填空题

1．Visual Basic 应用程序主要由________、________和________三种模块组成。

2．为了显示一个窗体，所使用的方法是________；而为了隐藏一个窗体，所使用的方法是________；清除一个窗体上的内容，使用方法________。

3．全局变量必须在模块中定义，所使用的语句是________、________。

4．DoEvents 语句的作用是________。

5．启动窗体在________对话框中指定，为了打开该对话框，应该执行________菜单中的命令。

三、编程题

1．设计一个包含 Forml 和 Form2 两个窗体的多窗体应用程序，每个窗体中各包含一个命令按钮。Form1 为启动窗体。单击 Form1 时，隐藏 Form1，显示 Form2；单击 Form2 时，则隐藏 Form2，显示 Forml。单击每个窗体上的命令按钮时，结束程序的运行。

2．编写一个计算 N 的阶乘的程序，要求 N 的值在 Sub Main 中设置。计算阶乘的操作由标准模块中的函数 Factorial 完成，阶乘的结果显示在窗体上的标签框内。

3．建立一工程，内含两个窗体，名称分别为 Forml 和 Form2。程序运行后，Forml 显示，Form2 隐藏。时间为 3 秒后，Forml 消失，Form2 出现，并在 Form2 窗体上显示“延迟时间为 3 秒”。

第11章 数据库编程

学习内容

数据库的基本概念
数据库的建立、维护和查询
Data 控件的使用
ADO 控件的使用

学习目标

掌握数据库的建立、维护和查询的方法，了解数据库编程的过程。掌握数据库编程的常用控件的使用方法。

随着数据库技术的广泛应用，开发各种数据库应用程序已成为计算机应用的一个重要方面。VB 具有强大的数据库操作功能，提供了数据管理器（Data Manager）、数据控件（Data Control）和 ADO（Active Data Object）数据对象等工具，使编程人员可以轻松地开发出各种数据库应用程序。

11.1 数据库的基本概念

数据库按其结构可分为三种类型：网状数据库、层次数据库和关系数据库。其中关系数据库是一种应用最广泛的数据库。下面简要介绍关系数据库的有关概念。

1．数据表、字段和记录

关系数据库是以关系模型为基础的数据库。关系实质上就是一个二维数据表（Table），也称为关系表或表。数据表通常用于描述某个实体，每个表有一个表名。例如表 11-1 和表 11-2；是描述学生学籍信息和成绩信息的表，表名分别为“学籍表”和“成绩表”。

表 11-1 学籍表

	学号	英语	计算机
▶	106001	82	87
	106002	90	82
	106003	77	86
	106004	68	75
	106005	84	76

表 11-2　成绩表

	学号	姓名	性别	年龄	班级
▶	106001	王芳	女	20	1
	106002	李强江	男	19	2
	106003	刘新雨	女	21	1
	106004	张力	女	18	2
	106005	王蒙	男	21	1

数据表由若干行和若干列组成。表中的每一列称为一个字段（Field），每个字段有一个字段名。每个字段必须具有相同的数据类型。表中的每一行称为一个记录，记录中的某个字段值称为数据项。例如，在学籍表中，一共有 5 个字段，分别为学号、姓名、性别、年龄和班级，并包含了 5 个记录。

2．记录指针和当前记录

为了便于指示当前正在或将要操作的记录，系统为每个打开的表设置了一个记录指针，当进行表操作时，指针会随着移动。指针指向的记录称为当前记录。

3．表的主键和索引

在一个表中，如果某个字段值（可以是一个字段，也可以是多个字段的组合）能够唯一确定一个记录，则可以把它作为主键（或称主关键字）。例如，在学籍表中，“学号”字段可以是表的主键，因为每名学生都有唯一的学号，使用学号能够唯一地标识一个记录。

为了提高搜索数据库记录的速度，需要将数据表中的某些字段设置为索引（Index）。通过索引可以快速地找到特定的记录，这与一本书的目录索引相似。例如，在“学籍表”数据表中，如果以“班级”为索引字段建立索引，则可按“班级”快速检索。

4．数据库

数据库（Database）是一个由若干表组成的数据集合。数据库中表与表之间可以用不同的方式相互关联。例如，一个学生数据库由学籍表和成绩表组成，这两个表中的记录可以通过“学号”字段联系起来，以找到特定学生的学籍信息和成绩信息。

5．数据库管理系统

管理和维护数据库的软件系统称为数据库管理系统（DBMS）。目前比较流行的数据库管理系统有 Oracle，Sybase，Informix，MS SQL Server 等，它们都是大中型数据库管理系统。而 Visual　FoxPro，Microsoft Access 等则是使用在 Windows 环境下的小型数据库管理系统。

11.2　数据库的建立、维护和查询

在 VB 中，可以访问多种关系数据库，如 Microsoft Access，dBase，FoxPro，Excel，Paradox，Sybase，MS SQL Server，Oracle 等系统的数据库。VB 默认的数据库是 Access 数据库，其库文件的扩展名为.mdb。

可视化数据管理器（VisData）是 VB 提供的一个非常有用的数据库工具，可以用来建立 Access 或其他类型的数据库，并可以管理、维护和查看这些数据库。

在 VB 集成开发环境下选择“外接程序”菜单中的“可视化数据管理器”命令，或直接运行 VB 安装目录下的 VisDatA．exe 程序，即可打开可视化数据管理器，如图 11-1 所示。

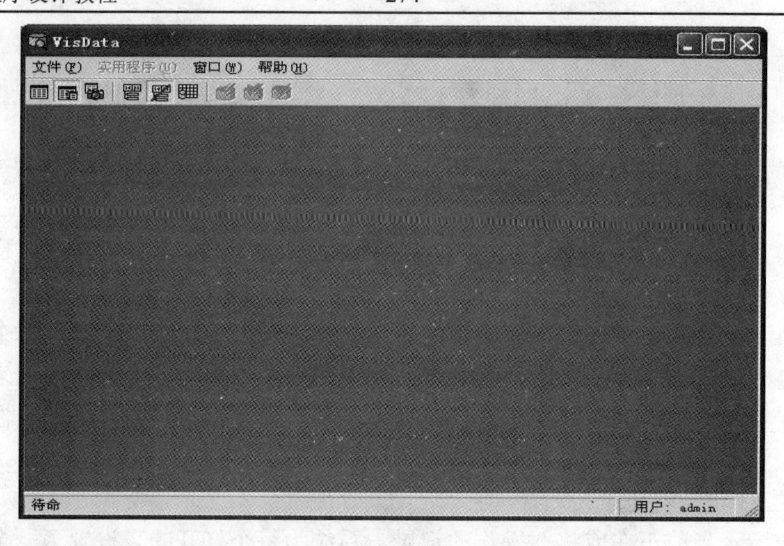

图 11-1 可视化数据管理器

11.2.1 建立数据库

下面以建立学生数据库为例，介绍可视化数据管理器的使用方法。

1. 创建一个数据库

（1）在可视化数据管理器窗口中，选择“文件”菜单中的“新建”命令，弹出一个子菜单，其中列出 VB 可以创建的数据库类型及其版本。

（2）通常可选择“Microsoft Access …”下的“Version 7.0 MDB”，弹出“选择要创建的 Microsoft Access …数据库”对话框。

（3）输入要创建的数据库文件名，如“student.mdb”。

（4）单击“保存”按钮，系统弹出如图 11-2 所示的界面。该界面中含有“数据库窗口”和“SQL 语句”两个窗口。

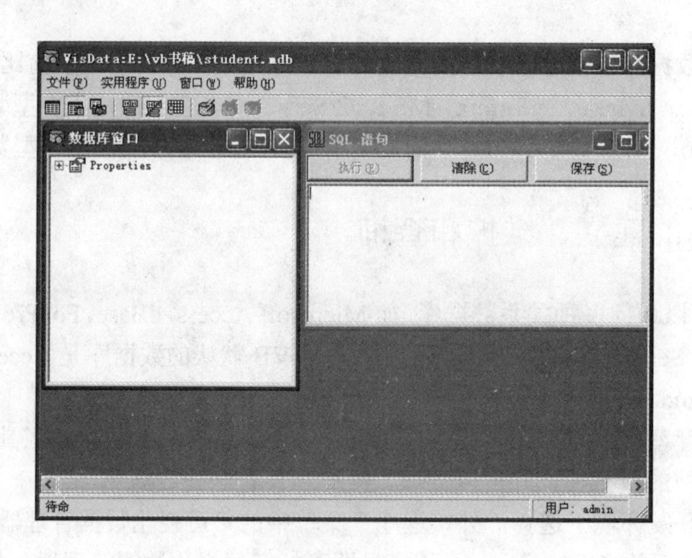

图 11-2 数据库窗口 和“SQL 语句”窗口

“数据库窗口”中以树形结构显示数据库中的所有对象，可以右击窗口激活快捷菜单，执行“新建表”、“刷新列表”等命令。“SQL 语句”窗口用来输入、执行和保存 SQL 语句。

刚进入该界面时，“数据库窗口”只有一个数据库属性表（Properties），并不存在任何数据表，需要用户自行添加。

2．创建数据表

创建数据表时必须定义表结构，表结构包括各个字段的名称、类型、长度等。表 11-3 和表 11-4 分别描述了“学籍表”和“成绩表”的表结构。

表 11-3　“学籍表”的表结构

字段名称	学号	姓名	性别	年龄	班级
类型	Text	Text	Text	Integer	Text
长度	6	10	2	默认	2

表 11-4　“成绩表”的表结构

字段名称	学号	英语	计算机
类型	Text	Text	Text
长度	6	10	2

在已建立的数据库中添加“学籍表”的操作步骤如下：

（1）在“数据库窗口”中右击鼠标，从快捷菜单中选择“新建表”命令，弹出“表结构”对话框，如图 11-3 所示。

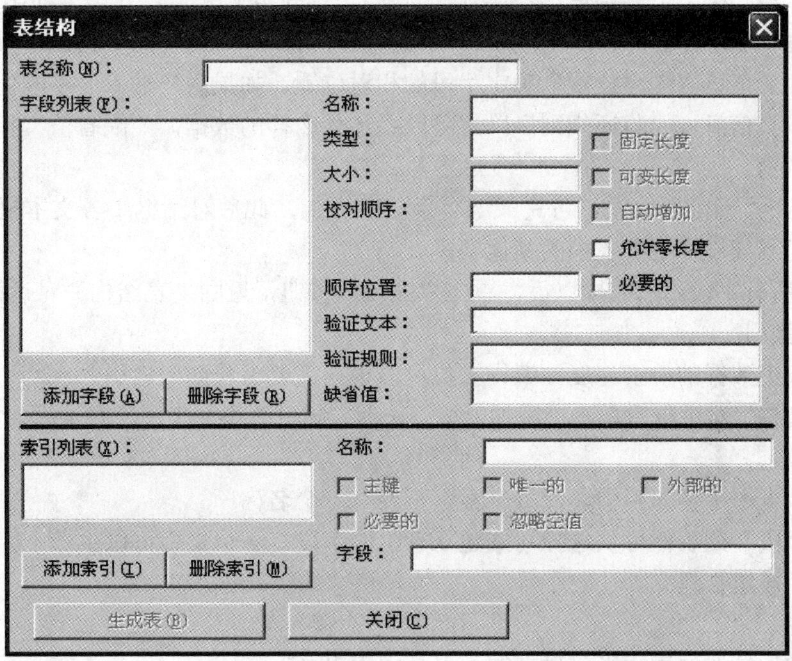

表结构
表名称(N)：
字段列表(F)：
名称：
类型：
固定长度
大小：
可变长度
校对顺序：
自动增加
允许零长度
顺序位置：
必要的
验证文本：
验证规则：
缺省值：
添加字段(A)
删除字段(R)
索引列表(X)：
名称：
主键
唯一的
外部的
必要的
忽略空值
字段：
添加索引(I)
删除索引(M)
生成表(B)
关闭(C)

图 11-3　“表结构”对话框

在对话框中，可输入新表的名称并添加字段，也可从表中删除字段，还可以添加索引或删除索引。

在“表名称”框中输入“学籍表”作为表名。

（2）单击“添加字段”按钮，弹出“添加字段”对话框，如图11-4所示。

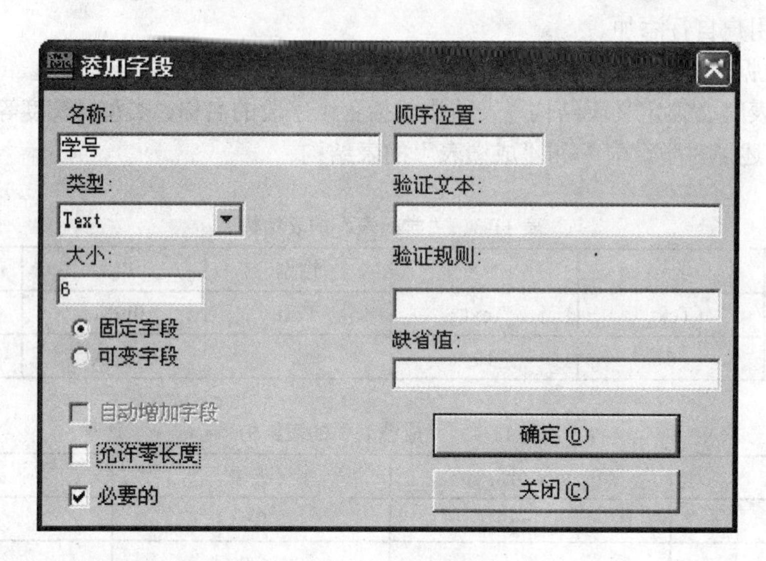

图11-4 “添加字段”对话框

（3）在“添加字段”对话框中，输入各个字段的“名称”、数据“类型”和字段“大小”（长度），如学号、Text和6。

“固定字段”和“可变字段”表示字段的长度是否固定（只对Text类型的字段起作用），“允许零长度”表示是否允许零长度字符串为有效字符串，“必要的”指出字段是否要求非空（即非Null）值，“顺序位置”确定字段的相对位置，如果用户输入的字段值无效时则显示“验证文本”信息，“验证规则”确定可以添加什么样的数据，“缺省值”指定输入记录时字段的默认值。

（4）单击“确定”按钮，可完成一个字段的添加。此后对话框中各文本框内容将变为空白，用户可继续添加数据表中的其他字段。

（5）当所有字段添加完毕以后，单击“关闭”按钮，返回“表结构”对话框。

3．添加索引

为提高表中数据的检索速度，编程人员可以根据需要为表创建索引。

在“表结构”对话框中单击“添加索引”按钮，打开“添加索引”对话框，如图11-5所示。

“名称”框用于输入索引名，每个索引都要有一个名称。

“可用字段”列表框可供选择用来建立索引的字段。一个索引可以由一个字段建立，也可以由多个字段组合建立。

对话框中：

“主要的”复选框表示当前建立的索引是主索引（Primary Index）。在一个数据表中可以建立多个索引，但只能有一个主索引。

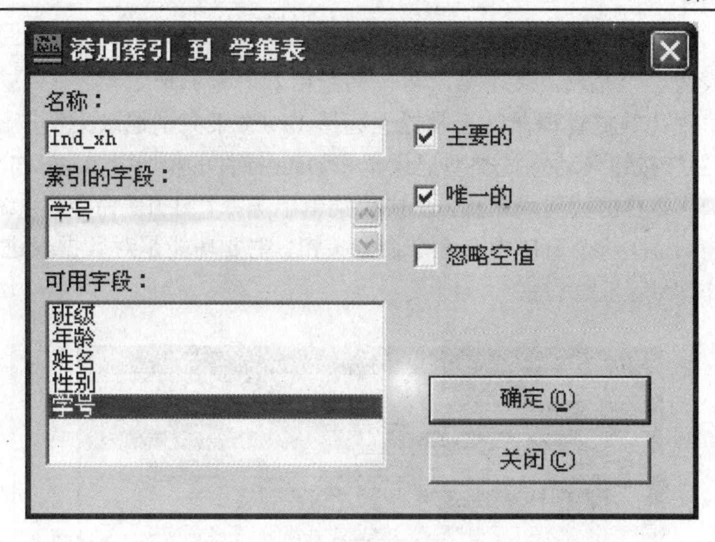

图 11-5　“添加索引”

“唯一的”复选框用于设置该字段不会有重复的数据。“忽略空值”复选框表示搜索时将忽略空值记录。

例如，如果要在“学籍表”中添加以“学号”为索引字段的主索引“Ind_xh”，可以在“添加索引”对话框中选择索引字段为“学号”，名称为“Ind_xh”，并选择“主要的”和“唯一的”，然后单击“确定”按钮。

当数据表设计完成后，单击“表结构”对话框中的“生成表”按钮，就在数据库中添加了一个新的表。关闭“表结构”对话框后，可从数据库窗口中看到数据表显示，如图 11-6 所示。

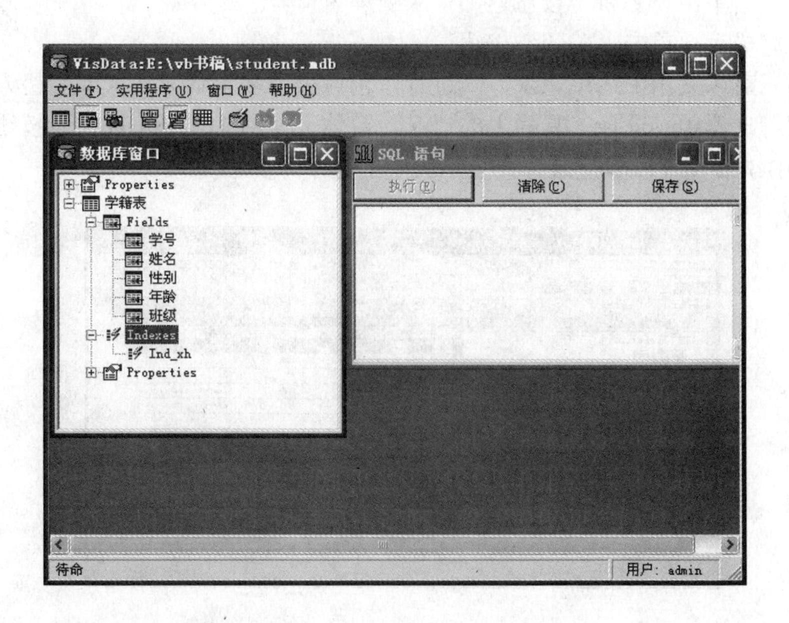

图 11-6　生成的表结构

4．记录的输入

新建的数据表为一个空表，接下来就可以向数据表中添加记录了。

这里假设在可视化数据管理器的工具栏上选择“动态集类型记录集”按钮和“在新窗体上不使用 Data 控件”按钮（动态集类型记录集和 Data 控件的概念将在以后介绍）。

在数据库窗口中，右击数据表名称，从快捷菜单中选择“打开”命令，系统弹出如图 11-7 所示的记录处理窗口。在这个窗口中有 8 个命令按钮，主要功能是对数据表进行记录的输入、编辑、删除等操作。

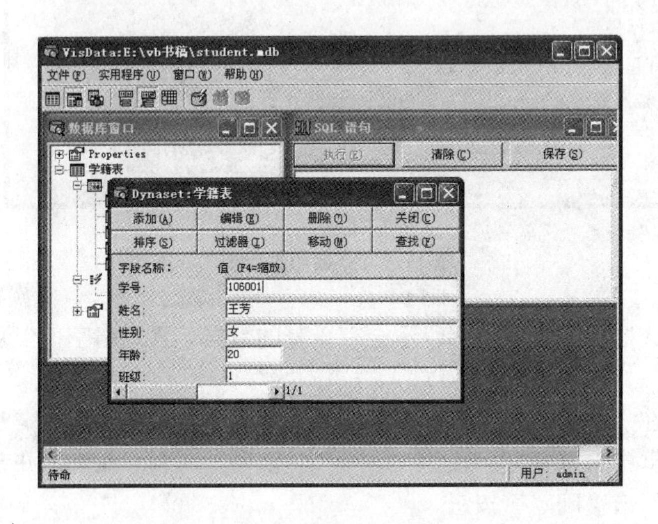

图 11-7　记录处理窗口

单击“添加”按钮，打开记录添加窗口，此时可输入一条记录，不同字段之间可用 Tab 键进行切换，然后单击“更新”按钮返回记录处理窗口。

记录输入完成后，单击“关闭”按钮。

记录的显示可以采用上述单记录方式进行，也可采用多记录方式（即表格方式）进行。在可视化数据管理器中，选择工具栏上的“在新窗体上使用 DBGrid 控件”按钮后打开数据表，则可用 DBGrid 控件以多记录方式显示表中的记录，如图 11-8 所示。

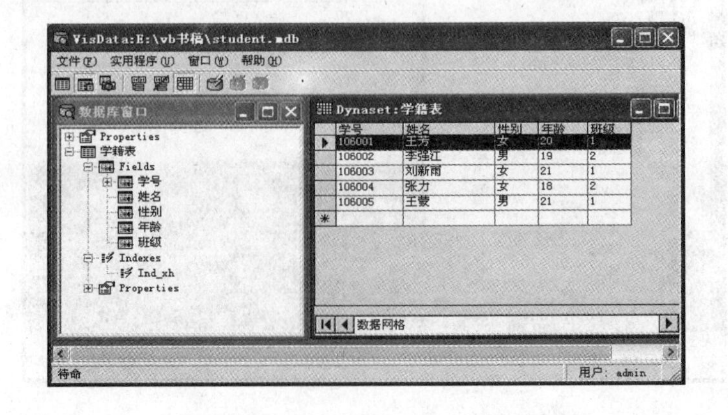

图 11-8　表格方式显示记录

11.2.2 修改数据表结构和数据

1．修改表结构

在数据库窗口中，右击数据表名称，从快捷菜单中选择“设计”命令，即可修改或打印表结构。

2．修改表数据

修改表中现有数据的操作类似于输入数据。先在如图 11-7 所示的记录处理窗口中，通过移动窗口底部的滚动条找到要修改的记录，单击“编辑”按钮后，即可进行有关修改操作。完成修改操作后，单击“更新”按钮，则可保存对数据的更新。

11.2.3 数据查询

有时用户需要从数据库中查找符合某个条件的记录，符合条件的记录组成一个新的数据集合，这个数据集合称为查询。查询结果本身又可以看作一个数据表，它可以作为数据库操作的数据源。

对数据库中的数据进行查询有两种方法：使用查询生成器和使用 SQL 语句。

1．使用查询生成器

下面以查找 11 班全部学生为例，介绍使用“查询生成器”建立查询的方法。

（1）在数据库窗口中右击鼠标，从快捷菜单中选择“新建查询”命令，或者从“实用程序”菜单中选择“查询生成器”命令，弹出“查询生成器”对话框，如图 11-9 所示。

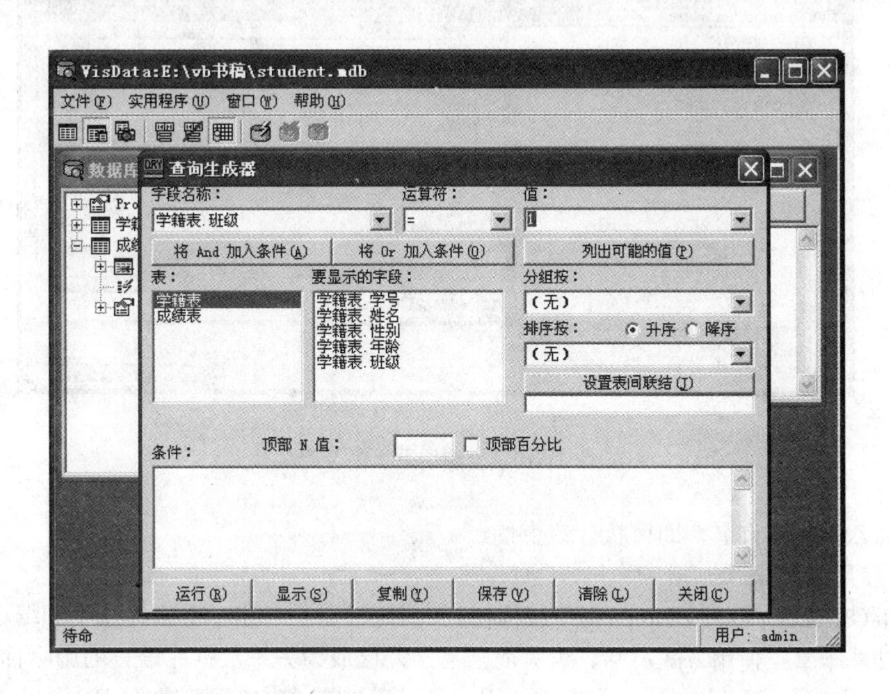

图 11-9 “查询生成器”对话框

（2）在“表”列表框中，选择要查询的表，如“学籍表”。

（3）单击“字段名称”框右侧的下拉箭头，如选择“班级”，在“运算符”框中选择“=”，在“值”框中输入“11”。也可通过单击“列出可能的值”按钮选择“值”。

（4）单击“将 And 加入条件”按钮或“将 Or 加入条件”按钮，可将设置的条件添加到“条件”列表中。如果查询条件是由多个条件（关系式）组成的逻辑表达式，重复（3）、（4）步骤即可。选择“将 And 加入条件”按钮表示条件之间是“与”的关系，选择“将 Or 加入条件”按钮表示条件之间是“或”的关系。

如果要在多个表中查询，首先在“表”列表中选择两个表，单击“设置表间联结”按钮，打开“联结表”对话框，在对话框中定义两个表的联结字段，并单击“给查询添加联结”按钮，则可完成联结，然后再设置查询条件。

（5）在“要显示的字段”列表框中选择在查询时需要显示的字段名。

（6）要查看查询条件，可以单击“显示”按钮，即可打开显示有查询条件的“SQL 查询”对话框。

（7）查询条件设定后，单击“运行”按钮，在出现“这是 SQL 传递查询吗？”消息框中选择“否”按钮，即可生成查询。

（8）单击“保存”按钮可将查询保存起来，例如输入的查询名为“查询 11 班全部学生”。保存查询后，在数据库窗口中就能看到刚建立的查询，如图 11-10 所示。

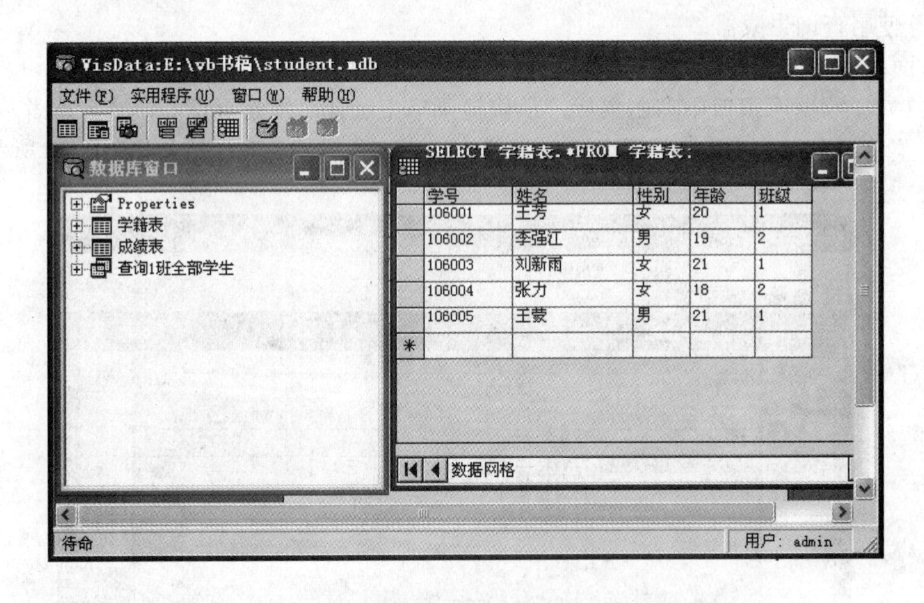

图 11-10　查询结果和保存查询

以后双击该查询名，即可执行该查询。

2．使用 SQL 语句

SQL（Structure Query Language，结构化查询语言）是一种用于数据库查询和编程的语言。由于它功能丰富、使用方式灵活、语言简洁易学，已成为关系数据库语言的国际标准。

SQL 语言由一系列 SQL 语句组成。用户可以直接在“SQL 语句”窗口中输入 SQL 语句来实现各种功能。这里主要介绍几个常用的 SQL 语句。

（1）Select 语句。Select 语句是 SQL 语言中最常用的一个语句。语句一般格式如下：

Select 字段名列表 From 表名
[where 查询条件]

[Group By 分组项]

[Having 分组筛选条件]

[Order By 排序字段[ASC|DESC]，…]

功能：从指定的数据表中查找满足条件的记录。

说明：

① “字段名列表”指明要在查询结果中包含的字段名，书写格式为：[表名.]字段名。如果只对一个表进行查询，则可省略表名，多个字段名之间用逗号隔开。当要查询表中所有字段时，可用“*”代表。

② “表名”指出所要查询的表，可以指定多个表，各表名之间用逗号隔开。

③ “查询条件”指出查询的条件，它是一个逻辑表达式，SQL 条件运算符除了 And，Or，Not 逻辑运算符及=，<，<=，>，>=，<>关系运算符外，还可以使用 Between（指定运算值范围），Like（格式相符）和 In（指定记录）。

④ “GrouP By 分组项”指出对记录按“分组项”进行分组，常用于分组统计。

⑤ “Having 分组筛选条件”与“Group By”联合使用，指出对记录分组筛选的条件。

⑥ “Order By 排序字段[ASC|DESC]，...”指出查询结果按某一字段值排序。ASC 指定按开序排序，DESC 指定按降序排序。默认值为升序。

⑦ 在 Select 语句中，还可以使用 Sum，Avg，Min，Max，Count 等合计函数，来分别计算某一列的总和、平均值、最小值、最大值和记录个数。

例 11-1 从“学籍表”中查找 6 班所有学生记录，查询结果只包括“学号”、“姓名”和“性别”，采用的 Select 语句如下：

Select 学号，姓名，性别 From 学籍表 Where 班级= " 6 "

例 11-2 计算各班学生的平均年龄，采用的 Select 语句如下：

Select 班级， Avg（年龄）From 学籍表 Group By 班级

例 11-3 显示“学籍表”中所有男生的信息，查询结果接班级顺序排列，采用的 Select 语句如下：

Select From 学籍表 Where 性别= " 男 " Order By 班级

例 11-4 从“学籍表”和“成绩表”中查找 6 班的所有学生记录，查询结果包括“学号”、“姓名”、“英语”和“程序设计”，采用的 Select 语句如下：

Select 学籍表.学号，学籍表.姓名，成绩表.英语，成绩表.程序设计

From 成绩表，学籍表

Where 成绩表.学号=学籍表.学号 And 学籍表.班级= " 6 "

例 11-5 查找英语成绩不及格的学生记录，查询结果包括“学号”、“姓名”、“班级”和“英语”，采用的 Select 语句如下：

Select 学籍表.学号，学籍表.姓名，学籍表.班级，成绩表.英语

From 成绩表，学籍表

Where 成绩表.学号=学籍表.学号 And 成绩表.英语<60

（2）Insert 语句。本语句用于向数据表中插入一个记录。语句格式如下：

Insert Into 数据表（字段名列表）Values（字段值）

例如，在成绩表中插入两个记录，相应的 Insert 语句如下：

Insert Into 成绩表（学号，英语，程序设计）Values（ " 951006 "，87，90）

Insert Into 成绩表（学号，英语，程序设计）Values（ " 951007 "，57，69）

（3）Delete 语句。本语句用于按照指定条件删除数据表中的记录。语句格式如下：

Delete From 表名 Where 条件

例如，删除学籍表中班级为“31”的所有记录，相应的 Delete 语句如下：

Delete From 学籍表 Where 班级= " 31 "

（4）Update 语句。本语句用于按照指定条件修改数据表中的记录。语句格式如下：

Update 表名 Set 字段=表达式 Where 条件

例如，从成绩表中修改“951003”学生的英语成绩，相应的 Update 语句如下：

Update 成绩表 Set 英语=99 Where 学号= " 951003 "

11.2.4 数据窗体设计器

在可视化数据管理器中还提供了一个“数据窗体设计器”工具，利用它可以很容易地创建数据窗体，并添加到当前工程中，这样就可以生成一个用于浏览、修改数据库的应用程序。

在可视化数据管理器中，选择“实用程序”菜单中的“数据窗体设计器”命令，即可打开“数据窗体设计器”对话框，如图 11-11 所示。注意：只有在已打开了一个数据库后，该命令才有效。

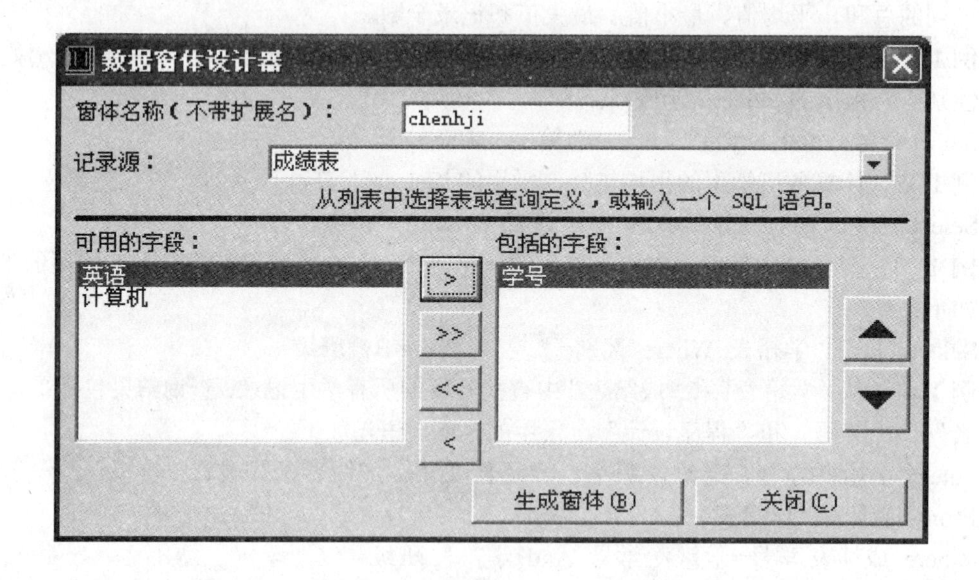

图 11-11 “数据窗体设计器”对话框

使用数据窗体设计器生成数据库应用程序的操作步骤如下：

（1）在“数据窗体设计器”对话框中，在“窗体名称”框中指定要添加到当前工程中的窗体名称。VB 在输入的窗体名称前会自动加上“frm”作为实际生成的窗体名称（如 frmForm1）。

（2）在“记录源”框中选择用于创建窗体所需要的记录源。在其下拉列表中列出当前可用的所有数据表名和查询名，用户可以从中选择一个表或查询，也可以输入一个 SQL 语句。

（3）选择要显示在窗体上的字段名称。在“可用的字段”列表框中列出了选定数据表中可用的字段，“包括的字段”列表框中列出选择显示的字段，用户可使用这两个列表框中间的 4 个按钮，在两个列表框之间逐个或全部地移动字段。

（4）单击“生成窗体”按钮，将自动产生窗体并添加到当前工程中。

（5）单击“关闭”按钮。

例 11-6　生成用于浏览、修改成绩表的应用程序。操作步骤如下：

（1）新建一个工程。

（2）进入可视化数据管理器，打开数据库 student.mdb。

（3）打开“数据窗体设计器”对话框，在对话框中设定“窗体名称”为 Chengji，“记录源”为“成绩表”，在“可用的字段”列表中列出了“成绩表”中的所有字段名，将“学号”、“英语”及“程序设计”三个字段选择到“包括的字段”列表框中。

（4）单击“生成窗体”按钮，完成后单击“关闭”按钮。

此时在 VB 工程资源管理器中可以看到新增了一个名为 frmChengji 的窗体。

（5）在窗体编辑器中打开 frmChengji 窗体，如图 11-12 所示，可看到窗体上除显示对应 3 个字段的 3 个文本框控件外，还有“添加”、“删除”、“刷新”。“更新”和“关闭”5 个按钮，此外还有 1 个 Data 控件。

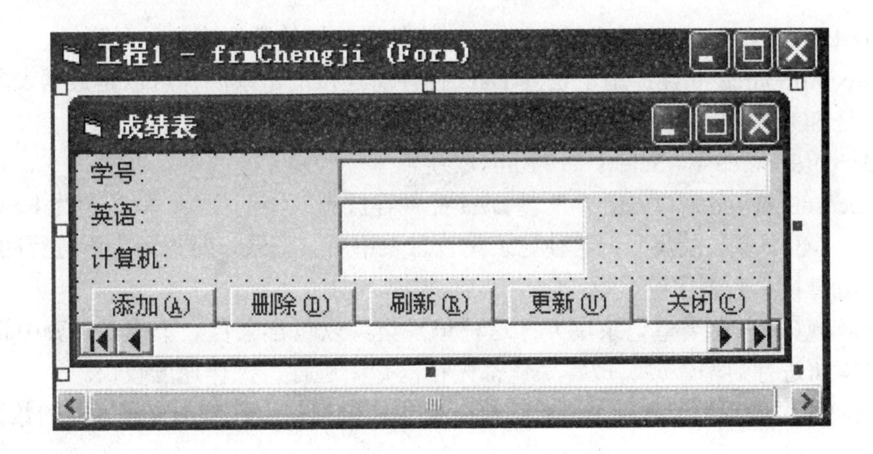

图 11-12　“成绩表”数据窗体

打开代码窗口，可以看到 VB 系统已经为该窗体模块生成了相应代码。

（6）将 frmChengji 窗体设置为当前工程的启动对象，运行工程后，便可以使用 Data 控件两端的箭头控制显示各记录内容，也可以通过有关按钮完成相应的功能。

11.3　使用 Data 控件访问数据库

虽然利用可视化数据管理器可以很方便地创建数据库应用程序，但是往往不能满足用户众多的特殊要求。在这种情况下就需要用户自己去设计和处理有关数据库的各种问题，为此 VB 提供了多种访问数据库的工具，其中数据控件 Data 就是一种具有快速处理各种数据库能力的常用标准控件。

从 VB 工具箱中把 Data 控件添加到窗体上，其外观如图 11-13 所示。Data 控件的默认名为 Data1。

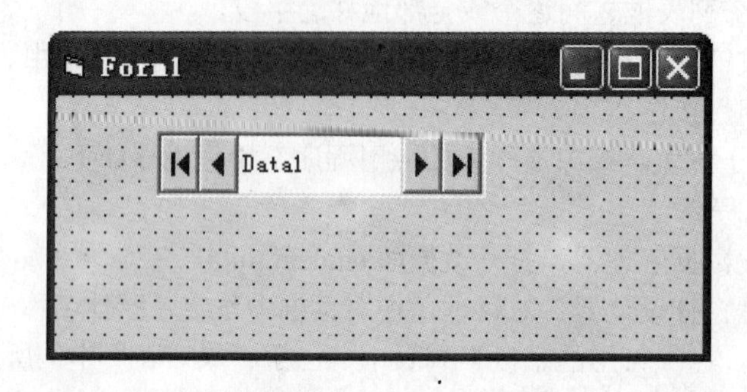

图 11-13 Data 控件

11.3.1 Data 控件的属性、方法和事件

1．Data 控件的常用属性

（1）Connect 属性：指定 Data 控件所连接的数据库类型，默认为 Access，还支持 FoxPro，Excel 等。

（2）DataBaseName 属性：用于设置 Data 控件所连接的数据库名称及路径。

（3）RecordSource 属性：用于设置 Data 控件所连接的记录源，可以是数据表名或查询名，也可以是 SQL 的 Select 语句，例如在程序中写入：

Data1.RecordSource = " Select * From 成绩表 "

（4）RecordSetTyPe 属性：用于设置 Data 控件存放记录集的类型。默认值为 1—Dynaset。

0－Table（表类型记录集）：这种记录集包含表中所有记录，对记录集所进行的增、删、改等操作都将直接更新表中的数据。

1－Dynaset（动态集类型记录集）：这种记录集可以包含来自一个或多个表中记录的集合，对记录集所进行的增、删、改等操作都先在内存中进行，操作速度较快。

2－Snapshot（快照类型记录集）：这种记录集的数据是由表或由查询返回的数据组成，仅供读取，不能修改。

若 Data 控件的 RecordSource 属性所指定的记录源不是一个数据表，则 RecordSetType 属性只能设置为 1（Dynaset）或 2（Snapshot）。

（5）Exclusive 属性：是否独占数据库（即是否允许其他用户同时打开该数据库

（6）Readonly 属性：数据库是否以只读方式打开。

（7）BOFaction 属性：指定记录指针移动到数据表的开头时程序执行的操作。

（8）EOFaction 属性：指定记录指针移动到数据表的结尾时程序执行的操作。

2．Recordset 对象的常用属性

程序运行时，VB 会根据 Data 控件设置的属性打开数据库，并内建一个 Recordset 对象。Data 控件对数据的操作主要是通过 Recordset 对象进行的。与其他对象一样，Recordset 对象也有其属性和方法，使用这些属性和方法可以直接获取数据表中的记录信息或对记录进行操作。

Recordset 对象的常用属性如下：

（1）AbsolutePosition 属性：指定 Recordset 对象当前记录的序号位置。第一个记录的 Absolution 值为 0。

（2）BOF，EOF 属性：如果当前记录位于 Recordset 对象的最后一个记录之后，则 EOF 值为 True，否则为 False。如果当前记录位于 Recordset 对象的第一个记录之前，则 BOF 值为 True，否则为 False。

（3）RecordCount 属性：表示 Recordset 对象中记录的总数。

（4）NoMatch 属性：指定当使用 Find 方法或 Seek 方法进行查找时，是否找到匹配的记录。找不到匹配的记录时，该属性返回值为 True，否则返回值为 False。

3．Data 控件和 Recordset 对象的方法

（1）Move 方法：在记录集中移动记录指针。Move 方法包括：

MoveFirst 移至第一个记录

MoveLast 移至最后一个记录

MovePrevious 移至上一个记录

MoveNext 移至下一个记录

Move[n]向前或向后移动 n 个记录，n 为负数时表示向前移动

（2）AddNew 方法：添加一条新记录。新记录的每个字段采用默认值（未指定则为空白）。例如：Data1.Recordset.AddNew

（3）Delete 方法：删除当前记录。在删除后应将当前记录指针移到其他位置（如下一个记录）。

（4）Edit 方法：在对当前记录内容进行修改之前，使用 Edit 方法使记录处于编辑状态。

（5）Update 方法：更新记录内容。

例如：Data1.Recordset.Update

（6）UpdateControls 方法：恢复记录的原先值。

例如：Datal.UpdateControls

（7）Refresh 方法：更新数据控件的记录集内容。如果连接数据库的有关属性（如 DatabaseName，Connect 等）的设置值发生了改变，也可以使用 Refresh 方法来打开或重新打开数据库。

例如：Data1.Refresh

（8）Find 方法：在记录集中查找符合条件的记录。如果找到满足条件的记录，则记录指针将定位在找到的记录上。

Find 方法包括：

FindFirst　　查找符合条件的第一个记录

FindLast　　查找符合条件的最后一个记录

FindPrevious　查找符合条件的上一个记录

FindNext　　查找符合条件的下一个记录

通过 NoMatch 属性可以判断是否找到符合条件的记录，如果找不到，通常需要显示信息以提示用户，如：

Data1.Recordset.FindFirst "学号= ' 951009 ' "

```
If Data1.Recordset.NoMatch Then
MsgBox " 找不到 951009 号学生 "
End If
```

（9）Seek 方法：本方法用于在表类型（Table）的记录集中按照索引字段查找符合条件的第一条记录，并使之成为当前记录。在使用 Seek 方法之前，必须先通过 Index 属性打开表的索引。Seek 方法查找速度比 Find 方法快。

使用格式为：

Recordset.Seek 比较字符，关键字 1，关键字 2，…

其中，“比较字符”用于确定比较的类型，可以是<，<=，=，>=，>之一，“关键字 1”，“关键字 2”等参数指定记录中对应当前索引字段的值。

例如，打开“学籍表”中名称为“Ind_xh”（学号）的索引，查找学号为“951004”的记录，可以采用：

```
Datal.Recordset.Index = " Ind_xh "
Data1.Recordset.Seek= " 951004 "
```

4．Data 控件的常用事件

（1）Reposition 事件：当用户单击 Data 控件上某个箭头按钮，或者在应用程序中使用某个 Move 或 Find 方法时，一个新记录成为当前记录之后，会触发该事件。

（2）Validate 事件：当某个记录成为当前记录之前，或是在 Update，Delete，Unload 或 Close 操作之前触发此事件。

Validate 事件过程的格式为：

Private Sub Data1_Validate（Action As Integer，Save As Integer）

其中，Action 用来指示触发此事件的操作，Save 用来指定被连接的数据是否修改了。

11.3.2 数据绑定控件

利用数据控件可以使应用程序与数据库联系起来，并操作数据库中的数据，但它本身却不能显示数据库中的数据，因此必须与其他具有数据绑定功能的控件，如文本框、标签、复选框。图片框、图像框、列表框和组合框等控件相配合，才能实现数据的浏览、编辑等功能。所谓“数据绑定”（Bound Control），就是指控件中的数据显示和操作结果始终与数据库保持实时一致性，当改变控件中的数据内容时，数据库中对应的数据也会随之改变。数据绑定控件在有些书籍中也称为“数据感知控件”、“数据约束控件”等。

数据绑定控件、数据控件和数据库之间的关系如图 11-14 所示。

数据绑定控件 ⇨ 数据控件 ⇨ 数据库

图 11-14 数据绑定控件、数据控件和数据库之间的关系

要使数据绑定控件与数据控件 Data 联系起来，可以通过数据绑定控件的 DataSource 和 DataField 两个属性实现连接。

（1）DataSource 属性：用于设定要连接的 Data 控件的名称。

（2）DataField 属性：指定作为数据绑定控件所要显示的字段的名称。

例 11-7 利用本章前面建立的学生数据库“student.mdb”中的数据，设计“学籍资料处理”程序。

（1）新建工程，在窗体上添加 1 个数据控件 Datal，1 个命令按钮控件数组 Comd1（0）~Comd1（4），5 个标签 Label1~Label5，5 个文本框 Text1~Text5，如图 11-15 所示。

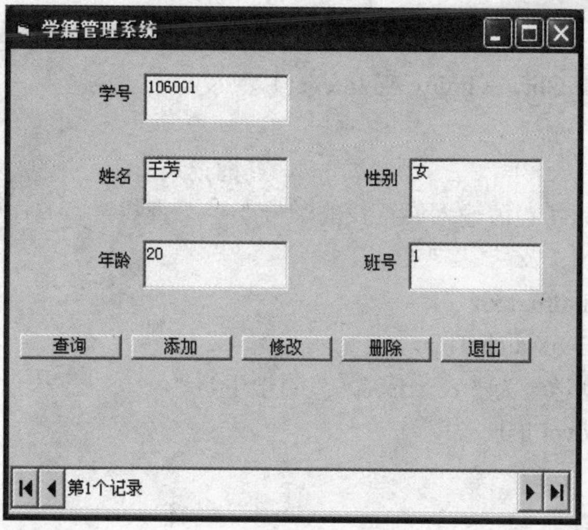

学籍管理系统			
学号	106001		
姓名	王芳	性别	女
年龄	20	班号	1

查询　添加　修改　删除　退出

第1个记录

图 11-15 “学籍管理系统”程序的运行界面

（2）设置对象属性。设置数据控件 Data1 的属性：

Align 属性设定为 2－AlignBottom（位于窗体的底端）。

Connect 属性为 Access。

DatabaseName 属性设定为学生数据库的路径及名称（"St.mdb"）。

RecordSetType 属性采用默认值（1－Dynaset）。

RecordSource 属性设定为"学籍表"。

设置文本框（Text1~Text5）的属性：

DataSoure 属性设定为 Datal。

DataField 属性分别为：学号、姓名、性别、年龄和班级。

命令按钮及标签的 Caption 属性如图 11-15 所示。

（3）编写程序代码。

```
Private Sub Form_load（）
Datal.Caption= " 第 " & Datal. Recordset. AbsolutePosition＋1& " 个记录 "
End Sub

Private sub Data1_Validate（Action As Integer，Save As Integer）
If Save= True Then
Y= MsgBOX（ " 要保存已更改内容吗？ " ，vbYesNo，" 保存记录 " ）
If y=vbNo Then                                ′ 若回答 " 否 "
```

```
Save= False
Data1.UpdateControls                    ' 恢复原值
End If
End If
End Sub

Private Sub Comd1_Click（Index As Integer）
Select Case Index
Case 0                                  ' 查询记录
S= Trim（InputBox（"请输入要查找的学号"，"查找"））
xh="学号"="' "& s &"' "
Data1.Recordset.Findfirst.xh
If Datal.Recordset.NoMatch Then
MsgBox "找不到学号为"& xh & "的学生！"
Data1.Recodset.MoveFirst
End If
Case1                                   ' 添加记录
Data1.Recordset.MoveLast                ' 移到记录集的末尾
Datal.Recordset.AddNew                  ' 添加新记录
Case 2                                  ' 修改记录
Datal.Recordset.Edit                    ' 修改当前记录 Case 3 删除记录
y=MsgBox（"要删除该记录吗？"，vbYesNo，"删除记录"）
If y= vbYes Then
Data1.Recordset.Delete                  ' 删除记录
Datal.Recordset.MoveNext                ' 显示下一记录 End If
Case 4                                  ' 退出
Unload Me
End Select
End Sub
```

11.4 ADO 数据对象访问技术

在 VB 中，用户可以使用 3 种数据访问接口，即 ActiveX 数据对象（ADO）、数据访问对象（DAO）和远程数据对象（RDO），其中 ADO 属于最新的技术，它代表了 Microsoft 公司未来的数据访问策略，也是最简单、最灵活的数据访问接口。

与 Data 控件相比，ADO 控件的功能更强，而且能够连接任何符合 OLEDB（一种数据访问的技术标准）规范的数据源，数据源可以是本地的或远程的各种数据库，也可以是电子邮件数据、Web 上的文本或图形等。

11.4.1 创建 ADO 控件

ADO 控件不是 VB 的标准控件，因此在使用之前必须将其添加到工具箱中。选择“工程”菜单中的“部件”命令，打开“部件”对话框，再从对话框中选中“Microsoft ADO Data Control6.0（OLEDB）”进行添加。

ADO 控件的外观如图 11-16 所示，它与 Data 控件很相似，其默认名称为 Adodc1。

同样地，ADO 控件也具有一组属性、方法和可响应事件，并且可以通过数据绑定控件，更灵活地显示和操作数据库数据。

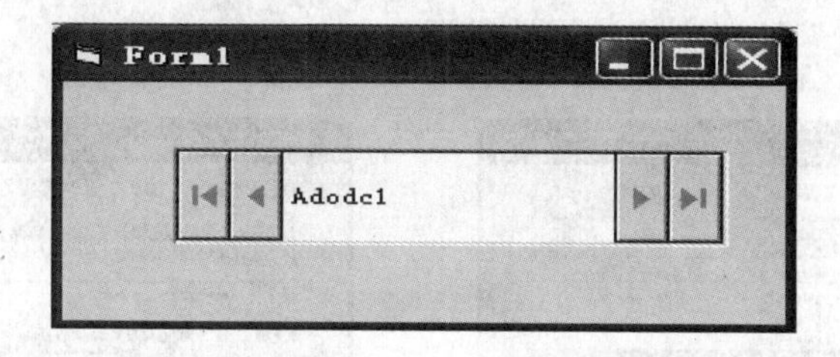

图 11-16 ADO 控件的外观

11.4.2 ADO 控件的属性、方法和事件

1. 常用属性

ADO 控件的不少属性与 Data 控件相同，常用属性有以下几种。

（1）ConnectionString 属性：本属性是一个字符串，用于设置 ADO 控件与数据源连接的连接信息，可为 OLEDB 文件（.udl）、ODBC 数据源（.dsn）或 OLEDB 连接字符串。

（2）RecordSource 属性：用于设置可操作的数据源，即记录集的内容。按 CommandType 属性指定的类型，其值可为一个数据表名、一条 SQL 语句或一个存储过程名。

（3）CommandType 属性：指定 RecordSource 属性的取值范围。

ADO 控件的大部分属性可以通过“属性页”对话框设置。右击 ADO 控件，从快捷菜单中选择“ADODC 属性”命令，即可打开“属性页”对话框，如图 11-17 所示。

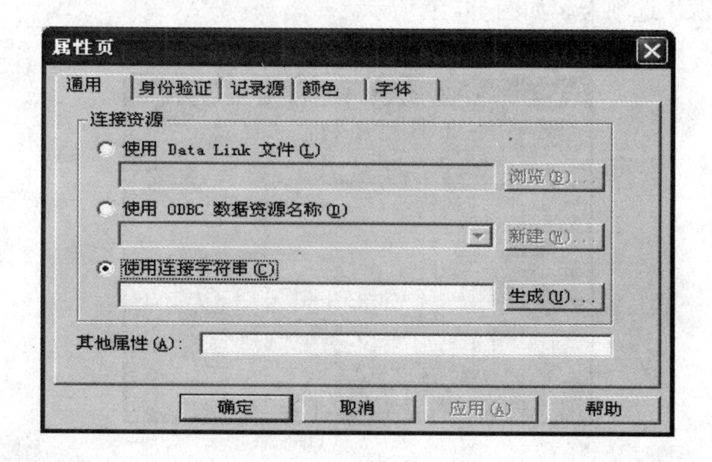

图 11-17 “属性页”对话框

要使用 ADO 控件，首先需要连接数据源，也就是设置 ConnectionString 属性值。图 11-17 “连接资源”框中的 3 个选项，分别用于 OLEDB 文件（.udl）、ODBC 数据源（.dsn）或 OLEDB 连接字符串。例如，选中“使用连接字符串”，单击“生成”按钮后进入“数据链接属性”对话框，在“提供程序”选项卡中选择“Microsoft Jet3．51 OLE DB Provider”，如图 11-18 所示。

单击“下一步”按钮，在出现的“连接”选项卡中单击“选择或输入数据库名称”框右侧的“…”按钮，再选择所需数据库的路径和名称，如选择前面建立的学生数据库“St.mdb”，如图 11-18 所示。单击“测试连接”按钮，如果显示“测试连接成功”消息框，则表示连接成功。最后单击“确定”按钮完成该属性设置。

（1）选择数据库联接程序

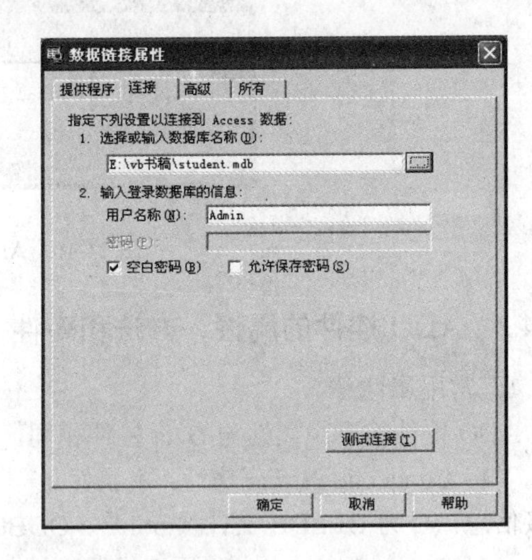

（2）输入数据库名称

图 11-18 “数据链接属性”对话框

连接到数据源后，就应设置记录源了，即设置 RecordSource 属性值。在“属性页”对话框中选择“记录源”选项卡。如图 11-19 所示。

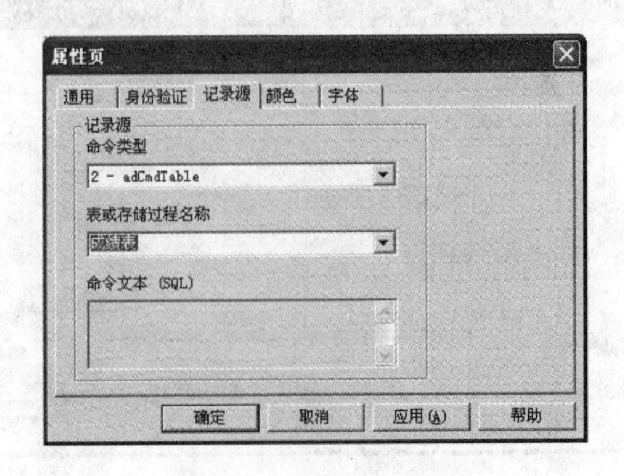

图 11-19 “属性页”的“记录源”选项卡

从“命令类型”（CommandType）下拉列表中选择记录源的类型，如果选择命令类型为“2-adCmdTable”，则表示设置一个表或一个存储过程名为记录源，并在“表或存储过程名称”下拉列表中选择记录源，如选择“学籍表”，则 ADO 控件就连接到数据库的“学籍表”。

如果选择“命令类型”为“1-adCmdText”，则由“命令文本”框中输入的 SQL 语句来确定记录源。

2．ADO 控件的方法和事件

ADO 控件对数据的操作主要通过 Recordset 对象的方法来实现。Recordset 对象的方法见 11.3．1 节。

ADO 控件可响应的事件较多，除 Error，MouseDown，MouseUp，MouseMove 等事件外，还有一组反映数据库变化的特殊事件，如 WillMove，WillChangeField，FieldChangeComplete，WillChangeRecord， RecordChangeComplete 等。

11.4.3　ADO 数据绑定控件

与 Data 控件一样，可以利用 ADO 控件来连接数据源，而使用数据绑定控件来显示数据。ADO 数据绑定控件可以是标签、文本框、列表框等标准控件，也可以是专门与 ADO 控件绑定的 ActiveX 控件，如数据列表控件（DataList）、数据组合框控件（DataCombo）、数据网格控件（DataGrid）等。

DataGrid 控件是一种类似于表格的数据绑定控件，用于浏览和编辑完整的数据表或查询。DataList 控件和 DataCombo 分别与列表框（ListBox 和组合框（ComboBox）相似，所不同的是这两个控件不是用 Addltem 方法来填充列表项，而是由这两个控件所绑定的数据字段自动填充。

DataGrid 控件可以绑定到整个记录集，而 DataList 和 DataCombo 两个控件只能绑定到记录集的某个字段。

例 11-8　利用 ADO 控件设计学生“成绩数据处理”程序。

（1）新建工程。按照图 11-20 所示设计用户界面。在窗体上添加 1 个 ADO 控件 Adodc1，设置 3 个标签 Label1~Label3 用于显示标题信息，设置 3 个文本框 Text1~Text3 用于显示学号、英语和程序设计，设置 3 个命令按钮 Command1~Command3 用于添加、修改和删除记录。

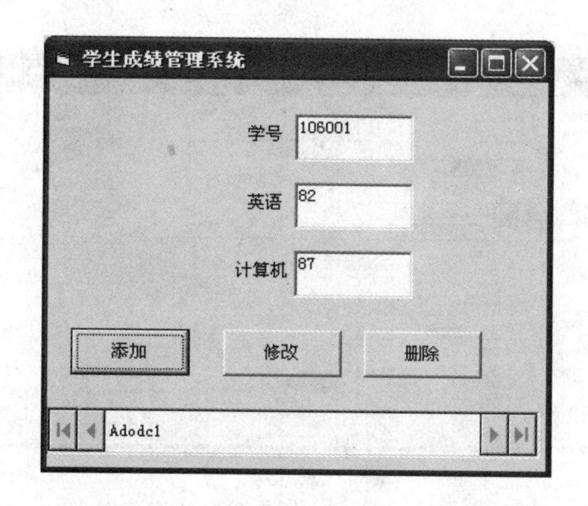

图 11-20　“成绩管理系统”程序的运行界面

（2）设置对象属性。按照前面介绍的方法，利用 ADO 控件的“属性页”对话框为 Adodc1 控件设置如下属性：

ConnectionString 属性设定为学生数据库的路径及名称（St.mdb）

CommandType 属性设定为 2-adCmdTable。

RecordSource 属性设定为“成绩表”。

设置文本框（Text1~Text3）的属性：

DataSource，属性设定为 Adodc1。

DataField 属性分别为：学号、英语和程序设计。

命令按钮及标签的 Caption 属性如图 11-20 所示。

（3）编写程序代码。3 个命令按钮的事件过程如下：

```
Private sub Command1_Click（）                    ' 在记录集末尾添加一个新记录
Adodc1.Recodset.MoveLast
Adodc1.Recordset.AddNew
End Sub
Private Sub Command2_Click（）                    ' 保存新记录或修改后的数据
Adodc1.Recordset.Update
End Sub
Private Sub Command3_click（）                    ' 删除当前记录
Adodc1.Recodset.Delete
Adodc1.Recordset.MoveNext
End Sub
```

例 11-9　利用 DataGrid 及 DataCombo 控件，设计学生“成绩查询”程序。操作步骤如下：

（1）新建工程，并设计如图 11-21 对所示的用户界面。在窗体上添加 2 个 ADO 控件 Adodc1 和 Adodc2

1 个 DataGrid 控件，1 个 DataCombo 控件，2 个命令按钮（Commandl（0）和 Commandl（1）），以及 1 个标签。

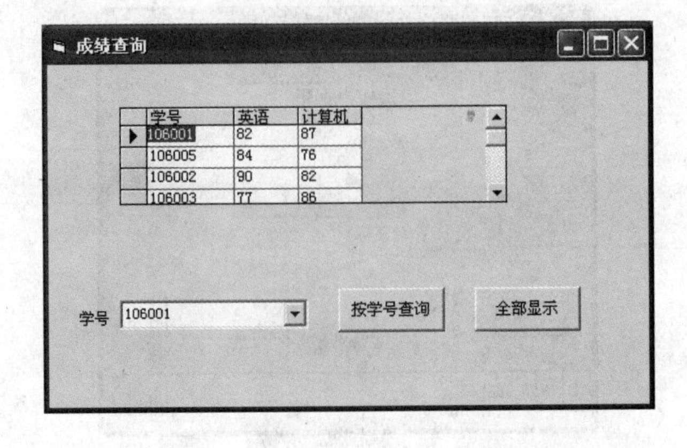

图 11-21　“成绩查询”程序的运行界面

DataGrid 控件和 DataCombo 控件所在的部件名分别为“Microsoft DataGrid Control 6.0（OLEDB）”和“Microsoft DataList Controls 6.0（OLEDB）”，使用前应通过“部件”对话框把它们添加到工具箱中。

（2）设置对象属性，如表 11-5 所示。

表 11-5 控件属性设置值

控 件	属 性	属 性 值	备 注
Adodc1	ConnectionString	Student.mdb	连接数据库
	CommandType	1-adCmdText	用 SQL 语言指定数据源
	RecordSource	Select * From 成绩表	指定记录源
	Visible	False	运行时不可见
Adodc2	ConnectionString	Student.mdb	连接数据库
	CommandType	2-adCmdTable	设定一个表为数据源
	RecordSource	成绩表	指定记录源
	Visible	False	运行时不可见
DataGrid1	DataSource	Adodc1	所绑定的数据控件
DataCombo1	RowSource	Adodc2	填充下拉列表的数据控件
	ListField	学号	填充下拉列表的字段
	Text	空白	组合框的文本框中文本

（3）编写代码。命令按钮控件数组 Command1 事件过程如下：

程序代码如下：

```
Private Sub Command1_Click（Index As Integer）
Select Case Index
Case 0
Adodcl.RecordSource = " select * from 成绩表 "
Case 1
Adodc1.RecordSource= " select * from 成 绩 表 where " & _ " 学 号 = " ' &
DataCombol.Text & " ' "
End Select
Adodcl.Refresh                    刷新与 Adodc1 控件相连接的记录集
End Sub
```

练习题

一、选择题

1．Access 使用的是（ ）数据库。

A．层次　　B．网状　　C．关系　　D．网络

2．下列数据类型中，（ ）不能作为 Access 数据库字段的数据类型。

A．Text（文本型） B．Integer（整型） C．Variant（变体型） D．Memo（备注型）

3．以下叙述中，正确的是（ ）。

A．在不关闭一个已打开的表的情况下，可以打开另一个表

B．在数据库中可以建立多个表，这些表中的字段名不能相同

C．在关闭数据库的情况下，可以对表进行操作

D．在表中输入数据之后，就不能再修改该表结构

4．以下叙述中，错误的是（ ）。

A．一个表可以构成一个数据库

B．同一个字段的数据具有相同的类型

C．字段名本身的宽度可以超过该字段的长度

D．由于记录指针随着操作而不断移动，因此当前记录不止一个

5．下列关于索引的叙述中，错误的是（ ）。

A．每个表至少要建立一个索引

B．一个表可以建立一个或多个索引，但只能有一个主索引

C．索引字段可以是多个字段的组合

D．利用索引可以加快查找速度

6．利用可视化数据管理器中的“查询生成器”不能完成的功能是（ ）。

A．把生成的 SQL 语句保存起来

B．在指定的表中可以任意指定查询要显示的字段

C．按一定的关联条件同时查询多个表中的数据

D．同时查询多个数据库中的数据

7. 在“统考成绩”表中，含有各班学生的学号（Text 类型）、姓名、成绩等字段，若要查询学号为“200 102001”的学生成绩，应使用的语句是（ ）。

A．Select 成绩 From 统考成绩 Where 学号 =200102001

B．Select 成绩 From 统考成绩 Order By 学号

C．Select 成绩 From 统考成绩 Where 学号=200102001

D．Select 成绩 From 统考成绩 Where 学号=70010200In

8．下列关于 Data 控件的叙述中，正确的是（ ）。

A．使用 Data 控件可以直接显示数据库中的数据

B．Data 控件的 RecordSource 属性只能在属性窗口中设定

C．Data 控件可以使应用程序与数据库建立联系

D．文本框也是 Data 控件

9．下列关于 Data 数据绑定控件的叙述中，正确的是（ ）。

A．只有文本框可以作为数据绑定控件

B．DataSource 属性值是一个数据库名

C．同一窗体中，两个文本框作为数据绑定控件，其 DataField 属性值可以设定相同

D．数据绑定控件是通过 Connect 属性与数据控件建立关联的

10．以下叙述中，错误的是（ ）。

A．Adodc 控件与 Data 控件一样，都是 VB 标准控件（内部控件）

B．利用 Adodc 控件可以连接到数据库，但必须使用数据绑定控件才能显示数据

C．通过 Adodc 控件的 Recordset 对象，可以实现对数据库数据的操作

D．DataGrid 控件可以绑定到整个记录集，而 DataList 控件只能绑定到记录集的某个字段

二、填空题

1．VB 允许对三种类型的记录集进行访问，即________、__________和__________。以________类型打开的表或由查询返回的数据是只读的。

2．在“工资表”数据表中查找所有“基本工资”大于 500 元的记录，显示这些记录的“职工号”及“基本工资”，采用的 Select 语句是____________。

3．把“职工表”数据表中“职工号”为“00016”的职工的“姓名”修改为“张小明”，采用的 Update 语句是________。

4．根据本章前面介绍的“学籍表”和“成绩表”两个表中的信息，计算“成绩表”数据表中各班的“英语”平均分，显示“班级”及相应“英语”平均分，采用的 Select 语句是__________。

5．把“工资表”数据表中所有职工的“基本工资”在原有数值上加 100 元，采用的 Update 语句是__________。

6．删除“工资表”数据表中的“基本工资”小于 200 元的记录，采用的 Delete 语句是____________。

7．把一个新记录插入到“学籍表”数据表中，新记录内容为：“学号”为 1100009，“姓名”为王力，“性别”为男，“年龄”为 20，“班级”为 3。采用的 Insert 语句是____________。

8．与 Data 控件一样，可以利用__________控件来连接数据源，而使用数据绑定控件来显示数据。

9．在 VB 中，用户可以使用 3 种数据访问接口，即_______、_________和________。

10．在可视化数据管理器中提供了一个________工具，利用它可以很容易地创建数据窗体，并添加到当前工程中，这样就可以生成一个用于浏览、修改数据库的应用程序。

三、编程题

1．利用可视化数据管理器建立职工人事数据库（Rsk.mdh），其中包括“职工表”和“工资表”两个表。

“职工表”的表结构为：职工号（Text，5），姓名（Text，10），性别（Text，2），部门（Text，14）。

“工资表”的表结构为：职工号（Text，5），基本工资（Integer），补贴（Integer），扣除（Integer），实发数（Long）。

对“职工表”按“职工号”字段建立主索引 Zgbh，按“姓名”字段建立索引 Zgxm；对“工资表”按“职工号”字段建立主索引 Gzbh。

2．分别向“职工表”和“工资表”录入一批数据（由读者自行给定），其中“实发数”字段不输入数据。

3．在可视化数据管理器的“SQL 语句”窗口中，使用 SQL 语句计算所有职工的实发数（实发数=基本工资+补贴-扣除），并存入“工资表”相应记录的实发数字段中。

4．使用“查询生成器”完成下列查询：

（1）查找所有女职工的信息，查询结果包括职工号、姓名和部门。以查询名“查询 1”保存结果。

（2）查找“实发数”大于 1500 元的记录，查询结果包括职工号、基本工资、补贴、扣除和实发数。以查询名“查询 2”保存结果。

（3）查找所有“实发数”大于 2000 元的男职工的信息，查询结果包括职工号、姓名、部门、基本工资和实发数。以查询名“查询 3”保存结果。

5．使用“数据窗体设计器”生成一个数据窗体，用于显示和维护“职工表”中的数据，窗体名为 Zg。把该数据窗体设置为当前工程的启动对象，运行工程验证数据窗体的各项功能。

附录A　字符ASCII码表

ASCII值	字符	控制字符	ASCII值	字符	ASCII值	字符	ASCII值	字符
000	空	NUL	032	空格	064	@	096	`
001		SOH	033	!	065	A	097	a
002		STX	034	"	066	B	098	b
003		ETX	035	#	067	C	099	c
004		EOT	036	$	068	D	100	d
005		END	037	%	069	E	101	e
006		ACK	038	&	070	F	102	f
007	嘟声	BEL	039	'	071	G	103	g
008		BS	040	（	072	H	104	h
009		HT	041	）	073	I	105	i
010	换行	LF	042	*	074	J	106	j
011	起始	VT	043	+	075	K	107	k
012	换页	FF	044	,	076	L	108	l
013	回车	CR	045	-	077	M	109	m
014		SO	046	.	078	N	110	n
015		SI	047	/	079	O	111	o
016		DLE	048	0	080	P	112	p
017		DC1	049	1	081	Q	113	q
018		DC2	050	2	082	R	114	r
019		DC3	051	3	083	S	115	s
020		DC4	052	4	084	T	116	t
021		NAK	053	5	085	U	117	u
022		SYN	054	6	086	V	118	v
023		ETB	055	7	087	W	119	w
024		CAN	056	8	088	X	120	x
025		EM	057	9	089	Y	121	y
026		SUB	058	:	090	Z	122	z
027		ESC	059	;	091	[	123	
028		FS	060	<	092		124	|
029		GS	061	=	093	]	125	
030		RS	062	>	094	^	126	~
031		US	063	?	095	_	127	

附录B　颜色代码

VB 中颜色属性有下列三种设置方法：

1．使用 RGB（红，绿，蓝）函数。这三种颜色值的组合（常用颜色）见表 B-1。

例如：Form1.ForColor=RGB（255，0，0）

表 B-1　三种颜色的组合

颜色	红色值（R）	绿色值（G）	蓝色值（B）
黑	0	0	0
蓝	0	0	255
绿	0	255	0
青	0	0	255
红	255	0	0
洋红	255	0	255
黄	255	255	0
白	255	255	255

2．使用 QBColor（颜色参数）。颜色参数取值 0~15，见表 B-2。

例如：Form1.ForColor=QBColor（12）

表 B-2　QBColor 指定的颜色

颜色参数	颜色	颜色参数	颜色
0	黑	8	灰色
1	蓝	9	亮蓝色
2	绿	10	亮绿色
3	青	11	亮青色
4	红	12	亮红色
5	洋红	13	亮洋红色
6	黄	14	亮黄色
7	白	15	亮白色

3．通过颜色常量来设置颜色。颜色常量见表 B-3。

例如：　Form1.ForColor=vbRed

表 B-3　常用颜色常量

颜色常量	十六进制数	颜色
0	&H0	灰色
1	&HFF	亮蓝色
2	&HFF00	亮绿色
3	&HFFFF	亮青色
4	&HFF0000	亮红色
5	&HFF00FF	亮洋红色
6	&HFFFF00	亮黄色
7	&HFFFFFF	亮白色

附录 C　全国计算机等级考试二级《Visual Basic 语言程序设计》考试内容

一、Visual Basic 程序开发环境

1. Visual Basic 的特点和版本
2. Visual Basic 的启动和退出
3. 主窗口
（1）标题和菜单
（2）工具栏
4. 其他窗口
（1）窗体设计器和工程资源管理器
（2）属性窗口和工具箱窗口

二、对象及其操作

1. 对象
（1）Visual Basic 的对象
（2）对象属性设置
2. 窗体
（1）窗体的结构与属性
（2）窗体事件
3. 控件
（1）标准控件
（2）控件的命名和控件值
4. 控件的画法和基本操作
5. 事件驱动

三、数据类型及其运算

1. 数据类型
（1）基本数据类型
（2）用户定义的数据类型
（3）枚举类型
2. 常量和变量
（1）局部变量与全局变量
（2）变体类型变量
（3）默认声明
3. 常用内部函数
4. 运算符与表达式

（1）算术运算符

（2）关系运算符与逻辑运算符

（3）表达式的执行顺序

四、数据输入输出

1．数据输出

（1）Print 方法

（2）与 Print 方法有关的函数（Tab，Spc，Space$）

（3）格式输出（Format$）

2．InputBox 函数

3．MsgBox 函数和语句 MsgBox

4．字形

5．打印机输出

（1）直接输出

（2）窗体输出

五、常用控件标准

1．文本控件

（1）标签

（2）文本框

2．图形控件

（1）图片框、图像框控件的属性、事件和方法

（2）图形文件的装入

（3）直线和形状

3．按钮控件

4．选择控件

5．滚动条

6．计时器

7．框架

8．焦点与 Tab 顺序

六、控制结构

1．选择结构

（1）单行结构条件语句

（2）块结构条件语句

（3）IIf 函数

2．多分枝结构

3．For 循环结构

4．当循环结构

5．Do 循环结构

6．多重循环

7．GoTo 型结构控制

（1）GoTo 语句

（2）On GoTo 语句

七、数组

1．数组的概念

（1）数组的定义

（2）静态数组于动态数组

2．数组的基本操作

（1）数组元素的输入、输出和复制

（2）For Each …Next 语句

（3）数组的初始化

3．控件数组

八、过程

1．Sub 过程

（1）Sub 过程的建立

（2）强调 Sub 过程

（3）通用过程与事件过程

2．Function 过程

（1）Function 过程的定义

（2）调用 Function 过程

3．参数传递

（1）形参与实参

（2）引用

（3）传值

（4）数组参数的传递

4．可选参数与可变参数

5．对象参数

（1）窗体参数

（2）控件参数

九、菜单与对话框

1．用菜单编辑器建立菜单

2．菜单项的控制

（1）有效性控制

（2）菜单标记项

（3）键盘选择

3．菜单项的增减

4．弹出式菜单

5．通用对话框

6．文件对话框
7．其他对话框

十、多重窗体与环境应用

1．建立多重窗体应用程序
2．多重窗体的执行与保存
3．Visual Basic 工程结构
（1）标准模块
（2）窗体模块
（3）Sub Main 过程
4．闲置循环与 DoEvent 语句

十一、键盘与鼠标事件过程

1．KeyPress 事件
2．KeyDown 与 KeyUp 事件
3．鼠标事件
4．鼠标光标
5．拖放

十二、数据文件

1．文件的结构和分类
2．文件操作语句和函数
3．顺序文件
（1）顺序文件的写操作
（2）顺序文件的读操作
4．随机文件
（1）随机文件的打开与读写操作
（2）随机文件中记录的增加与删除
（3）用控件显示和修改随机文件
5．文件系统控件
（1）驱动器列别框和目录列表框
（2）文件列表框
6．文件基本操作

说明：笔试和上机操作均为 90 分钟。

上机操作包括三种类型题：基本操作题、简单应用题和综合应用题。

参考文献

[1] 邓振杰. Visual Basic 程序设计[M]. 北京：清华大学出版社，2005.
[2] 龚沛曾.Visual Basic 程序设计教程 6.0[M]. 北京：高等教学出版社，2005.
[3] 谭浩强.Visual Basic 程序设计[M]. 北京：清华大学出版社，2006.
[4] 柳青.Visual Basic 程序设计[M]. 北京：高等教育出版社，2007.
[5] 郭静，李利平. Visual Basic 可视化程序设计[M]. 北京：铁道出版社，2007.
[6] 林卓然. Visual Basic 程序设计[M]. 北京：电子工业出版社，2008.
[7] 王永全. 公共基础知识和 Visual Basic 语言程序设计[M]. 北京：北京大学出版社，2008.
[8] 刘瑞新.Visual Basic 程序设计教程[M]. 北京：机械工程出版社，2010.